5G大规模MIMO技术原理、性能及算法应用

王　毅　著

中国水利水电出版社
www.waterpub.com.cn
·北京·

内 容 提 要

本书以第五代移动通信为背景,详细介绍了大规模 MIMO 技术的相关原理、系统性能及算法应用。全书重点对大规模 MIMO FDD 系统下行导频开销分析、大规模 MIMO FDD 系统导频信号设计及优化、大规模 MIMO FDD 下行系统信道估计与数据发射联合能效资源分配等内容进行了分析。

本书结构合理,条理清晰,内容丰富新颖,可作为移动通信技术研究人员的参考用书。

图书在版编目(CIP)数据

5G 大规模 MIMO 技术原理、性能及算法应用/王毅著.
—北京:中国水利水电出版社,2019.3(2022.9重印)
ISBN 978-7-5170-7550-9

Ⅰ.①5… Ⅱ.①王… Ⅲ.①无线电通信－移动通信
－通信技术 Ⅳ.①TN929.5

中国版本图书馆 CIP 数据核字(2019)第 056782 号

书　　名	5G 大规模 MIMO 技术原理、性能及算法应用
	5G DAGUIMO MIMO JISHU YUANLI、XINGNENG JI SUANFA YINGYONG
作　　者	王　毅 著
出版发行	中国水利水电出版社
	(北京市海淀区玉渊潭南路 1 号 D 座 100038)
	网址:www.waterpub.com.cn
	E-mail:sales@waterpub.com.cn
	电话:(010)68367658(营销中心)
经　　售	北京科水图书销售中心(零售)
	电话:(010)88383994、63202643、68545874
	全国各地新华书店和相关出版物销售网点
排　　版	北京亚吉飞数码科技有限公司
印　　刷	天津光之彩印刷有限公司
规　　格	170mm×240mm 16 开本 13.25 印张 237 千字
版　　次	2019 年 5 月第 1 版 2022 年 9 月第 2 次印刷
印　　数	2001—3001 册
定　　价	62.00 元

前　言

大规模 MIMO 技术通过充分挖掘空间维度资源，获得了与传统 MI-MO 技术大不相同的传输特性，显著提升了无线通信系统在频谱效率、能量效率、空间分辨率等多方面的性能，因此被业内普遍认为是第五代移动通信系统的核心关键技术之一。本书以第五代移动通信为背景，详细介绍了大规模 MIMO 技术的相关原理、系统性能及算法应用。

全书共 8 章，从大规模 MIMO 的技术背景和基本概念出发，逐步介绍大规模 MIMO 系统的基础理论、大规模 MIMO FDD 系统下行导频开销性能分析、大规模 MIMO FDD 系统导频信号设计及优化、大规模 MIMO FDD 下行系统信道估计与数据发射联合能效资源分配、成对用户大规模 MIMO 中继系统的频谱效率性能分析、能效最优的大规模 MIMO 中继系统资源分配方案设计、分布式大规模 MIMO 系统的频谱效率性能分析。

本书由郑州航空工业管理学院电子通信工程学院王毅老师编写而成。在本书的撰写和出版过程中，得到了郑州航空工业管理学院电子通信工程学院的大力支持，并得到了航空经济发展河南省协同创新中心的支持和赞助，在此表示衷心感谢。此外，还要感谢郑州航空工业管理学院张松炜老师、郭慧老师、杨少川老师以及河南科技大学信息工程学院冀保峰老师等人在本书出版过程中所给予的帮助。

本书的出版得到了国家自然科学基金项目（编号 61801435，U1833203）、中国博士后科学基金项目（编号 2018M633733）、河南省科技攻关计划项目（编号 182102210449，192102210246）、河南省高等学校重点科研项目（编号 19A510024）、河南省高校科技创新团队支持计划基金资助项目（编号 17IRTSTHN014）以及河南省航空经济发展协同创新中心的大力支持，在此表示深深地感谢。

由于本书涉及无线通信前沿技术以及多个学科领域，加之作者认知水平有限和写作时间较短，因此书中不免存在不足之处，恳请同行专家和读者给予批评指正，我们将不胜感激。

王　毅

2018 年 11 月于郑州

目　　录

第1章 绪 论

1.1 无线通信发展概况

自 1895 年无线电报诞生以来,无线通信技术经历了百余年高速迅猛的发展,也在潜移默化之中影响着人们的生活方式、工作方式、社交方式以及政治经济等各个领域。特别是在 20 世纪 80 年代,当以模拟技术和频分多址技术为基础的第一代模拟蜂窝通信系统出现之后,无线移动通信系统基本上以十年一代的速度进行演变与革新,继而出现了以数字技术和时分多址为核心的第二代数字移动通信系统,以及后来出现的以码分多址技术为物理层核心的第三代准宽带移动通信系统[1-2]。无线通信系统也从最初的单一语音业务,逐步发展为语音业务为主,并能支撑中等速率数据业务的系统模式,而促使移动通信系统快速革新的一个重要原因就是全球范围内巨量增长的用户业务需求。然而,随着集成电路、器件工艺、软件技术的快速发展,移动终端以及无线接入设备日趋小型化和智能化,各类型终端的持有量也陡然增加,这使得数据通信和宽带多媒体业务的快速发展具备了充分的内在驱动力。由此所带来的移动数据、移动计算以及移动多媒体业务需求也日益高涨,移动通信也朝着"宽带化""数据化""分组化"的方向演进。更高的数据速率,更大的系统容量以及更多样化的移动应用使得传统通信业与 IT 产业不约而同地认识到,用户能够随时随地接入无处不在的移动因特网将会是未来移动通信发展的主流方向。在这种情况下,以正交频分多址(Orthogonal Frequency Division Multiple Access,OFDMA)技术和多天线(Multiple-Input Multiple-Output,MIMO)技术为核心的第四代移动通信系统(4th Generation Mobile Communication System,4G)应运而生,并于 2010 年前后推出了正式商用版本。

4G 网络能够提供更大的频宽,更广的覆盖率以及更高的传输容量和速率,在移动数据业务、多媒体应用等方面提供了较大幅度的性能提升和灵活性。但是,在新型移动互联网业务的强势推动下,越来越多的固定互联网业务将通过无线方式提供给用户。根据权威机构预测,到 2020 年左右,全球移动通信网络较之 2010 年将面临 1000 倍左右的容量升级，100 倍左右的终端或节点连接数增长，以及 10 倍左右的电池续航时间需求等[3-4]；同时还需要满足用户友好接入、网络本身灵活升级部署和低成本运营维护等需求。除此之外，随着物联网、车联网、移动医疗、工业自动化、智慧城市等新兴领域的出现[5]，传统的通信用户类型和规模也出现了根本性的转变，用户终端的种类、业务类型及通信场景将呈现出复杂多变的特性。种种迹象表明，从工农业生产、金融商业的发展到人们日常生活的各个领域对于无线通信系统的需求和依赖程度有增无减，且呈现井喷之势，这无疑给无线通信系统的发展增加了巨大的挑战。

　　然而，挑战也意味着机遇，在世界范围内各大标准化组织和电信厂商如火如荼的部署 4G 网络的同时，越来越多的国家、机构和组织将目光纷纷投向了后四代（Beyond 4th Generation，B4G）也称为第五代移动通信系统（5th Generation Mobile Communication System，5G）的研究和构建，充分挖掘可利用的新技术、新理论和新方法以寻求更大的创新与突破[6-9]。正所谓 4G 方兴未艾，5G 研究便已悄然拉开大幕。早在 2012 年，由欧盟出资 2700 亿欧元支持的 5G 研究项目 METIS（Mobile and Wireless Communications Enablers for the 2020 Information Society）正式启动[10]，由包括华为公司在内的 29 个参加方共同承担，项目分为 8 个组分别对场景需求、空口技术、多天线技术、网络架构、频谱分析、仿真及测试平台等方面进行深入研究；英国政府联合多家企业，创立 5G 创新中心，致力于未来用户需求、5G 网络关键性能指标、核心技术的研究与评估验证；亚太地区方面，由韩国科技部、ICT 和未来计划部共同成立了韩国 5G 论坛，专门推动其国内 5G 发展，而中国政府则由工业和信息化部、发改委和科技部共同成立 IMT-2020 推进组，作为 5G 工作的平台，旨在推动国内自主研发的 5G 技术成为国际标准，并于 2013 年 6 月和 2014 年 3 月启动了中国 863 计划 5G 重大项目一期和二期研发课题[11]。同期，第三代合作伙伴计划（3rd Generation Partnership Project，3GPP）在完成了 4G 长期演进项目（Long-Term Evolution，LTE）的 Release 11 版本之后，也开始了对下一代移动通信系统标准（Release 12 and Beyond）的征集和制定工作[12]。可见，许多国家或组织都在积极地开展 5G 技术的相关研究，力求在 2016 年后启动有关标准化进程[13]。面向 2020 年后的 5G 宽带移动通信系统将使人们的通信生活发展到一个全新的阶段，并着力构建一个多业务、多技术融合的网络系统，通过技术的演进和创新，满足未来广泛的数据业务及连接数的发展需求，并进一步提升用户体验[14-17]。对于 5G 系统所需要面临的未来移动数据业务指数级增长的需求，包括学术界和工业界在内的各大厂商和研究机构普遍定义了关于 5G 的八大关键能力指标用来应对未来网络的发展需要[18-19],其中包括:峰值速率、用户体验速率、移动性、端到端时延、连接数密度、流量密度、网络能效效率和频谱效率,并且给出了未来 5G 的 3 大主要应用场景[20],分为增强移动宽带通信(连续广域覆盖和热点高容量场景)、海量传感设备及机器与机器(Machine-to-Machine,M2M)通信(低功耗大连接场景)、超高可靠低延时通信[21]。对于 5G 系统的关键能力指标,具体来讲,在传输速率方面,下一代移动通信技术相对于 4G 网络,速率将提升 10~100 倍。这种提高并不像之前的移动通信系统只关注峰值速率,而是同时关注用户实际体验速率,从而在 5G 移动通信系统中,用户的峰值速率可达 10Gbps,特定场景可达 20Gbps,而用户体验速率也要达到 1Gbps。在移动性管理方面,5G 系统需要支持 500km/h 的设备移动速度。特别是针对高铁等高速移动场景,需要克服信道快速时变带来的多普勒效应、阴影衰落效应;同时也需要解决小区覆盖和小区快速切换等一系列问题。在传输时延方面,5G 网络为了满足未来超高清视频、在线游戏、无人驾驶汽车、移动医疗等新的业务需求,提出了毫秒级空口时延的新目标,即在 4G 系统的基础上,将端到端的传输时延再降低 5~10 倍。伴随着智能终端、物联网等技术的发展,未来移动通信网络中的终端也会更加密集。为此,下一代移动通信系统提出需要在接入节点密度上增加 10~100 倍,达到每平方公里 106 个接入站点。而终端高密度的接入加上终端业务量没有大幅减少反而有所增加,整个网络的流量密度也会大幅上升。因此 5G 移动通信系统要求网络的流量密度达到每平方米 10Mbps,相当于比 4G 网络提升 100 倍以上。对于网络频谱效率,则相对于 IMT-A(International Mobile Telecommunications Advanced)至少提升 3 倍,特定场景下可以提高 5 倍,而网络能量效率则相对于 IMT-A 提升 100 倍。为了实现上述关于 5G 系统在千倍传输容量、极低空口延时、超高速率及支持多样化应用方面的技术指标,5G 移动通信也将与其他无线通信技术密切结合,构成新一代无所不在的移动信息网络,满足未来 10 年移动互联网流量增加千倍的发展需求。各大标准化组织及电信厂商虽然在主流技术与发展路线上各持己见,但是总体来说,按照目前业界的初步估计,要实现千倍以上系统容量的提升需求,以 5G 为支撑的未来无线移动网络将在 3 个维度上同时进行业务能力的提升,包括提升频谱效率、增加接入节点密度和扩充可用频带资源,如图 1.1 所示,具体如下[11,22]:

(1)通过引入新的无线传输技术将资源(时域、频域、空域、功率域资源)利用率在 4G 的基础上提高 10 倍以上。

(2)通过引入新的体系结构(如超密集网络)和更加深度的智能化能力

将整个系统的吞吐率提高 25 倍左右。

（3）进一步挖掘新的频带资源（如高频段、毫米波与可见光等），使未来无线移动通信的频率资源扩展 4 倍左右。

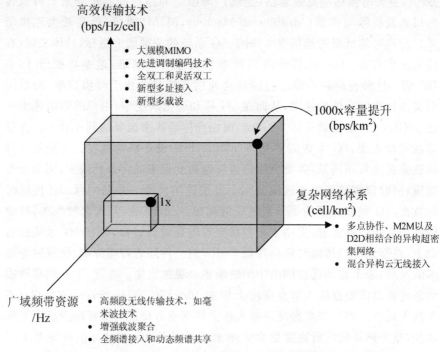

图 1.1　第五代移动通信系统达到千倍容量增长的主要方式

从图 1.1 中看到，为了提高无线链路的频谱效率，目前的研究工作大都集中在新型编码和调制技术，包括大规模多输入多输出（Massive MIMO，又称为 Large-scale MIMO）技术[23]、全双工技术[24]以及非正交多址接入技术（Non-Orthogonal Multiple Access，NOMA）[25-29]等，这些技术都可以在不增加新的时频资源条件下大幅提升系统频谱效率性能。无线接入节点部署规模的增加，诸如所谓的超密集网络（Ultra Dense Network，UDN）[30]和云无线接入网（Cloud Radio Access Network，CRAN）[31]是指未来网络小区结构的微型化、分布化、密集化，在负责基础覆盖的宏站小区范围内部署有大量承担热点覆盖的低功率小站，如 Micro、Pico、Relay 和 Femto 等多层覆盖的异构网络[32]。密集化的网络节点使得其与终端之间的距离变得更近，再结合增强型多站点协作（enhanced Cooperative Multi-Point，eCoMP）、干扰管理以及设备间通信（Device-to-Device，D2D）等技术，最大限度地提高整个网络的系统容量。此外，虽然加大频带宽度（如毫米波通信[33]）是提升系统容量最为直接和有效的途径，但是考虑到无线频率资源的紧缺性,还应当结合更为有效的频谱管理方案以实现目标容量提升。

针对上述 3 种增加网络系统容量的主要途径,学术界和工业界也相应地提出了实现 5G 系统各类指标的关键技术[34],而在这其中大规模 MIMO 技术成为众多备选关键技术中的亮点,赢得了业内的普遍认可并吸引了越来越多的关注。相对于传统的 MIMO 系统,大规模 MIMO 技术通过使用比现有空口标准中天线端口高出若干数量级的大规模天线阵列,来获得与传统 MIMO 系统大不相同的物理特性和传输特性。该项技术不需要额外的时频资源,仅需要增加空域资源便可在频谱效率、能量效率、低复杂度预编码以及简化上层调度等诸多方面带来显著提升。因而,大规模 MIMO 技术被公认为是 5G 系统中最为核心的关键技术之一[35-38]。

值得注意的是,由于未来移动通信网络面对的是更为复杂的信息交互环境,为了满足各类型的业务需求和场景,下一代系统不可能再像前述四代移动通信系统那样,只靠一种或者两到三种关键技术来实现这些性能指标,5G 网络势必是各类先进技术相互融合、交叉利用、深度协作的架构[18,35,39]。图 1.2 给出多种技术相融合的 5G 多小区大规模 MIMO 系统应用场图,其中展示了大规模天线阵列的不同排布方式,如均匀线阵、均匀圆阵和均匀柱阵。综上所述,本书将主要针对大规模 MIMO 技术中所存在的一系列关键问题进行详尽的分析与讨论,并结合中继异构网络、分布式天线架构以及高能效传输等关键技术,对 5G 系统中可能的复杂混合场景进行深入探索,给出相应的系统性能分析以及传输方案设计。

在下一节中,将着重介绍大规模 MIMO 技术的传输特性以及存在的技术难点,并对其进行全方位的分析。

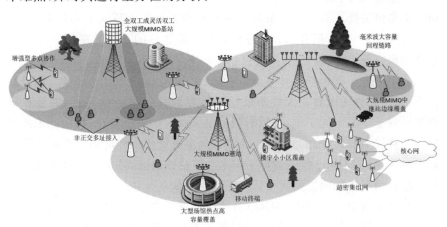

图 1.2 多种关键技术相融合的 5G 大规模 MIMO 应用场图

1.2 大规模 MIMO 的特性概述和技术难点

众所周知,MIMO 技术自提出以来为无线通信领域的发展提供了更加灵活的技术实现空间[40-42],使得通信域从最初的时域和频域维度扩展到了更为广阔的空间域维度,进而给无线蜂窝通信带来了不需要使用附加发射功率和带宽的复用增益和分集增益,从而使无线蜂窝通信系统获得明显的性能改善。从最初的点对点 MIMO 技术(Single-User MIMO,SU-MIMO)到后来的多用户 MIMO 技术(Multi-User MIMO,MU-MIMO),通过在发射端和(或)接收端配置多根天线,可以在不增加时频资源开销的情况下,获取空间分集增益、空间多路复用增益、空间阵列增益以及多用户分集增益等,提高系统容量和链路可靠性,最终极大提升了系统的总吞吐量,该项技术也已经应用于多种无线通信系统,如 3G 系统、LTE、LTE-A、WLAN 等。

从信息论的角度来说,随着天线数的不断增多,系统性能在频谱效率、链路可靠性和干扰抑制等方面的提升就越加明显。尤其是,当发射天线和接收天线数量很大时,在信道散射充分环境下 MIMO 信道容量将随收发天线数中的最小值近似线性增长。因此,采用大数量的天线,为大幅度提高系统的容量提供了一个有效的途径。然而,受到多天线所占空间、实现复杂度等技术条件的限制,早期对 MIMO 系统的研究和标准化制也仅仅支持 8 个天线端口[43]。与丰富的空间资源相比,现有 MIMO 技术的开发程度仍与之相距甚远,特别是巨大的容量和可靠性增益也使得针对大天线数的 MIMO 系统相关技术的研究越来越受到专家学者和工业界人士的注意,如单个小区情况下,基站配有远远超过移动台天线数量的天线的多用户 MIMO 系统的研究等[44]。基于此,美国贝尔实验室学者 Thomas L. Marzetta 在文献[45]中研究了非协作多小区、时分双工(Time Division Duplex,TDD)制式下,基站配置无限数量天线的极端情况的多用户 MIMO 系统,并且在研究中发现了一些不同于单小区、有限数量天线时的系统特性,也由此正式提出了大规模 MIMO 技术的概念。随后,众多科研机构和电信厂商便在此基础上对大规模 MIMO 技术进行了深入和广泛的研究,特别是针对大维且有限天线数情况下的研究则更加适应于实际系统的使用。

目前业内对于大规模 MIMO 技术的定义是指在发射站点配置远多于现有系统天线数的大规模天线阵列(通常为几十到几百根天线,是现有系统天线数量的 1 到 2 个数量级以上),在同一时频资源上为数量相对较少的多个用户提供服务。最初业界针对大规模 MIMO 的研究是在基站部署大规模天线阵列,后续研究扩展至中继等节点,形成大规模 MIMO 中继系统。在天线的配置方式上,这些天线可以是集中地配置在一个站点上,形成集中式的大规模 MIMO,也可以是分布式地配置在多个节点上,形成分布式的大规模 MIMO 系统。本书中若未特别指出分布式大规模 MIMO 系统,则所提到的大规模 MIMO 通常都默认为集中式天线排布。考虑到天线尺寸以及架设的要求,大规模天线阵列的使用与天线部署方式密切相关。目前,业内关注较多的天线排布方式包括均匀线性阵列、均匀圆阵列、均匀面阵列以及三维圆柱阵列。上述几种天线排布方式,也正是通常意义上的集中式天线排布,即天线集中部署在基站架顶端。作为一种有益扩展,近年来有学者将大规模 MIMO 与 CRAN 架构相互融合,提出了新型的分布式大规模 MIMO 系统,有机地结合了两种技术的优势,获得了进一步的性能提升。

大规模 MIMO 技术之所以受到如此关注,在于部署大规模天线阵列之后,可以获得许多传统 MIMO 系统所无法比拟的物理特性和性能优势[23,46,48]。其主要包括:随着天线数的急剧增长,不同用户之间的信道将呈现渐进正交性,这意味着用户间干扰可以得到有效的甚至完全的消除,从而大大提升系统总容量;基站天线数的增加,使得信道小尺度衰落和热噪声将被有效地平均,即信道硬化作用,从而以极大概率避免了用户陷于深衰落,大大缩短了空中接口的等待延迟,简化了上层调度策略;大规模 MIMO 的空间分辨率与现有 MIMO 相比显著增强,充分挖掘了空间维度资源,这使得网络中的多个用户可以在同一时频资源上利用大规模 MIMO 提供的空间自由度与基站同时进行通信,从而在不需要增加基站密度和带宽的条件下大幅度提高频谱效率;大量额外的自由度,可以用于发射信号波束赋形,甚至于采用恒定包络信号,从而有效降低发射信号的峰均比,这就使得射频前端可以采用低线性度、低成本和低功耗的功放,大大降低系统部署成本;大规模 MIMO 可将波束能量聚焦在很窄的范围内,从而大幅度降低小区间和小区内多用户的干扰;巨量天线的使用,使得阵列增益大大增加,从而有效地降低发射端的功率消耗,使得系统总能效能够提升多个数量级。除此之外,当天线数量足够大时,可以采用简单的线性预编码和线性检测接收机,如最大比发送预编码和最大比接收,来达到接近最优的系统性能,从而大大简化了系统的实现复杂度。以上这些特性,使得大规模 MIMO 技术在实现千倍数据量、零延迟和多样化业务需求方面具有无穷的潜能。也正是由于这些前所未有的特性,业内普遍将大规模 MIMO 技术认为是第五代移动通信系统中最具前景的关键技术之一。

尽管大规模 MIMO 技术存在许多潜在性能优势,但是要真正实现大规模 MIMO 技术仍需要面对许多极具挑战性的问题。近些年,针对大规模

MIMO 技术的应用性研究内容主要集中在信道模型、容量和传输技术性能分析、预编码技术、信道估计与信号检测技术等方面,虽然取得了一定的先期成果,但还存在一些难点需要着重关注,主要包括:由于理论建模和实测模型工作较少,还没有被广泛认可的信道模型,以至于现有的研究结果在实测环境中的真实性能到底如何尚待研究;由于需要利用信道互易性减少信道状态信息获取时的导频资源开销,早期的大多数传输方案大都假设采用 TDD 制式,以至于当采用频率复用和导频复用时,存在有较强的导频污染现象,从而制约系统性能提升;TDD 制式下由于需要利用上下行信道的互易性,难以适应高速移动场景,特别是高速移动场景下的信道时变特性对于系统性能的影响以及应对策略也有待进一步讨论;现有蜂窝网络中主流制式依然是 FDD 系统,考虑到 4G 到 5G 的平滑过渡以及兼容性,并且今后 5G 系统中也势必为 TDD 与 FDD 共存补充的局面,因而,必须对大规模 MIMO 应用于 FDD 系统中可能存在的问题加以重视,首当其冲的便是下行导频和上行反馈开销,由于 FDD 制式下信道互易性不再成立,下行导频开销将正比于天线数,这对于系统开销将带来巨大的负担;在分析信道容量及传输方案的性能时,大都假设独立同分布信道,使得分析结果存在明显的局限性,尤其是天线数众多时,发射端天线相关性是不可避免的,因而需要将其列入影响系统性能的重要考察因素;大规模天线阵列的使用,射频(Radio Frequency,RF)链路中的能耗开销也会等比例增加,这对于未来以绿色通信为主流的无线系统而言也会是巨大的挑战;收发天线数量增加,收发机波束矩阵的计算复杂度也呈指数级增加,特别是涉及矩阵乘法、矩阵求逆的波束成型优化设计,其复杂度将导致现有收发机的计算能力无法承受;异构网络中(如中继、小区等)部署大规模天线阵列后,对于传统传输模式下的系统容量分析与性能影响。因此,为了充分挖掘大规模 MIMO 的潜在技术优势,需要深入研究符合实际应用场景的信道模型,分析其对信道容量的影响,并在实际信道模型、适度的导频开销、可接受的实现复杂度下,分析其可达的频谱效率、功率效率,并研究最优的无线传输方法、信道信息获取方法、多用户共享空间无线资源的联合资源调配方法。

综上所述,虽然大规模 MIMO 技术具有诸多特点和优势,但是如何突破基站侧天线个数显著增加所引发的无线传输及资源调配技术中的瓶颈问题,及探寻适于大规模协作通信场景的无线传输与空中接口理论方法等,将成为大规模 MIMO 通信技术研究中亟待解决的核心问题。特别是在 FDD 制式下通信系统中上下链路间不存在互异性的特点,基站发射端难以获得信道信息,导致简单的相关波束设计也将难以实现。而且,在复用因子为 1 的无线通信系统中,如何有效地解决大规模 MIMO 的 TDD 通信系统的信道估计与导频污染问题也是相关研究的难点。因此,在 5G 通信系统中使用大规模 MIMO 技术仍然需要解决许多关键问题[45,49]。

　　针对上述大规模 MIMO 技术在理论研究和实际系统中所存在的问题,要将其较好地应用于 5G 系统仍然面临诸多挑战和困难,但随着研究的不断推进与深入,大规模 MIMO 预期所带来的性能优势也得到了业内的充分肯定,越来越多的人对其在 5G 系统中的重要作用寄予厚望。同时,随着大规模 MIMO 技术中关键问题的不断解决,有理由相信该项技术将成为 5G 无线通信系统区别于现有系统的核心技术之一,并且会发挥更广阔的作用。下面将主要介绍大规模 MIMO 技术的相关研究现状,以及本书关注的主要内容。

1.3　大规模 MIMO 技术的研究现状

　　本节将从系统工作制式(TDD 和 FDD)、天线排布方式(集中式和分布式)、部署位置(基站宏系统和中继异构系统)以及绿色高能效通信等方面,对大规模 MIMO 技术在国内外的研究现状进行介绍。不同的工作制式、不同的部署方式以及不同天线排布方式都会大大影响到大规模 MIMO 技术的性能以及实现,因此,我们分门别类地对相关的大规模 MIMO 技术领域进行介绍说明[50]。

1.3.1　TDD 和 FDD 制式下的大规模 MIMO 技术

　　从大规模 MIMO 技术出现至今,众多具有鲜明特性的研究结果都是基于对信道状态信息(Channel State Information,CSI)的获取程度。针对现有蜂窝系统中的两种双工制式,即 TDD 和 FDD,其 CSI 获取方式和导频开销也有很大的不同,图 1.3 给出了蜂窝小区集中式大规模 MIMO 系统在两种双工制式下的传输流程。在大规模 MIMO 技术发展的初期,大多数研究人员都是基于 TDD 系统进行相关内容的研究,这主要是从 CSI 获取时的导频开销角度来考虑的。由于在 TDD 制式下,可以利用信道互易性,通过用户发送上行训练序列,基站端直接估计出 CSI,因而导频开销量只与用户数成正比,而用户数相对较小,所以导频开销量基本可以忽略不计。而在 FDD 制式下,需要基站发送下行训练序列,由各用户估计 CSI 再通过上行反馈链路发送至基站端,导频开销量将与基站端天线数成正比。而在大规模 MIMO 系统中,基站端天线数众多,直接导致了下行导频开销量和反馈

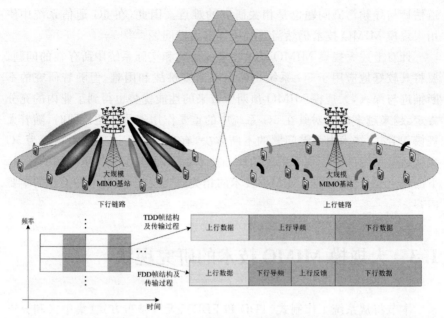

图 1.3 蜂窝小区大规模 MIMO 系统及 TDD 和 FDD 两种制式传输流程示意图

开销庞大,这会对有限的时频资源造成巨大的开销,也直接影响到了系统的有效可达速率,也正是这一关键因素使得 FDD 制式下大规模 MIMO 技术的相关研究进展缓慢。虽然 TDD 制式对于实施大规模 MIMO 技术具有先天的优势,但是考虑到多小区蜂窝系统时,由于导频数量的有限,在不同小区间势必需要共用导频序列,而这将导致严重的导频污染现象,直接影响到 TDD 制式下大规模 MIMO 系统的容量性能。针对导频污染问题,文献[51]利用多用户与基站间的到达角空间分离特性,采用协作信道估计结合导频分配的方法给出了一种抗导频污染的方案;文献[52]则提出了一种基于子空间映射的非协作式"盲"信道估计方案,该方法无需通过导频信号即可找到合适的子空间基,从而将接收信号进行子空间映射后消除来自其他小区的干扰,进而可利用导频信号估计出降维后的有效信道信息以达到消除导频污染的效果;文献[53-56]分别从导频调度和最优导频设计的角度出发,给出了抑制导频污染的方案。研究结果也表明,通过有效的导频分配策略以及合适的导频结构设计,可以降低一定程度的导频污染情况。由此可见,CSI 的获取精度对于大规模 MIMO 技术的重要性。除此之外,文献[57]研究了含有导频污染情况下的预编码策略和性能分析;J. Hoydis 等人在文献[58]中给出了同时考虑信道估计误差、导频污染、天线相关时上/下行采用不同接收机/预编码时可达速率的近似闭合表达式,并从 QoS 需求的角度出发,揭示了了不同的接收机/预编码方案下所需要的基站天线数。文献[59]和文献[60]分别在空间相关信道和独立同分布信道下,考虑用户移动场景中时变信道特性对于单小区集中式大规模 MIMO 系统和多小区集中式大规模 MIMO 系统的和速率影响,以及此时可以获得的发射功率缩放增益,并推导了系统速率关于信道时变系数的解析表达式。文献[61]针对大规模 MIMO 系统提出一种低复杂度的启发式软解调检测接收算法。

尽管 FDD 制式下大规模 MIMO 系统的训练序列开销过大,但是考虑到现行蜂窝系统中绝大多数都是 FDD 制式,而且全球范围内颁发的 LTE 牌照中多数频带指定使用 FDD 制式,并且在中长期内 FDD 制式仍将占据宏蜂窝通信的主导方式。因而,为了系统能够平滑过渡以及前向兼容,从工业界的角度看,在 FDD 制式下推广大规模 MIMO 技术是大势所趋,也更具有实际应用价值。正是基于这样迫切的行业需求,以 A. Adhikary、D. Love 和 J. Choi 等学者为代表的各大研究机构和课题组先期开展了大规模 MIMO 技术应用于 FDD 制式下的相关问题的研究和探索,特别是针对大规模 MIMO FDD 系统中的低导频开销设计、最优导频结构、低反馈开销方案以及预编码设计等方面展开研究,除此之外,如文献[62]所述,多用户 FDD 系统的导频设计仍是一个开放性难点问题,因而大规模 MIMO FDD 系统目前主要关注单用户和具有特殊属性的多用户场景。文献[63]针对大规模 MIMO FDD 单用户下行系统,通过释放导频正交性约束条件,利用信道反馈来序贯优化导频信号,从而降低导频开销的同时保证信道估计精度。J. Choi 等人在文献[64]中研究了通过利用时间相关性信道特性并结合信道预测技术,提出一种低开销的开环和闭环信道估计方案。文献[65]研究了正交导频集合中通过功率分配方法获得的最优导频序列结构。文献[63-65]中的研究主要都是针对单用户场景,而 A. Adhikary 等人则基于某些特殊属性的多用户场景下,利用信道相关性和稀疏特性,提出了两级预编码方案——联合空分复用(Joint Spatial Division and Multiplexing, JSDM)。该方案是通过用户调度将具有相同或相似空间特性的用户分配至同一组内,并使用信道统计信息进行第一层预编码,将原始高维信道转化为低维有效信道,从而大大降低了估计有效信道时所需要的导频开销,并且简化了预编码方案设计[66-68]。仿真实验也验证了 JSDM 方案的可行性,这为大规模 MIMO 技术在 FDD 系统中的推广奠定了基础。但是,JSDM 方案中关于导频开销优化、信道估计方案、有效信道降维程度等详细设计并未给出,仍需要后续进一步深入讨论。考虑到信道统计信息是随时间缓慢变化的,因而 JDSM 方案中的外层预编码也需要定期更新。基于此,J. Chen 等人[69]将 JSDM 方案扩展至时变信道场景下,给出了一种低复杂度的在线更新算法用于跟踪信道统计变化时的外层预编码设计。文献[70]和文献[71]则分别研究了基于级联码码本的量化反馈和基于天线分组的压缩反馈方案,用于降低上行反馈开销与复杂度。文献[62]在广义普适的多用户场景下,考虑各个用户具有不同的信道相关阵条件,分别研究了最优导频设计和反馈量化方案,并在正则化预编码方案下推导出了系统的可达速率闭合表达式。对于广义普适场景下的最优导频设计,文献[62]也给出了一种启发式搜索算法求解该导频的数值解,而基于可达速率的闭合表达式,该文献对于导频长度和反馈开销进行了联合优化,通过遍历搜索的方法给出了最终数值解,但其计算复杂度过高。

上述关于大规模 MIMO FDD 系统的研究内容大多是独立研究信道估计和数据传输两阶段的问题,并未将二者同时考虑。特别是在设计最优导频时,往往都以最小化均方误差为设计准则,没有考虑到信道估计精度最终会反映在可达速率上,因此,我们将在后续的研究中以此为新的设计准则对最优导频进行深入挖掘。除此之外,通信系统的主要目的是发送有效数据信息,在信道估计阶段的开销不止时长,还有功率,若给予信道估计过多的资源,虽然可以获得较好的估计精度,但在一定的时频资源和功率下,可用于发送数据的时长与功率将会减少,进而直接影响系统的有效频谱效率,还直接关系到系统的总能量消耗。由此,本书后续的研究中也会联合考虑这两个传输阶段的资源分配问题,特别是从能效的角度出发,提出一种复杂度适中的资源分配算法,以避免遍历搜索带来的计算开销。

1.3.2　大规模 MIMO 中继技术

中继通信技术在近十年中获得了广泛的研究,从最初的三节点单天线中继系统,到后来引入的多天线技术形成的多用户 MIMO 中继系统,这些都使得中继系统在边缘用户容量提升、链路可靠性增强、小区覆盖扩展、应急保障通信等方面起到了越来越重要的作用[72]。再加之中继在无线性能传输[73]和物理层安全通信中[74]的技术优势,也使得中继技术得以持续快速的发展。特别是中继系统的部署快捷简便,且不需要回程链路开销成本,便可大大改善小区边缘用户的接入质量和传输容量。在某些热点地区,人员密集度较高或短期内有重要聚会或赛事时,通过部署若干中继节点,可以大幅缓解通信业务量的激增,并保障现场的各类应急通信。因此,中继系统也被普遍认为是未来异构网络中的重要组成部分,成为宏蜂窝通信系统中一支必不可少的补充力量。

然而,制约多用户 MIMO 中继通信系统性能的一个主要因素是用户间干扰[75]。为了解决用户间干扰这一关键问题,业内也提出了诸多方法。其中最常见分为两类:①利用正交时频资源,保证用户之间处于不同的正交时频资源块,以此达到多用户传输的干扰抑制效果[76]。该种方案虽然可以较好地抑制用户间干扰,却是以更多的正交时频划分为代价,因此其频谱利用率较低。②利用空间复用特性,通过设计最优预编码或者检测接收方案来较好地消除用户间干扰,如文献[77]。这类方案的弊端在于,其设计的最优预编码或检测接收方案复杂度过高,而影响了其在实际系统中的应用性。

基于多用户 MIMO 中继系统中用户间干扰消除的复杂现状,研究人员希望找到一种相对简便的处理方式,在不增加额外时频资源以及复杂度的前提下来消除用户间干扰,从而提升系统性能。由此,考虑到大规模 MIMO 技术以其简单的线性预编码/接收机方案可以获得较好的用户干扰消除特性,且无需增加时频开销,业界很自然地想到尝试将大规模天线阵列引入到中继节点处,以大规模 MIMO 的特性来为多用户中继系统提供可能的性能提升。另一方面,在大规模 MIMO 技术提出后,国内外学者主要考虑的是在基站侧部署大规模天线阵列,这是由于基站端具有较大的摆放空间且部署较为便捷,因而可放置相应较大的天线阵列板。而随着研究的深入,特别是毫米波(millimeter Wave,mm-Wave)技术的发展和应用,天线阵元的尺寸可大为减小(由于天线尺寸与射频波段的波长呈正比)[78],从而大规模天线阵列呈现出小型化的特点,这也使大规模天线阵列具有了可以部署于较小节点的可能性,比如部署于中继节点、小小区基站(Small Cell)等,使得这些较小的节点也可以获得大规模天线阵所提供的诸多性能优势。

正是基于上述两方面考虑,H. A. Suraweera 等人[79]和 X. Chen 等人[80]于 2013 年同时提出了在 TDD 制式下将大规模天线部署于中继节点这一方案,并分别针对多对用户传输场景和物理层安全通信场景,对大规模 MIMO 引入中继节点后所带来的相应问题和性能优势进行了初步的探索和研究。图 1.4 给出了成对用户大规模 MIMO 中继系统以及物理层安全大规模 MIMO 中继系统的传输模式。文献[79]提出将大规模 MIMO 引入单向放大转发(Amplify and Forward,AF)中继节点用以有效对抗多用户干扰,分析了中继在两种预编码方案下,当中继天线数趋于无穷大时系统的和容量极限性能。研究结果表明,通过引入大规模天线阵列,通过简单的 MRC/MRT 方案就可获得相对于传统正交时频资源抑制用户间干扰方案的较大性能提升,并且当天线数趋于无穷大时,中继与发射端用户可以获得 $1/N(N$ 为中继天线数)倍的发射功率缩放律。文献[81]和文献[82]则采用类似文献[79]的方法,分析了大规模 MIMO 双向中继系统中的容量极限。文献[83]在文献[82]的基础上,从中继配备大维但有限的天线数出发,推导出系统的速率下界闭合表达式,获得了系统性能关于天线数、用户数、发射功率等重要参数的定量关系。而 G. Amarasuriya 等人则进一步将大规模 MIMO 技术应用于多路转发中继系统(如无线传感网中的节点数据融合交换场),分别研究了其频谱效率渐进性能[78]以及信道老化对于系统性能的影响[84]。文献[85]从降低射频链路(RF Chain)数开销以及模拟域数字信号处理功耗开销的角度,针对大规模 MIMO 中继系统设计了一种带相位旋转的模/数预编码方案用于降低 RF 链路开销,并分析指出模拟量化所带来的性能损失是较小的。由于全双工系统在理论上能达到半双工系统两倍的频谱增益,加上近年来对于全双工系统自干扰消除技术在理论上和实际应用中的深入研究,全双工系统已经引起了业内越来越多的关注,也被认为是下一代移动通信系统的关键技术之一。因此,文献[86]、文献[87]和文献[88]分别从频谱效率、能效以及硬件损伤失配的角度进一步考虑了全双工大规模 MIMO 中继系统,对系统性能进行了分析。

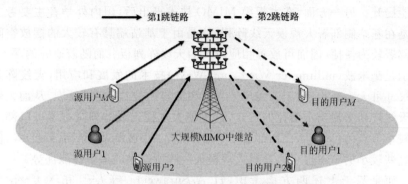

(a) 成对用户大规模MIMO中继通信系统示意图

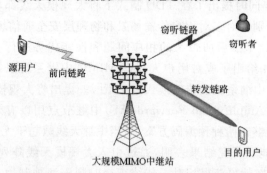

(b) 基于物理层安全通信的大规模MIMO中继系统

图 1.4　大规模 MIMO 中继技术应用场景示例

　　然而,上述这些探索和研究主要集中于大规模 MIMO 中继系统频谱效率的极限性能分析上,即当天线数趋于无穷大时系统频谱效率的渐进极限值,并且大多考虑的是理想信道状态信息条件。同时,这些研究内容没有考虑到 5G 系统密集用户分布的场景,特别是未涉及中继系统的热点高容量覆盖应用场景,即天线数可能与用户数等比例增长的场景。另外,通常中继站的结构尺寸相对于基站要小很多,且为能量有限设备,而大规模天线阵列的使用必然会带来射频链路固定功耗的成倍提升,这种情况下如何进行有效的天线数和发射功率优化,将是十分重要的研究方向,也是本书所要着重解决的问题之一。

1.3.3 分布式大规模 MIMO 技术

上述两小节主要从天线集中式排布的角度介绍了大规模 MIMO 部署于基站和中继节点的研究进展,而且早期对于大规模 MIMO 技术的研究也是从集中式排布着手的[23,48,58]。除了集中式天线排布之外,另一种与之相对应的天线排布方式——分布式多天线系统,也是未来移动通信系统中的一种极为重要的系统体系架构[89-90]。广义的分布式天线系统主要指的是将配备单根或多根天线的多个远端射频单元(Remote Radio Unit,RRU)部署在小区内的不同位置,再通过高速链路(如光纤链路)将各 RRU 连接至中央处理单元(Central Unit,CU),在 CU 处对所有 RRU 端的信号进行联合处理,由此构成了分布式 MIMO 系统。通过将 RRU 散布在小区内,拉近了用户到基站射频天线间的距离,大大降低了路径损耗。除此之外,配备多根天线的 RRU 还可以获得多根天线间的微分集增益,再加上各个 RRU 之间的协作处理,从而获得更好的宏分集增益,这些都使得分布式 MIMO 系统可以扩展小区覆盖范围,提升系统频谱和能量效率,进一步增强传输容量。而近些年来,分布式 MIMO 系统也得到了学术界和标准化组织的广泛关注。

实际上,文献[89,91-93]的研究结果表明,分布式 MIMO 系统由于利用了 RRU 之间的协作处理优势,可以在小区覆盖范围、边缘用户吞吐量、系统可达速率、室内盲区消除等方面获得更好的性能增益。随着大规模 MIMO 技术的提出,有关于分布式 MIMO 系统中采用更多 RRU 以及 RRU 配备更多天线的组成形式便受到人们越来越多的关注,从而形成所谓的分布式大规模 MIMO 系统。与此同时,H. Huh 等人[94]研究了基站配置大规模阵列采用 TDD 方式的网络 MIMO 系统,其研究结果表明,采用协作MIMO,在达到相同的频谱效率时,所需要的天线个数可以大大降低。既然基站间的协作可以大大降低所需天线数,由此可以预见,同一基站的不同RRU 间的协作也能降低天线个数的需求,或者说在配置的天线个数相等时分布式大规模 MIMO 系统,可以取得比集中式大规模 MIMO 系统更高的频谱利用率。值得注意的是,在 5G 新型的 CRAN 架构下[95],更强的云端基带处理资源,也提供了更强大的运算和处理平台用以支撑大规模的 RRU 站点进行协作处理,再加之毫米波技术,使得大规模天线阵列日趋小型化,从而也使得在 RRU 配备更多天线也成为可能。图 1.5 给出了基于 CRAN 架构的分布式大规模 MIMO 系统示意图。然而,作为一种有益的研究扩展,H. Q. Ngo 等人[96]也提出了无界小区分布式大规模 MIMO 系统的概念,即通过在区域内放置超大规模的单天线接入节点,来服务数量相对较少的用户。通过与传统的小小区系统比较可以发现,平均每用户 95% 的中断容量可以获得约 20 倍的性能提升。

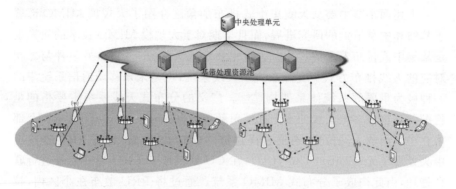

图 1.5 基于 CRAN 架构的分布式大规模 MIMO 系统示意图

因此,国内外各学术研究机构开始越来越多地关注分布式大规模 MIMO 系统[97-99]。J. Zhang 等人[98]针对单小区多用户分布式大规模 MIMO 系统,在射频单元配备多天线情况下,考虑含直视径(Line of Sight,LOS)的莱斯相关信道模型,分析并推导了系统的上行信道容量解析表达式。文献[99]针对单用户分布式大规模 MIMO 系统,考虑了分布式射频单元间的低开销的部分信道信息协作,设计了一种线性 Hermitian 预编码方案,并证明了其最优性。同时,与全信道信息条件下的性能相比,该方案只有较小的性能损失。文献[100]在 5G 框架下对集中式大规模 MIMO 和分布式大规模 MIMO 两种传输方案从区域平均频谱效率和能效指标进行了分析比较,结果也表明,分布式大规模 MIMO 系统可以提供更好的性能增益。文献[101]在理想信道信息下分析了集中式大规模 MIMO 和分布式大规模 MIMO 系统的可达速率渐进性能,其研究结果表明,两种系统都与总天线和用户数之比具有直接的关系,且分布式大规模 MIMO 系统可以获得相对更高的可达速率。文献[102]在 CRAN 架构下对单天线 RRU 和多天线 RRU 两种场景的分布式大规模 MIMO 系统上行传输方案分别进行了优化设计。由于

CRAN 架构中的回程链路容量有限,因而利用空间压缩传递的方式进行信息回传。结果表明,在总天线数一定的情况下,RRU 配备多天线时的大规模 MIMO 分布式系统相对于单天线 RRU 以及集中式大规模 MIMO 系统,具有更好的接收信噪比性能。文献[103]考虑了理想信道信息下 RRU 之间具有有限的数据共享能力,在此约束条件下研究了多用户与 RRU 之间的配对优化问题。文献[104]和文献[105]分别研究了单小区场景下和多小区相关瑞利衰落信道下的分布式大规模 MIMO 系统的可达速率渐进性能。文献[106]在分布式天线呈圆形拓扑结构下,推导了系统和速率的闭合表达式,并基于此给出了最优的圆形拓扑半径。文献[107]分析了收发信机的三类硬件损伤,即相位噪声、失真噪声和噪声放大,对分布式大规模 MIMO 系统下行频谱效率的性能影响。推导了系统采用 MRT 预编码时的频谱效率解析表达式,并分析了当天线数增大时的频谱效率渐进性能。研究结果表明,分布式大规模 MIMO 的系统性能对于加性失真噪声并不敏感,而受到乘性相位噪声的严重制约。同时,相比于在单个 RRU 上仅使用一个晶振器的配置方案,在每根天线上配置单独的晶振器将会更有益于系统性能提升。文献[108]从能效研究角度出发,联合研究了天线选择、预编码设计和功率分配问题,进而提出了一种基于信道增益的天线选择方案和基于干扰量的用户分组方法,将原问题分成若干子问题加以解决。研究表明,当电路功耗不可忽略时,使用全部天线来进行 ZF 预编码可以获得最优能效。

值得注意的是,现有针对分布式大规模 MIMO 系统的研究,都是基于理想信道信息或是只考虑了信道估计误差或导频污染对系统性能进行分析或优化设计,而对于实际系统中重要的信道时变性因素却未曾考虑。众所周知,由于用户的相对移动性,会造成信道出现多普勒频移,这使得无线信道呈现出时间选择性衰落,信道系数会随着时间发生不同程度的变化,即信道时间相关性。再考虑到系统本身的信号处理延时等因素,会导致当前时刻所估计出的 CSI,用于后续时刻的预编码波束或检测接收时,已经与真实的信道信息发生偏差,也称这种现象为信道信息过期(Outdated CSI)或信道老化(Channel Aging),而这也将会大大影响其对于 5G 系统在高速移动场景下的应用需求。因而,本书也将针对时变信道下的分布式大规模 MIMO 系统性能展开研究。

1.3.4　绿色大规模 MIMO 技术

随着无线移动通信技术的快速发展和演变,广大移动用户已经能够随时随地享用高速率高可靠性无线接入服务。然而,随着移动通信网络规模的急剧扩大,以及多样化移动终端设备的急剧增加,移动通信系统的能源消耗也将随之急速增长。相关研究报告表明,信息通信技术所消耗的能量约占全球总能量消耗的 3% 以上,由此带来的二氧化碳等温室气体排放则占全球温室气体年排放总量的 2%,并且能耗以每年 15%～20% 的速度增长[109-110]。因此,通过无线通信系统所产生的温室气体排放所造成的环境污染以及伴随而来的巨大能源消耗已经引起了运营商和整个社会的重视[111-112]。特别是近些年来,信息通信技术所带来的能量消耗问题也吸引了全球通信领域研究人员的广泛关注,给全球通信技术可持续发展带来了巨大挑战。

正是基于上述考虑,越来越多的学者和专家开始转变单一的系统研究和设计思路,从最初的频谱效率或者发射功率等单一设计指标[113-114],逐渐开始转向同时兼顾谱效与功耗的更为科学合理的能量效率准则[115-120],也由此激发了通信技术向着绿色高能效通信的主流方向发展[121]。作为 5G 系统关键技术之一的大规模 MIMO 技术,在带来诸多性能优势的同时,也不可避免的面临着能效问题。由于站点发射天线数 MIMO 通信系统的能量消耗也成为热点话题,特别是在能量消耗成为下一代无线通信系统关键指标的大背景下,高能效的绿色大规模 MIMO 通信技术的设计与实现也会是 5G 无线通信技术的主要方向之一。

值得注意的是,大规模 MIMO 与传统 MIMO 在能量消耗方面最大的不同点在于,传统 MIMO 系统中由于天线数很少,从而射频链路的固定电路功耗相比较于发射功率而言要小很多。特别是远距离通信时,发射功率需要调整到很高的水平用于抵消大尺度衰落,此时在天线数较少的情况下,电路功耗是可以忽略不计的[122]。但是在大规模 MIMO 系统中,由于射频链路随着天线数成倍增加,其固定电路功耗也将成为影响系统功率开销的重要组成部分。特别是,当通信距离较近时,只需要较小的发射功率用以克服路径损耗,此时发射功率和固定电路功耗量级相当,甚至于当使用大规模天线阵列时,电路功耗量级要远高于发射功率。根据文献[47]中的研究表明,基站和用户的发射功率可以随着天线数的增长而大幅降低,然而此时不得不考虑的是射频链路中固定电路功耗的成倍提升。从系统总能耗的角度出发,发射功耗与固定电路功耗二者之间存在一个折中,由此所带来的高能效目标下的发射功率与天线数联合优化设计问题也是一个十分重要的研究方向。

对于高能效绿色大规模 MIMO 技术的研究,特别是针对 TDD 系统,业内早已开展了多方面的研究。文献[123]研究了单用户和多用户在不同信道信息条件下,系统频谱效率与能效的性能变化趋势。文献[124]考虑了大规模天线阵列所带来的电路功耗倍增影响,研究了多小区普适相关信道下含导频污染的系统能效变化规律,并以能效最大化为目标对天线数进行优化。其研究结果表明,在单小区和多小区场景下,能效性能均随天线数呈现拟凹特性,即存在一个能效最大值拐点。与此同时,尽管多小区场景下能效性能绝对值要小于单小区能效性能,但是为了获得最优能效性能,多小区所需的最优天线数要大于单小区天线数。这是因为尽管天线数增多会带来电路功耗增加,但是小区间干扰的增加,使得系统需要更多的天线来抑制小区间干扰项,从而使得更多天线所带来的增益要大于电路功耗增长的反面影响。文献[125-126]针对单小区单用户和多用户场景,研究了能效准则下的最优天线数设计以及最优天线选择问题。文献[127-128]针对单小区多用户大规模 MIMO 下行系统,分别讨论了基于 MRT 预编码和 ZF 预编码的下行功率分配问题,且后者考虑了 QoS 约束条件后,提出了相应的功率分配算法。D. Ng 等人[129]则针对大规模 MIMOOFDMA 系统,联合研究了功率分配、天线选择、速率分配以及子载波分配的能效优化问题,同时加入最小数据速率和最大可容忍中断概率等约束,利用分数规划的方法提出了一种低复杂度的资源分配算法。E. Björnson 等人[130]针对单小区 TDD 大规模 MIMO 系统,考虑了理想信道条件下,当基站采用 MRT 预编码时针对能效最大化的系统参数设计问题,得出了天线数、用户数和发射功率这 3 个系统参量的闭合形式解,并给出了一种序贯交替迭代算法,用于这 3 个参量的联合优化。而文献[131]则在文献[130]的基础上进一步扩展,分别考虑了单小区和多小区场景下,联合上下行传输过程及信道估计误差与导频长度开销,从而以能效最大化为设计目标分别对天线数、用户数以及基站发射功率进行了优化。文献[132]针对 CRAN 架构下的分布式大规模 MIMO 系统,考虑到信道估计误差,在采用正则化迫零(Regularized Zero-Forcing,RZF)预编码方案时,给出了一种能效最大化下的带 QoS 约束的功率分配算法及其简化方法。

1.4 本书内容安排

本书针对面向 5G 的大规模 MIMO 技术所亟须解决的关键问题,包括与 5G 中可能出现的中继异构网络、分布式天线系统、绿色通信等各类新技术相融合后所带来的新问题。研究了不同场景下配置大规模天线阵列后的系统性能变化,特别是推导了各场景下的系统性能闭合表达式,来定量地反映系统参数如何影响系统性能,其中包括天线数、用户数、发射功率等重要参数,并在此基础上研究了不同准则下的传输方案设计和资源分配问题。本书主要研究了 FDD 制式下大规模 MIMO 系统的导频开销及导频设计,能效准则下大规模 MIMO FDD 系统下行链路信道估计与数据传输的联合资源分配,成对用户大规模 MIMO 中继系统的频谱效率性能分析和能效准则下的系统设计问题,以及分布式大规模 MIMO 系统中时间相关信道下的频谱效率性能分析。

本书的主要内容和章节安排如下:

第 2 章研究了 FDD 制式下信道估计对于大规模 MIMO 系统的性能影响,主要包含两方面内容:导频序列长度对系统下行可达速率的影响;给定导频长度条件下的最优导频设计。在 FDD 制式下导频长度需要与基站天线数等比例增长,这将随着天线数的骤增造成巨大的资源开销。因此,首先研究了导频长度随天线数以不同的增长速率变化时,对于系统的下行遍历速率性能影响。在 MRT 预编码方案下,推导出了训练序列长度与天线数所需要满足的定量关系式,以及遍历速率与导频长度解析表达式。分析结果表明,即使归一化导频时长开销逐渐趋于 0,只要天线数持续增加,仍可保证系统传输速率随天线数递增,但是其增长快慢受到导频时长与天线数之比的影响。其次,在给定训练序列长度的条件下,以最大化下行速率为优化目标,对导频结构进行优化设计。将导频结构对于信道估计精度的影响直接反映于系统的可达速率,而非单一的考察信道估计均方误差性能。最后,通过数值仿真验证了推导结论的正确性,并通过与现有导频方案进行对比,验证了所提出的最优导频方案的性能增益。

第 3 章基于 FDD 大规模 MIMO 系统,考虑信道空间相关性、信道估计误差以及下行波束成型方案多重因素对导频信号设计过程中的影响,从通信系统的关键指标——下行可达速率出发,建立以最大化系统速率为目标,以总发射功率为约束的导频信号设计方法。首先,利用随机矩阵理论中的确定性等价原理推导得出了遍历速率的闭合形式表达式,定量刻画下行速率与导频信号的数学关系。进一步,利用盖优化理论,获得了最优导频信号的结构特性从而将原优化问题转换为关于导频序列的功率分配凹问题,再借助于拉格朗日对偶法,得到了最优导频信号的闭合形式解。从最优导频信号的解形式可以看到,所提出的导频功率分配为多级水平线注水,即针对不同强度的信道特征子方向,划定不同的注水线。数值仿真结果对比了不同信道相关性条件下,基于速率最大化与基于最小均方误差准则导频方案和等功率正交导频方案的性能优劣,并分析了所提出的导频信号方案的性能增益的主要原因。

第 4 章介绍了大规模 MIMO FDD 下行系统中信道估计和数据传输两阶段的联合资源分配问题,在一定的信道相干时长、基站发射总功率约束以及系统 QoS 要求下,建立了关于导频时长、导频功率以及数据发射功率 3 个参量的数学模型,并以绿色通信中的关键指标能量效率为优化准则,得到一种高能效的资源分配方案。由于优化问题本身复杂的混合整数规划以及目标函数无精确解析形式,首先利用确定性等价引理推导出了能效函数的近似闭合表达式。以此为基础,利用分式规划将优化问题转换为等价的减式形式,再利用大信噪比区间近似,将耦合变量进行解耦变换,最终将原优化问题逐步转换为凸问题,从而获得一种三层迭代优化算法,并对该算法的收敛性和复杂度进行了分析。接着,本章分析了某些特定相关信道场景下的能效优化问题,并利用 Lambert W 函数,求得了最优数据发射功率和最优导频时长的闭式解。最后,通过仿真验证了所提出的三层迭代算法的有效性,并与传统的频谱效率最大化和总功耗最小化方案进行比较,验证了其在能效性能上所获得的性能增益。

第 5 章基于多对用户大规模 MIMO 中继系统,针对 MRT 和 ZF 两种中继转发方案,在理想信道信息和非理想信道信息条件下,分析了系统的频谱效率渐进性能以及此时所获得发射功率缩放律。首先,利用大数定律及大维随机矩阵中的相关定理,推导出了系统频谱效率与中继天线数、用户数以及信源和中继发射功率的数学关系式。推导结果表明,系统频谱效率随着中继天线数呈近似对数比例增长关系,与干扰用户对个数呈近似反比例关系。当用户对个数给定时,理想信道信息条件下信源用户和中继的发射功率可同时以最大 $1/N$ 倍缩放,而当存在信道估计误差时,信源用户与中继的发射功率可同时以最大 $\sqrt{1/N}$ 倍缩放,并且保证了频谱效率维持在固定的水平。同时,分析发现在两种信道信息条件下,随着中继天线数的增长,可以等比例地增加系统可服务用户数,并且信源用户仍可获得最大 $\sqrt{1/N}$ 倍的发射功率缩放增益,此时的系统频谱效率维持在固定值,该值仅与用户数和天线数的比值有关。但是在这种情况下,中继端则无法继续获得发射功率缩放增益。这也充分说明大规模天线阵列的使用可以有效地服务密集分布用户,且能保证各用户的 QoS 要求。最终,仿真结果验证了所推导的频谱效率闭合表达式的准确性以及所获得的发射功率缩放律,并对比了 MRT 和 ZF 两种方案下的频谱效率性能。

第 6 章介绍了能效准则下的多用户大规模 MIMO 中继系统设计问题。

考虑到当大规模天线阵列引入中继系统后，大量的射频链路将会使得电路功耗成倍增加，而这也将对系统的能效性能产生巨大影响。在此背景下，我们建立了能效最优准则下的联合功率分配和天线数选择优化模型。然后，利用第 4 章推导的频谱效率闭合表达式，获得了不同中继转发方案下的能效目标函数。在 MRT 预编码方案下，首先利用目标函数的性质，推导证明了目标函数关于功率向量和天线数变量的拟凹特性。并在天线数给定时，推导出了最优信源功率和最优中继功率的闭合关系式，在发射功率给定时，利用 Lambert W 函数得到最优天线数的闭式解，由此给出一种一维搜索交替迭代算法。除此之外，利用分式规划性质，给出了一种具有超线性收敛速率的基于大信噪比区间近似的交替迭代优化算法。在 ZF 预编码方案下，则利用了能效目标函数的部分凸性，证明了当天线数和中继功率满足一定条件时目标函数为凹的，从而利用标准的凸优化方法直接求解得到了最优发射功率和最优天线数的闭合形式解。仿真结果验证了两种中继转发方案下所提出的发射功率和天线数联合优化算法的有效性，并展示了所提算法在较少的迭代次数下便可收敛到最优解。

第 7 章首先介绍了单小区分布式大规模 MIMO 系统在时变信道场景下的频谱效率性能，对于信道时变特性采用一阶高斯马尔科夫过程进行建模，并以时间相关系数表征其信道时变快慢程度，利用 Wishart 矩阵特性以及大维随机矩阵理论中的确定性等价引理，首次推导出当采用 MRC 接收和 MRT 发送时，上下行频谱效率关于时间相关性系数的闭合表达式，在此基础上，分析了当总天线数趋于无穷大时，系统频谱效率渐进性能随时间相关性系数的变化趋势，并得出此时的发射功率缩放律。该结论表明，信道时变性只会影响系统的频谱效率绝对值，而对于发射功率的缩放并不会产生影响。进一步，将单小区系统扩展至多小区存在导频污染的场景下，研究了信道时变性对于系统频谱效率的影响。通过分析得出，当存在多小区间导频污染时，随着总天线数趋于无穷大，系统的频谱效率极限值将与时间相关性系数无关，而此时也不会影响系统的发射功率缩放律，这一现象主要是由于多小区场景下，导频污染作为系统性能的主要瓶颈，其影响处于主导地位，而时间相关性的影响几乎可忽略不计。仿真结果验证了推导的所有闭合表达式的正确性，而且可以看到在总天线数较少的情况下，所推导的理论结果与蒙特卡洛仿真结果仍具有较好的逼近效果。最后，通过数值仿真，比较了信道时变影响下集中式大规模 MIMO 与分布式大规模 MIMO 的性能差异。

第 2 章　大规模 MIMO 系统基础理论

2.1　大规模 MIMO 系统模型

大规模 MIMO 无线通信的基本特征是[207]：在基站覆盖区域内配置数十根甚至数百根以上的天线，较 4G 系统中的 4（或 8）根天线数增加一个量级以上。大规模 MIMO 以其特有的优点——获得更高倍数的信道容量、更低的能量消耗、十分精准的空间区分度、相对廉价的硬件实现等——获得了无线通信领域的相当关注[23,34]。随着基站处天线数目的大量增加，传统的 CSI 反馈模式已无法适用，这是因为传统的 CSI 反馈量是随着天线数线性增长的，当天线数目很大时，反馈所需的时间将会远大于信道相干时间，因此，大规模 MIMO 应用目前主要考虑 TDD 系统，利用信道互易性来获得信道状态信息[23]，每个相干时间被用于反向链路导频传输、反向链路数据传输和前向链路数据传输。文献[44]结果表明，增大天线的数目对于含噪的信道估计环境是很有利的，当基站天线数目无限增大的时候，快衰落和非相关噪声的影响可以忽略；在低信噪比的环境下，通过配置足够大数目的基站天线，仍可以实现数据的有效接收。本章基于文献[45]，并主要参考借鉴文献[207]的内容对大规模 MIMO 系统模型及基础理论进行介绍。

假设系统共有 L 个六边形小区，每个小区中有一个基站和 K 个单天线用户。系统使用正交频分复用技术和时分双工通信方式。假设每个小区中的用户使用的导频序列相互正交，而不同小区采用导频序列集合并非完全正交，频率复用因子分别为 $\alpha = 1, 3, 7$。

2.1.1　六边形小区

六边形小区半径为 r_c（小区中心到定点的距离），K 个终端在除半径为 r_h 的保护中心圆外的六边形小区内均匀随机分布。基站位于每个小区的中心，配置 M 根全向天线，在本章后续分析中认为 M 趋近于无穷。

2.1.2 正交频分复用

OFDM 的基本思想是：在频域带宽 B 内将给定的信道分成许多正交子信道，在每个子信道上使用一个子载波（Subcarrier）进行调制，并且各子载波并行传输。采用循环前缀的 OFDM 符号方式如图 2.1 所示，图中一个 OFDM 符号后部的部分信号被复制并放在信号的最前端作为前缀。循环前缀（Cyclic Prefix, CP）的长度要大于信道中最大的多径时延扩展 T_d，以保证子载波间的正交性并消除符号间干扰（Inter Symbol Interference, ISI）。

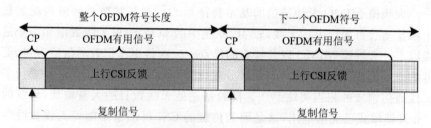

图 2.1 带有循环前缀的 OFDM 符号示意图

假设 OFDM 符号间隔为 T_s，子载波间隔 Δf，则有用符号间隔 $T_u = \frac{1}{\Delta f}$，保护间隔为 $T_g = T_s - T_u$，定义频率平滑间隔：

$$N_{smooth} = \frac{1}{T_g \Delta f} \tag{2.1}$$

2.1.3 时分双工

TDD 是指系统在前向链路和反向链路两个方向上使用同一频率但使用不同时间段交替发送信号的双工方式。在常规的 TDD 系统中，每个用户的每个相干时间段都被封为如下 4 个阶段：

（1）首先，每个用户向自己所在的小区基站传送反向链路数据，占用 U 个时隙。

（2）接着用户向所在小区基站发送长度为 τ 的导频序列。

（3）基站通过收到的导频序列对基站与各用户之间的信道进行估计，再根据这些估计来处理第一步中收到的信号，这个步骤一共占用 N 个时隙。

（4）基站向所在小区所有用户传送前向链路数据，占用 D 个时隙。

因此每个相干时间 T 的长度应该满足：$T = U + \tau + N + D$。图 2.2 给出了时分双工(TDD)组成示意图,在该示意图中,$U=2,\tau=3,N=1,D=5$。

| 反向链路数据 | 反向导频 | 处理 | 前向链路数据 |

图 2.2　时分双工(TDD)组成示意图

2.1.4　传输模型

TDD 系统由于信道的互易性,前向、反向链路的信道模型一致。如图 2.3 所示,用 g_{nmjkl} 描述小区 j 中的基站的第 m 根天线到小区 l 中的第 k 个用户终端、在第 n 个子载波上的复传输系数。这个复传输系数可以表示成复快衰落因子和一个代表几何衰减和阴影衰落的因子相乘的结果,如下式所示:

$$g_{nmjkl}=h_{nmjkl} \cdot \beta_{jkl}^{1/2} \atop n=1,2,\cdots,N_{\text{FFT}};m=1,2,\cdots,M; \atop k=1,2,\cdots,K;j,l=1,2,\cdots,M \right\}} \tag{2.2}$$

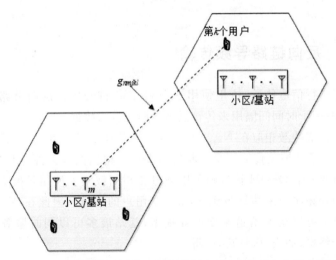

图 2.3　小区 j 中的基站的第 m 根天线到小区 l 中的第 k 个用户终端、在第 n 个载波上的复传输系数

式中:N_{FFT} 为子载波个数;h_{nmjkl} 表示复快衰落因子,是具有零均值和单位方差的复循环对称高斯变量,它在 N_{smooth} 个连续子载波上是分段常数,每个频率平滑间隔中只需要一个导频符号;$\beta_{jkl}^{1/2}$ 表示几何衰减和阴影衰落的慢衰落系数。由于几何衰减和阴影衰落在空间维度变化缓慢,$\beta_{jkl}^{1/2}$ 相对于频率指数 n 和基站天线指数 m 不变,且有

$$\beta_{jkl} = \frac{z_{jkl}}{r_{jkl}^{\gamma}} \tag{2.3}$$

式中：r_{jkl} 是小区 1 中第 k 个用户到小区 j 中基站的距离，γ 为衰减指数；z_{jkl} 是一个对数正态随机变量，$10\log_{10}(z_{jkl})$ 服从零均值、标准差为 σ_{shadow} 的高斯分布。$\{z_{jkl}\}$ 相对于 3 个指数 j、k、l 独立变化，而 $\{r_{jkl}\}$ 仅相当于 k、l 统计独立，其取值依赖于 j 的变化。在后面的分析中假设基站和用户终端均只知道先验信道，所有的 CSI 都通过反向链路导频获得，且收发同步。

2.2　导频污染形成机理

把大规模 MIMO 应用于多小区环境时，就会出现所谓的导频污染现象[205]。因为不同的小区使用非正交的导频序列集，基站在估计用户与自身间信道时不可避免地收到其他小区中与被估计用户使用相同导频的用户的信号，同时基站接收反向链路数据信号时也会收到这些同频用户发送的信号。因此在多小区场景中即使基站天线数趋于无穷，小区间干扰仍不会被消除。

2.2.1　反向链路导频传输

为了进行信道估计，这里使用 τ 个 OFDM 符号用作反向链路导频传输，其余的相干时间间隔用来传输反向或前向链路数据。

由于信道冲激相应在 N_{smooth} 个连续的子载波上是不变的，信道估计时每 N_{smooth} 个子载波上传输一个导频符号即可。根据假设条件，用户在发送导频时需要 τ 个 OFDM 符号则可以通过在相同载频上使用长度为 τ 的相互正交的导频序列来估计得到 τN_{smooth} 个用户的信道。因此在 N_{smooth} 个连续子载波上可以认为信道不变的前提下，基站最多可以同时服务 $K_{max} = \tau N_{smooth}$ 个终端，假设 $T_d = T_g$，可得

$$K_{max} = \frac{\tau}{T_g \Delta f} \tag{2.4}$$

将 $T_u = \dfrac{1}{\Delta f}$ 代入式 (2.4)，且令 $T_{pilot} = \tau T_s$ 表示反向链路导频时间，则有

$$K_{max} = \left(\frac{T_{pilot}}{T_d}\right)\left(\frac{T_u}{T_s}\right) \tag{2.5}$$

式中：$\dfrac{T_u}{T_s}$ 表示由于循环前缀带来的 OFDM 符号的效率。

2.2.2　导频污染

直观看来,增加导频序列的长度可以使并发用户数线性增加,但是由于用户移动导致的信道时变性限制了信道的相干时间长度,如果导频序列的持续时间接近甚至超过信道相干时间,基站就无法传输数据。因此,相同的正交导频序列需要在多个小区中复用,因而基站接收到的反向链路导频信号将受到同频小区终端发送的导频信号的污染。由于对信道的错误估计,基站在发送前向链路数据给相应终端时,会将该信号发送给同频小区中使用相同导频的终端;同样,基站在接收反向链路数据时也会收到来自同频小区终端的信号。假设所有小区都使用长度为 τ 的 K 个正交导频,则所有小区中第 k 个终端使用的导频是 $\boldsymbol{\varphi}_k = [\varphi_{k1}, \varphi_{k2}, \cdots, \varphi_{k\tau}]$, $|\varphi_{kj}| = 1$。由于导频是正交的,则有 $|\boldsymbol{\varphi}_k^H \boldsymbol{\varphi}_{k'}| = \delta_{k,k'}$。在导频传输阶段,第 j 个基站收到的信号是

$$\boldsymbol{y}_{B_j} = \sum_{l=1}^{L} \sum_{k=1}^{K} \sqrt{\rho_p} \, \boldsymbol{g}_{jkl} \boldsymbol{\varphi}_k + \boldsymbol{v}_j \tag{2.6}$$

式中:$\boldsymbol{g}_{jkl} = [g_{1jkl}, g_{2jkl}, \cdots, g_{Mjkl}]^T$;$\rho_p$ 是导频信息的信噪比,$\boldsymbol{v}_j$ 随着基站天线 M 趋于无穷,噪声的影响可以被忽略,所以这里不需要对 $\sqrt{\rho_p}$ 的值量化;$\boldsymbol{v}_j$ 表示复加性高斯白噪声。

收到导频信号后,第 j 个基站按式(2.7)对与自己同在一个小区中的用户的信道向量 $\boldsymbol{g}_{jkj}$ 进行估计

$$\hat{\boldsymbol{g}}_{jk'l} = \boldsymbol{y}_{B_j} \boldsymbol{\varphi}_k^H = \sum_{l=1}^{L} \sqrt{\rho_p} \, \boldsymbol{g}_{jk'l} \boldsymbol{\varphi}_k + \boldsymbol{v}'_j \tag{2.7}$$

将式(2.7)整理成简单的矩阵形式,用 $\hat{\boldsymbol{G}}_{jj}$ 表示估计得到的小区 j 中 M 个基站天线和 K 个用户终端之间 $M \times K$ 维传输矩阵,则有

$$\hat{\boldsymbol{G}}_{jj} = \sqrt{\rho_p} \sum_{l=1}^{L} \boldsymbol{G}_{jl} + \boldsymbol{V}_j \tag{2.8}$$

式中:$\boldsymbol{G}_{jl}$ 表示小区 l 中 K 个用户终端与小区 j 中 M 个基站天线间的 $M \times K$ 维传输矩阵

$$[\boldsymbol{G}_{jl}]_{mk} = g_{mnjkl}, \quad m = 1, 2, \cdots, M; \quad k = 1, 2, \cdots, K \tag{2.9}$$

$\boldsymbol{V}_j$ 是 $M \times K$ 维接收噪声矩阵,其各元素独立服从均值为零、单位方差的复高斯循环对称分布(i.i.d. $CN(0,1)$)。

2.3　大规模 MIMO 信道容量分析

2.3.1　反向链路数据传输

每个小区内的 K 个用户独立地向各自的基站发送数据流,基站利用式 (2.8)得到的信道估计进行最大比合并。图 2.4 给出了反向链路的同频干扰示意图,小区 j 中的第 k 个终端向 j 中的基站发送信息时将受到其他同频小区的第 k 个终端的干扰。

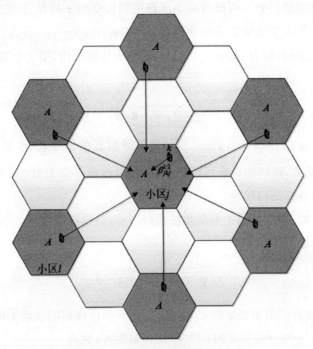

图 2.4　反向链路同频干扰示意图

1. 反向链路信干比

小区 j 中的基站在每个 OFDM 符号的每个载波上接收到 L 个同频小区发送的 $M \times 1$ 维信号向量

$$\overline{\boldsymbol{x}}_j = \sqrt{\rho_r} \sum_{l=1}^{L} \boldsymbol{G}_{jl} \, \overline{\boldsymbol{a}}_l + \overline{\boldsymbol{w}}_j \tag{2.10}$$

式中:$\overline{a}_l$ 是第 l 个小区中 K 个终端发送的 $K \times 1$ 维信号向量,这里假设发送的信号是零均值、单位方差的复高斯随机向量；$\overline{w}_j$ 是零均值、互不相关且与传输矩阵不相关的接收噪声向量；ρ_r 是反向链路数据信噪比。

基站收到信号后需要进行接收合并处理，这里采用 MRC 技术。MRC 是一种常见的接收合并技术，它在接收端只需要对接收信号做线性处理，译码过程简单、易实现，而且相比于其他技术，MRC 可以获得最佳性能。采用 MRC 技术，基站将接收到的信号乘以估计信道矩阵的共轭转置，根据式(2.8)和式(2.10)，有

$$\overline{y}_j = \widehat{\boldsymbol{G}}_{jj}^{\mathrm{H}} \overline{\boldsymbol{x}}_j = \left[\sqrt{\rho_p} \sum_{l_1=1}^{L} \boldsymbol{G}_{jl_1} + \boldsymbol{V}_j \right]^{\mathrm{H}} \left[\sqrt{\rho_r} \sum_{l_2=1}^{L} \boldsymbol{G}_{jl_2} \, \overline{\boldsymbol{a}}_{l_2} + \overline{\boldsymbol{w}}_j \right] \quad (2.11)$$

$\overline{y}_j$ 的分量为 M 维随机向量的内积之和。随着 M 值的无限增大，这些 M 维向量的 2 范数与 M 成比例增大，而不相关向量的内积以较小的速率增大。对于足够大的 M 值，只有当上式中两括号内的传输矩阵 $l_1 = l_2$ 时的乘积值起作用。由式(2.8)和式(2.10)可得

$$\frac{1}{M} \boldsymbol{G}_{jl_1}^{\mathrm{H}} \boldsymbol{G}_{jl_2} = \boldsymbol{D}_{\overline{\beta}_{jl_1}}^{1/2} \left(\frac{\boldsymbol{H}_{jl_1}^{\mathrm{H}} \boldsymbol{H}_{jl_2}}{M} \right) \boldsymbol{D}_{\overline{\beta}_{jl_2}}^{1/2} \quad (2.12)$$

式中：$\boldsymbol{H}_{jl}$ 是小区 j 中的 M 根天线与小区 l 中的 K 个用户之间的 $M \times K$ 维快衰落信道矩阵，有 $[\boldsymbol{H}_{jl}]_{mk} = h_{nmjkl}$，$\boldsymbol{D}_{\overline{\beta}_{jl}}$ 是以 $[\overline{\beta}_{jl}]_k = \beta_{jkl}$，$k = 1, 2, \cdots, K$ 为对角线元素组成的对角矩阵。随着 M 值的无限增大，有

$$\frac{\boldsymbol{H}_{jl_1}^{\mathrm{H}} \boldsymbol{H}_{jl_2}}{M} \xrightarrow{M \to \infty} \boldsymbol{I}_K \delta_{l_1 l_2} \quad (2.13)$$

$\boldsymbol{I}_K$ 是 $K \times K$ 单位矩阵，将式(2.12)和式(2.13)代入式(2.11)式有

$$\frac{\overline{y}_j}{M \sqrt{\rho_p \rho_r}} \to \sum_{l=1}^{L} \boldsymbol{D}_{\overline{\beta}_{jl}} \, \overline{\boldsymbol{a}}_l, \quad j = 1, 2, \cdots, L \quad (2.14)$$

上述信号的第 k 个元素为

$$\frac{y_{jk}}{M \sqrt{\rho_p \rho_r}} \to \beta_{jkj} a_{kj} + \sum_{l \neq j} \beta_{jkl} a_{kl} \quad (2.15)$$

所以基站天线无穷大时带来的好处是，非相关接收噪声和快衰落带来的影响可以完全消除，且同一小区内各终端之间的传输互不干扰；而使用相同导频序列的同频带小区终端会构成残余干扰。有效的反向链路信干比(Signal-to-Interference Ratio，SIR)可以表示为

$$\mathrm{SIR}_{rk} = \frac{\beta_{jkj}^2}{\sum_{l \neq j} \beta_{jkl}^2} \quad (2.16)$$

有效的信干比在所有子载波上相同，仅取决于用户终端相对于中心基站的位置和阴影衰落分析式(2.16)可以得出以下结论：

(1)基站天线无穷多时，信干比的取值与发送功率的大小无关。式

(2.16)中不包括表示功率的变量,因此当所有的用户终端同比例减小其发射功率时,信干比不变。所以基站配置无限大数目的天线时,在每比特信息发送功率任意小的情况下,系统的性能也可以无限逼近表达式(2.16)。

(2)基站天线无穷多时,信干比取决于 β 的平方值。因为系统处于一个干扰受限、而非噪声受限的环境。信号合并前,期望信号与同频干扰都与各自的 β 平方根成正比,接收噪声具有单位方差;进行最大比合并后,期望信号与干扰正比于各自的 β,而噪声标准差正比于所有 β 的平方根和。如果噪声起主要作用,则信干比正比于 β;如果干扰起主要作用,那么信干比取决于 β 平方的比值。

(3)基站天线无穷多时,信干比与频率及小区半径大小无关。由于慢衰落与频率无关,所以有效信干比与频率无关。由于 $\beta \propto \dfrac{1}{r^\gamma}$,将 r^γ 替换为 $\dfrac{r}{r_c}$ 不影响信干比的取值,即信干比取值与小区大小无关。因此,每个终端的吞吐量和每个基站可同时服务终端个数都与小区大小无关。

2. 反向链路容量

设系统总宽带为 B,频率复用因数为 α,时隙长是 T_{slot},反向链路导频长是 T_{pilot},OFDM 符号间隔为 T_s,有用数据符号间隔为 T_u,则每个终端的反向链路容量(比特/秒/终端)可以表示为

$$C_{rk} = \left(\frac{B}{\alpha}\right)\left(\frac{T_{\text{slot}} - T_{\text{pilot}}}{T_{\text{slot}}}\right)\left(\frac{T_u}{T_s}\right)\log_2\left(1 + \text{SIR}_{rk}\right) \qquad (2.17)$$

每个小区的反向链路容量(比特/秒/小区)为

$$C_{\text{rsum}} = \sum_{k=1}^{K} C_{rk} \qquad (2.18)$$

由式(2.5)易知,基站可同时服务的终端数正比于导频时间,而由式(2.18)可知,系统瞬时总容量正比于服务的终端数量,将易知基站可同时服务的终端数正比于导频时间,式(2.17)代入式(2.18)后可以得出结论:当导频时间约占总时隙长一半时,系统时总容量最大。

2.3.2 前向链路数据传输

基站在发送前向链路数据前需要进行预编码,预编码矩阵正比于估计得到的前向链路信道矩阵。图 2.5 给出了前向链路同频干扰示意图,小区 l 中基站向 l 中第 k 个用户发送数据的时候会受到来自其他同频带小区基站的干扰。

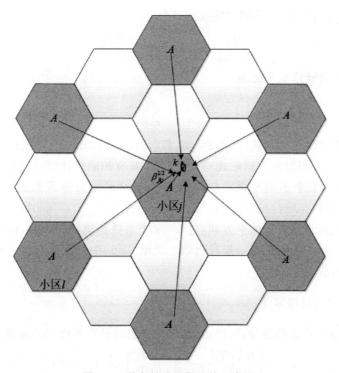

图 2.5　前向链路同频干扰示意图

1. 前向链路信干比

第 j 个基站发送的信号为 $M \times 1$ 维向量 $\hat{\boldsymbol{G}}_{jj}^* \bar{\boldsymbol{a}}_j$，$\bar{\boldsymbol{a}}_j$ 预备发送给小区 j 中 K 个终端的信号向量。具体实现过程中一般需要乘以某个归一化因子进行功率限制，这里假设所有小区的归一化因子是相同的，随着基站天线数目的无限制增大，归一化因子的值可以不考虑。

小区 l 中的 K 个终端接收到的信号是由 L 个同频小区基站发送的信号组成的：

$$\bar{\boldsymbol{x}}_l = \sqrt{\rho_f} \sum_{j=1}^{L} \boldsymbol{G}_{jl}^{\mathrm{T}} \hat{\boldsymbol{G}}_{jj}^* \bar{\boldsymbol{a}}_j + \bar{\boldsymbol{w}}_l \tag{2.19}$$

式中：$\bar{\boldsymbol{w}}_l$ 表示非相关噪声向量 ρ_f 表征前向链路信噪比。代入式(2.8)得

$$\bar{\boldsymbol{x}}_l = \sqrt{\rho_f} \sum_{j=1}^{L} \boldsymbol{G}_{jl}^{\mathrm{T}} \left(\sqrt{\rho_p} \sum_{l'=1}^{L} \boldsymbol{G}_{jl'} + \boldsymbol{V}_j \right)^* \bar{\boldsymbol{a}}_j + \bar{\boldsymbol{w}}_l \tag{2.20}$$

当基站天线数目无限增大时，再次由式(2.12)和式(2.13)可得

$$\frac{\bar{\boldsymbol{x}}_l}{M \sqrt{\rho_p \rho_f}} \xrightarrow{M \to \infty} \sum_{j=1}^{L} \boldsymbol{D}_{\bar{\beta}_{jl}} \bar{\boldsymbol{a}}_j \tag{2.21}$$

因此小区 l 中第 k 个终端的接收信号为

$$\frac{x_{kl}}{M \sqrt{\rho_{\mathrm{p}} \rho_{\mathrm{r}}}} \rightarrow \beta_{lkl} a_{kl} + \sum_{j \neq l} \beta_{jkl} a_{kj} \tag{2.22}$$

有效的前向链路信干比为

$$\mathrm{SIR}_{fk} = \frac{\beta_{lkl}^2}{\sum\limits_{j \neq l} \beta_{jkl}^2} \tag{2.23}$$

对比式(2.16)与式(2.23)发现,前向链路信干比 SIR_{fk} 与反向链路信干比 SIR_{rk} 具有相似的表达形式,二者的分子具有相同统计特征;但是 SIR_{rk} 的分母是 $L-1$ 个不同小区的终端到同一基站的慢衰落系数的平方和,这 $L-1$ 个系数是统计独立的;而 SIR_{fk} 的分母是 $L-1$ 个不同小区的基站到同一终端的慢衰落系数的平方和,这 $L-1$ 个系数是统计相关的,因为终端位置的改变影响所有的路径损耗指数。文献[206]中描述的对偶性在这种场景下并不成立。

2. 前向链路容量

类似于前文的推导,可以由 SIR_{fk} 得到前向链路单终端的容量为

$$C_{fk} = \left(\frac{B}{\alpha}\right)\left(\frac{T_{\mathrm{slot}} - T_{\mathrm{pilot}}}{T_{\mathrm{slot}}}\right)\left(\frac{T_{\mathrm{u}}}{T_{\mathrm{s}}}\right)\log_2\left(1 + \mathrm{SIR}_{fk}\right) \tag{2.24}$$

每个小区的总容量为

$$C_{f\mathrm{sum}} = \sum_{k=1}^{K} C_{fk} \tag{2.25}$$

2.4　本章小结

本章首先针对已有的大规模 MIMO 系统模型,对基站天线无穷多时的系统性能表达式进行了推导,包括系统的前向/反向链路信干噪比和前向/反向链路容量。通过对推导出的表达式进行分析发现,基站天线无穷多时非相干噪声与小区间干扰的影响全部消失,只剩下导频污染造成的小区间干扰,且剩下的干扰与慢衰落因子以外的系统参数均无关。

第 3 章　大规模 MIMO FDD 系统下行导频开销分析

3.1　引　言

大规模 MIMO 技术自 2010 年正式提出以来[45]，工业界和学术界将研究重点放在了 TDD 制式下的系统性能分析、方案设计及其原型机设计等问题，这主要是考虑到大规模 MIMO 系统在 CSI 获取上的难易程度和开销量，而 CSI 获取精度则是大规模 MIMO 技术诸多性能优势的重要保证[23,36,38]。在 TDD 制式下，上下行信道满足互易性，因而用户通过发送上行导频序列，可在基站端进行信道估计，再根据一定的变换方法即可获得等效的下行信道信息。这将带来两个优势：一方面，上行信道估计所需要的导频开销仅随着用户数的变化而变化，与基站的天线数是无关的[44]。从而，相对于庞大的天线数量而言，系统可以在导频开销较小的情况下，保证较好的信道估计性能。而良好的信道估计精度，也是实现大规模 MIMO 技术特殊的根基所在，诸如预编码和检测模块，都对信道信息精度有着较高的要求。另一方面，基站端具有更为强大的运算能力和计算资源，从而可以在基站端采用相对较为复杂但是性能较好的信道估计方法，进一步提升信道估计性能，保证后续的检测和发射性能。

除了前述研究的 TDD 制式系统之外，目前的蜂窝通信主流制式依然为 FDD 制式[51,66]。从 2014 年 9 月全球范围内各国发放的 4G 牌照中来看，有 300 多张牌照是针对 FDD 制式，而只有大约 50 张牌照是针对 TDD 制式[133-134]。因而，考虑从 4G 到 5G 平滑过渡以及前向兼容性的需求，对 FDD 制式下大规模 MIMO 系统的相关技术研究是十分必要的，且有着重要的应用价值[135]。尽管 TDD 制式的导频开销具有先天的优势，但是，其存在的导频污染现象和上下行链路校准误差等问题，也成了制约大规模 MIMO TDD 系统的主要瓶颈。虽然针对 TDD 系统中的这些问题，学术界与工业界也都提出了相应的解决方案和应对方法[52,136-137]，但是，这些方案都不能从根本上解决上述问题对 TDD 系统带来的性能影响。除了导频污染对 TDD 系统性能的制约，TDD 系统性能还受到上下行通道校正误差[138]以及系统硬件损伤[139]等多种因素的制约。而 FDD 系统可以提供较之于 TDD 系统中所没有的特殊优势（诸如，低延时性和对称业务等[140]），这些都是 TDD 制式下所无法比拟的。正是基于上述这些考虑，业界普遍认为大规模 MIMO FDD 系统将与 TDD 系统互为补充，且都扮演着不可替代的角色。因而，国内外各研究机构以及设备厂商都开始将目光聚焦于大规模 MIMO FDD 系统的研究。

在 FDD 制式下，由于信道互易性不再成立，下行 CSI 的获取只能通过基站发送训练序列，在用户端进行信道估计后，经由上行反馈信道传递至基站端，之后再进行相应的检测和预编码过程。从这一过程中可以看到，用于下行信道估计的正交训练序列的时间长度将随着基站天线数的增加而线性增加。这对于有限的时频资源而言会造成巨大的负担。特别是在实际信道场景中，信道的相干时间和相干带宽是有限的，不可能保证导频长度任意增加[141]。但是，目前针对导频开销在系统性能中的影响所进行的分析却十分少，特别是当大规模天线阵列存在发射端相关时，这种情况下导频开销随天线数应该如何变化也具有十分重要的研究意义。因此，本章将在普适的空间相关瑞利衰落信道模型下（传统大规模 MIMO 主要基于 i.i.d. 信道模型），通过定性和定量的方法来研究导频长度的变化对系统遍历速率的影响，并给出使得系统速率可以持续增长时的导频长度与天线数所满足的定量关系式。

本章内容安排如下：第 3.2 节给出了大规模 MIMO FDD 下行链路的系统模型；第 3.3 节首先推导了最小化均方误差准则下的最优正交导频矩阵，基于此针对导频长度与天线数的不同变化速率场景，分析了系统下行遍历速率的渐进性能，并推导了遍历速率关于导频长度的解析表达式；第 3.4 节给出数值仿真结果对分析结果予以验证；第 3.5 节对本章进行总结；第 3.6 节给出了本章中定理和引理等内容的详细证明过程。

3.2　系统模型

图 3.1 所示为大规模 MIMO FDD 下行链路系统。该系统由一个配置大规模天线阵列的基站和一个单天线用户所组成，其中，基站天线数为 N。假设基站到用户的无线信道为空间相关瑞利衰落信道，该相关性是由于基站天线阵元间距较小以及周围散射不充分所导致的[63,142]。同时，信道满足

平坦块衰落,具有相干时间间隔 T_c(以符号长度计),即信道系数在相干时间块 T_c 内保持准静止不变,在块与块之间为独立同分布变化。尽管此处考虑 MISO 信道,但利用矩阵拉直方法,可将本章所提供的框架直接扩展到点对点大规模 MIMO 系统[143],且本章研究框架也直接适用于具有相同相关特性的多用户大规模 MIMO 场景[144]。

长度L的列正交导频序列

$\boldsymbol{X} \in \mathbb{C}^{N \times L}$

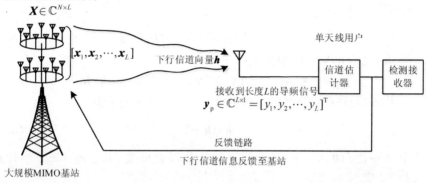

图 3.1　大规模 MIMO FDD 下行系统信道估计和数据传输示意图

在每个相干时间块内,基站分配前 L 个符号用于下行信道估计,剩余时长则用于传输有效数据波束矢量。因此,导频序列可以由 $N \times L$ 维的矩阵 $\boldsymbol{X}$ 来表示。类似文献[64],此处先假设采用等功率分配的酉训练序列矩阵用于信道估计,即 $\boldsymbol{X}$ 满足 $\boldsymbol{X}^H \boldsymbol{X} = \boldsymbol{I}_L$。因此,用户接收到的导频序列信号 $\boldsymbol{y}_p$ 可以表示为

$$\boldsymbol{y}_p = \sqrt{\rho_p} \, \boldsymbol{X}^H \boldsymbol{h} + \boldsymbol{n}_p \tag{3.1}$$

式中:ρ_p 表示每一训练序列的平均发射功率;$\boldsymbol{n}_p \in \mathbb{C}^{L \times 1} \sim \mathcal{CN}(\boldsymbol{0}, \sigma_p^2 \boldsymbol{I})$ 表示信道估计阶段的加性高斯白噪声向量,且具有 $\mathcal{CN}(0,1)$ 的元素,$\boldsymbol{h} \in \mathbb{C}^{N \times 1} \sim \mathcal{CN}(\boldsymbol{0}, \boldsymbol{R})$ 表示下行信道向量,其中,$\boldsymbol{R} = \mathbb{E}\{\boldsymbol{h}\boldsymbol{h}^H\}$ 为半正定阵的信道相关阵[139],表征基站端发射天线的空间相关特性[67,139]。为便于后续分析,如文献[58,139,145]中所述,假设相关阵 $\boldsymbol{R}$ 满足如下两个条件

$$\limsup_{N \to \infty} \| \boldsymbol{R} \|_s < \infty \tag{3.2}$$

$$\liminf_{N \to \infty} \frac{1}{N} \mathrm{tr}\boldsymbol{R} > 0 \tag{3.3}$$

式(3.2)和式(3.3)表明 $\boldsymbol{R}$ 具有一致有界谱范数,且该谱范数是与基站天线数 N 无关的。令其秩 $\mathrm{rank}(\boldsymbol{R}) = K$,且满足关系式 $cN \leqslant K \leqslant N$,其中,$0 < c \leqslant 1$。该条件表明,$\boldsymbol{R}$ 可以为降秩阵,但其秩随天线数线性变化[139]。除此之外,信道的空间相关性强弱可以由其相关阵的特征值分布所表征,即弱相关信道下,其特征值趋于等值分布,而强相关信道下,少数

较大的特征值占据信道的主要能量[146]。因此,这里对 R 进行特征值分解得到 $R = U\Lambda U^H$,其中,$U \in \mathbb{C}^{N \times K}$ 是由 R 的特征向量组成的酉矩阵,$\Lambda = \mathrm{diag}\{[\lambda_1, \lambda_2, \cdots \lambda_K]\} \in \mathbb{C}^{K \times K}$ 则表示由 R 的特征值组成的对角阵,且特征值以降序排列,即 $\lambda_1 \geqslant \lambda_2 \geqslant \cdots \geqslant \lambda_K$。

基于式(3.1),用户端采用最小均方误差(Minimum Mean Squared Error,MMSE)估计器对 CSI 进行估计。根据标准的估计理论[147],可以得到 h 的估计向量 $\hat{h}$ 为

$$\hat{h} = \sqrt{\rho_p} RX (\rho_p X^H RX + \sigma_p^2 I_L)^{-1} y_p \tag{3.4}$$

式中:$\hat{h} \sim \mathcal{CN}(0, \Psi)$,且 Ψ 具有如下形式:

$$\Psi = \mathbb{E}\{\hat{h}\hat{h}^H\} = RX (X^H RX + \sigma_p^2 \rho_p^{-1} I_L)^{-1} X^H R \tag{3.5}$$

根据 MMSE 估计的正交性原理[58,147],可将 h 表示为

$$h = \hat{h} + \tilde{h} \tag{3.6}$$

式中:$\tilde{h} \sim \mathcal{CN}(0, R - \Psi)$ 表示信道估计的误差向量,并且与 bh 是统计独立的[58,147]。

由此可以得到信道估计的归一化均方误差(Mean Squared Error,MSE)为

$$\mathrm{MSE} = \frac{1}{N} \mathbb{E}\{\|h - \hat{h}\|^2\} = \frac{1}{N} \mathrm{tr}\{R - RX (X^H RX + \sigma_p^2 \rho_p^{-1} I_L)^{-1} X^H R\}$$
$$\tag{3.7}$$

从式(3.7)中可以看到,信道估计的 MSE 性能与导频信号阵 X 是紧密相关的。为了获得最优的 MSE 性能,有如下引理。

引理 3.1 满足式(3.7)中 MSE 最小化的最优导频矩阵 X 具有如下所示结构

$$X_{\mathrm{opt}}^{\mathrm{MMSE}} = \underset{X^H X = I_L}{\mathrm{argmin}} \mathrm{MSE}(X) = U_{(1:L)} \tag{3.8}$$

式中:$U_{(1:L)}$ 表示由 U 的第 1 列到第 L 列向量所组成的矩阵。

证明 参见本章附录。

从式(3.8)中可以看到,基于 MSE 最小化的最优导频矩阵 $X_{\mathrm{opt}}^{\mathrm{MMSE}}$ 的列将对准到信道相关阵 R 的前 L 个特征方向上。引理 3.1 中所给出的最优训练序列矩阵也适用于多个用户具有近似相同信道相关阵的情况。对于多用户具有不同相关阵的情形,由于最小化 MSE 准则下,算法的收敛性无法保证,因而最优训练矩阵很难求解[62]。

利用最优训练序列矩阵 $X_{\mathrm{opt}}^{\mathrm{MMSE}}$,可进一步化简得到式(3.9)

$$\Psi = U_{(1:L)} \Lambda_L^2 DU_{(1:L)}^H \tag{3.9}$$

式中:$D = (\Lambda_L + \sigma_p^2 \rho_p^{-1} I_L)^{-1}$;$\Lambda_L$ 是由 Λ 的前 L 个对角线元素组成的 $L \times L$

对角阵。

　　由于反馈信道在高信噪比时,其反馈误差相对于信道估计误差可以忽略不计[64,67],因而,假设基站可以获得理想的 CSI 估计向量 $\hat{\boldsymbol{h}}$,进而基站采用相应波束成型方案在剩余符号时长内发送数据。由于 MRT 方案在大规模 MIMO 系统中可以获得近似最优的性能,且实现复杂度较低[23,58,148],因此采用 MRT 波束成型方案用于下行数据发送。因此,基站所发送的数据向量可以表示为 $\sqrt{\theta}\hat{\boldsymbol{h}}s$,其中,$s$ 为数据符号且 $\mathbb{E}\{|s|^2\}=1$,θ 表示发射功率归一化因子,用以保证平均发送功率约束,即,$\mathbb{E}\{\theta\|\hat{\boldsymbol{h}}\|^2\}=1$。由此,可以得到 $\theta=\dfrac{1}{\mathrm{tr}\boldsymbol{\Psi}}$。

　　最终,用户端所接收到的有效数据信号可以表示为

$$y_\mathrm{d}=\sqrt{\rho_\mathrm{d}\theta}\boldsymbol{h}^\mathrm{H}\hat{\boldsymbol{h}}s+n_\mathrm{d}=\sqrt{\rho_\mathrm{d}\theta}\hat{\boldsymbol{h}}^\mathrm{H}\hat{\boldsymbol{h}}s+\sqrt{\rho_\mathrm{d}\theta}\tilde{\boldsymbol{h}}^\mathrm{H}\hat{\boldsymbol{h}}s+n_\mathrm{d} \tag{3.10}$$

式中:ρ_d 表示数据符号的平均发射功率;$n_\mathrm{d}\sim\mathcal{CN}(0,\sigma_\mathrm{d}^2)$ 表示数据发送阶段的 AWGN。与文献[64]不同的是,此处假设用户端仅已知信道估计信息 $\hat{\boldsymbol{h}}$,而不再通过专门的下行训练过程获得等效信道信息 $\boldsymbol{h}^\mathrm{H}\hat{\boldsymbol{h}}$。因此,根据最坏情况下不相干噪声理论[149-150],可以得到遍历速率下界为

$$R=\mathbb{E}\{\log_2(1+\gamma)\} \tag{3.11}$$

其中,γ 为用户端的接收信噪比,具有形式如下:

$$\gamma=\frac{\rho_\mathrm{d}\theta|\hat{\boldsymbol{h}}^\mathrm{H}\hat{\boldsymbol{h}}|^2}{\rho_\mathrm{d}\theta|\tilde{\boldsymbol{h}}^\mathrm{H}\hat{\boldsymbol{h}}|^2+\sigma_\mathrm{d}^2} \tag{3.12}$$

　　上述遍历速率的获得是通过将信道估计误差和加性噪声看作是与有效信号不相干的“白噪声”,且该“白噪声”的功率等于二者的功率之和。值得注意的是,这里是从鲁棒性分析的角度出发,考虑了最差情况下的系统遍历速率。

　　从上述分析也可以看到,训练序列的长度 L 直接关系着下行信道估计的精度,进而关系到下行波束成型矢量与真实信道向量的匹配程度。然而,随着大规模天线阵列的使用,不可能任意地增加 L 的长度。因此,在下一节中将在训练序列长度随着天线数以不同增长速率变化的情况下,分析下行可达速率的渐进性能,从而研究导频长度与天线数所需要满足的数量关系。

3.3　不同导频长度下的系统可达速率渐进性分析

　　本节中假设基站采用最优导频矩阵 $\boldsymbol{X}_\mathrm{opt}^\mathrm{MMSE}$,且估计出的信道向量 $\hat{\boldsymbol{h}}$ 可以

理想地反馈至基站,并且主要关注于导频信道估计对系统性能所产生的影响[64]。

首先,定义参数 $\nu = \dfrac{L}{N} \in (0,1]$,也称为归一化导频长度,它表示了随着天线数的增长导频长度开销的增长速率。显然,我们希望随着天线数的增长,ν 可以保持在一个较低的水平,甚至趋近于 0,并同时保证系统的性能。当 $\nu = 1$ 时,表明训练序列长度将与天线数以同样速率增长。

在接下来的分析中,考虑 ν 的 3 种变化情况:①固定 ν,且 N、$L \to \infty$;②令 $L = \sqrt{N}$,且 $N \to \infty$,此时,ν 将以 $1/\sqrt{N}$ 的速率趋近于 0;③固定 L,且 $N \to \infty$,此时,随着天线数 N 的增长,训练序列开销不再额外增加。显然,第 3 种情况下,ν 将以更快的速率趋近于 0。

下面,首先给出在后续分析中广泛使用到的随机矩阵理论中的重要引理——确定性等价近似[59,151]。

引理 3.2 设矩阵 $\boldsymbol{G}$、$\boldsymbol{A}$ 和 $\boldsymbol{B} \in \mathbb{C}^{N \times N}$,且都具有一致有界谱范数(与 N 无关)。考虑两个随机向量 $\boldsymbol{p}, \boldsymbol{q} \in \mathbb{C}^{N \times 1}$,并且 $\boldsymbol{p} \sim \mathcal{CN}(0, \boldsymbol{A})$,$\boldsymbol{q} \sim \mathcal{CN}(0, \boldsymbol{B})$,二者相互统计独立,且都独立于 $\boldsymbol{G}$,则有

$$\left.\begin{aligned} &\text{(i)} \frac{\boldsymbol{p}^{\mathrm{H}} \boldsymbol{G} \boldsymbol{p}}{N} - \frac{\mathrm{tr} \boldsymbol{G} \boldsymbol{A}}{N} \xrightarrow[\text{a.s.}]{N \to \infty} 0 \\ &\text{(ii)} \frac{\boldsymbol{p}^{\mathrm{H}} \boldsymbol{G} \boldsymbol{q}}{N} \xrightarrow[\text{a.s.}]{N \to \infty} 0 \\ &\text{(iii)} \frac{|\boldsymbol{p}^{\mathrm{H}} \boldsymbol{G} \boldsymbol{q}|^2}{N^2} - \frac{\mathrm{tr} \boldsymbol{G} \boldsymbol{A} \boldsymbol{G} \boldsymbol{B}}{N^2} \xrightarrow[\text{a.s.}]{N \to \infty} 0 \end{aligned}\right\} \tag{3.13}$$

证明 参见文献[59]中引理 1。

(1)当 ν 固定时,它意味着 L 将随着 N 以固定比例趋近于无穷大。将式(3.10)进行化简后,可以得到

$$y_{\mathrm{d}} = \overset{(a)}{\overbrace{\sqrt{\rho_{\mathrm{d}} \theta} \boldsymbol{a}^{\mathrm{H}} \boldsymbol{\Psi} \boldsymbol{a} \boldsymbol{s}}} + \sqrt{\rho_{\mathrm{d}} \theta} \boldsymbol{b}^{\mathrm{H}} (\boldsymbol{R} - \boldsymbol{\Psi})^{1/2} \boldsymbol{\Psi}^{1/2} \boldsymbol{a} \boldsymbol{s} + n_{\mathrm{d}} \overset{(b)}{=}$$

$$\underbrace{\sqrt{\rho_{\mathrm{d}} \theta} \, \bar{\boldsymbol{a}}^{\mathrm{H}} \boldsymbol{\Lambda}_L^2 \boldsymbol{D} \, \bar{\boldsymbol{a}} \boldsymbol{s}}_{\text{有效信号项}} + \underbrace{\sqrt{\rho_{\mathrm{d}} \theta \rho_{\mathrm{p}}^{-1}} \, \bar{\boldsymbol{b}}^{\mathrm{H}} \boldsymbol{\Lambda}_L^{3/2} \boldsymbol{D} \, \bar{\boldsymbol{s}}}_{\text{信道估计误差项}} + \underbrace{u_{\mathrm{d}}}_{\text{噪声}} \tag{3.14}$$

式中:步骤(a)是利用了 $\hat{\boldsymbol{h}}$ 的 KL(Karhunen-Loeve)变换[62,67],即 $\hat{\boldsymbol{h}} = \boldsymbol{\Psi}^{1/2} \boldsymbol{a}$ 和 $\boldsymbol{h} = (\boldsymbol{R} - \boldsymbol{\Psi})^{1/2} \boldsymbol{b}$,$\boldsymbol{a}$ 和 $\boldsymbol{b} \in \mathbb{C}^{N \times 1} \sim \mathcal{CN}(\boldsymbol{0}, \boldsymbol{I}_N)$,步骤(b)则是利用了新定义的随机向量 $\bar{\boldsymbol{a}} = \boldsymbol{U}_{(1:L)} \boldsymbol{a}$ 和 $\bar{\boldsymbol{b}} = \boldsymbol{U}_{(1:L)} \boldsymbol{b}$ 进行代换后得到,$\Lambda^{3/2} L = \Lambda L \Lambda^{1/2} L$,$\Lambda L$ 表示由 Λ 的前 L 个对角线元素组成的对角阵。显然,$\bar{\boldsymbol{a}}$ 和 $\bar{\boldsymbol{b}} \in \mathbb{C}^{L \times 1}$,并且二者服从 $\mathcal{CN}(\boldsymbol{0}, \boldsymbol{I}_L)$ 分布。

基于式(3.14),可以得到接收信噪比以及遍历速率的极限性能,有如下引理。

引理 3.3　对于固定比例 ν，当 $N\to\infty$ 时，用户的接收信噪比 γ_1 和遍历可达速率 R_1 将会趋近于无穷大。

证明　采用类似于文献[45]和文献[79]中的方法，对式(3.14)左右两端同除以 $\sqrt{N}$，可以得到

$$\frac{y_d}{\sqrt{N}} = \sqrt{\frac{\rho_d N}{\mathrm{tr}\boldsymbol{\Psi}}} \frac{\bar{\boldsymbol{a}}^{\mathrm{H}} \boldsymbol{\Lambda}_L^2 \boldsymbol{D}\, \bar{\boldsymbol{a}}}{N} s + \sqrt{\frac{\rho_d N}{\rho_p \mathrm{tr}\boldsymbol{\Psi}}} \frac{\bar{\boldsymbol{b}}^{\mathrm{H}} \boldsymbol{\Lambda}_L^{3/2} \boldsymbol{D}\, \bar{\boldsymbol{a}}}{N} s + \frac{n_d}{\sqrt{N}} \qquad (3.15)$$

式中：$\mathrm{tr}\boldsymbol{\Psi} = \mathrm{tr}\boldsymbol{\Lambda}_L^2 \boldsymbol{D} = \displaystyle\sum_{l=1}^{L} \frac{\rho_p \lambda_l^2}{\sigma_p^2 + \rho_p \lambda_l}$。

根据引理 3.2 中第(i)条和第(ii)条结论，可以分别得到式(3.15)右边 3 项随着 $N\to\infty$ 时的极限值为

$$\left. \begin{aligned} \frac{\bar{\boldsymbol{a}}^{\mathrm{H}} \boldsymbol{\Lambda}_L^2 \boldsymbol{D}\, \bar{\boldsymbol{a}}}{N} &\xrightarrow[\mathrm{a.s.}]{N\to\infty} \frac{\nu \mathrm{tr}\boldsymbol{\Lambda}_L^2 \boldsymbol{D}}{K}, \\ \frac{\bar{\boldsymbol{b}}^{\mathrm{H}} \boldsymbol{\Lambda}_L^{3/2} \boldsymbol{D}\, \bar{\boldsymbol{a}}}{N} &\xrightarrow[\mathrm{a.s.}]{N\to\infty} 0, \\ \frac{n_d}{\sqrt{N}} &\xrightarrow{N\to\infty} 0. \end{aligned} \right\} \qquad (3.16)$$

考虑到式(3.2)和式(3.2)的谱范数一致有界性条件，可以得到 $\dfrac{\nu \mathrm{tr}\boldsymbol{\Lambda}_L^2 \boldsymbol{D}}{L}$ 将随着 $N\to\infty$ 收敛到一个有限的非零值，即

$$0 < \frac{\nu \rho_p \lambda_L^2}{\sigma_p^2 + \rho_p \lambda_L} \leqslant \lim_{N\to\infty} \frac{\nu \mathrm{tr}\boldsymbol{\Lambda}_L^2 \boldsymbol{D}}{L} \leqslant \frac{\nu \rho_p \lambda_1^2}{\sigma_p^2 + \rho_p \lambda_1} < \infty \qquad (3.17)$$

从式(3.16)和式(3.17)中可以看到，有效信号功率的数量级为 $o(N^2)$，而等效噪声的功率则增长十分缓慢。因此，当基站天线数无限增长时，信道估计误差、加性白噪声以及信道小尺度衰落系数将全部消失。确切地说，接收信号 y_d 的极限值为

$$\frac{y_d}{\sqrt{N}} - \sqrt{\frac{\rho_d \nu \mathrm{tr}\boldsymbol{\Lambda}_L^2 \boldsymbol{D}}{L}} s \xrightarrow[\mathrm{a.s.}]{N\to\infty} 0 \qquad (3.18)$$

可以清楚地看到，接收信号中只包含了有效信号项。因此，随着天线数 $N\to\infty$，等效信噪比 $\gamma_1 \to\infty$ 且可达速率 R_1 也会无限增加。证毕。

通过引理 3.3 可以看到，当天线数 N 和导频长度 K 以固定比例 ν 增长时，即使是很小的 ν，遍历速率 R_1 都将趋近于无穷大。然而，ν 值仅影响有效信号的功率增长快慢，从而决定着系统速率的增长速度。

(2)令 $L = \sqrt{N}$，则 $\displaystyle\lim_{N\to\infty} \nu = \lim_{N\to\infty} \frac{L}{N} = 0$，这表明归一化导频长度随天线数增加而趋于 0。此时，关于系统速率的极限性能有引理 3.4 所示的结论。

引理 3.4　当 $L = \sqrt{N}$ 且 $N\to\infty$ 时，接收信噪比 γ_2 和遍历可达速率 R_2

仍将同时趋近于无穷大。

证明 对式(3.14)两端同除以 $N^{1/4}$，可以得到

$$\frac{y_{\mathrm{d}}}{N^{1/4}} = \sqrt{\frac{\varrho_{\mathrm{d}}}{\mathrm{tr}\boldsymbol{\Psi}}\frac{\sqrt{N}}{\sqrt{N}}}\,\frac{\bar{\boldsymbol{a}}^{\mathrm{H}}\boldsymbol{\Lambda}_L^2\boldsymbol{D}\,\bar{\boldsymbol{a}}}{\sqrt{N}}s + \sqrt{\frac{\varrho_{\mathrm{d}}}{\rho_{\mathrm{p}}\mathrm{tr}\boldsymbol{\Psi}}\frac{\sqrt{N}}{\sqrt{N}}}\,\frac{\bar{\boldsymbol{b}}^{\mathrm{H}}\boldsymbol{\Lambda}_L^{3/2}\boldsymbol{D}\,\bar{\boldsymbol{a}}}{\sqrt{N}}s + \frac{n_{\mathrm{d}}}{N^{1/4}} \quad (3.19)$$

同样利用引理 3.2 中第(i)条和第(ii)条性质可得

$$\left.\begin{aligned}\frac{\bar{\boldsymbol{a}}^{\mathrm{H}}\boldsymbol{\Lambda}_L^2\boldsymbol{D}\,\bar{\boldsymbol{a}}}{\sqrt{N}} &\xrightarrow[\mathrm{a.s.}]{N\to\infty}\frac{\mathrm{tr}\boldsymbol{\Lambda}_L^2\boldsymbol{D}}{L},\\ \frac{\bar{\boldsymbol{b}}^{\mathrm{H}}\boldsymbol{\Lambda}_L^{3/2}\boldsymbol{D}\,\bar{\boldsymbol{a}}}{\sqrt{N}} &\xrightarrow[\mathrm{a.s.}]{N\to\infty}0,\\ \frac{n_{\mathrm{d}}}{N^{1/4}} &\xrightarrow{N\to\infty}0.\end{aligned}\right\} \quad (3.20)$$

由此，可以得到接收信号 $y_{\mathrm{d}}^{1/4}$ 将几乎确定收敛到 $\sqrt{\dfrac{\varrho_{\mathrm{d}}\,\mathrm{tr}\boldsymbol{\Lambda}_L^2\boldsymbol{D}}{L}}s$，而不再受到信道估计误差干扰、噪声和信道小尺度衰落系数的影响。所以，等效信噪比 γ_2 和可达速率 R_2 都将随着 N 的增加而逐渐趋于无穷大。

从引理 3.4 可以发现一个有趣的现象：即使归一化导频开销 ν 趋于 0，但信道小尺度衰落系数和干扰项仍然都将消失，从而只剩下有效信号项，但此时遍历速率的增长速度较慢。

基于引理 3.3 和引理 3.4，可以得到定理 3.1 用于指导天线数增加时的导频长度选择。

定理 3.1 只要训练序列长度 L 与基站天线数 N 满足如下关系式：

$$L = \alpha N^{\beta} \quad (3.21)$$

其中，$0 < \beta \leqslant 1$ 且 $\alpha > 0$，可保证系统下行遍历速率随着天线数的增加而任意增大。

证明 采用类似与引理 3.3 和引理 3.4 的证明方法，可以直接证明得到该结论。

值得注意的是，在一个信道相干时间块内，考虑到信道估计阶段的资源开销，应将系统的资源维度损失计入有效可达速率中，即 $\left(1-\dfrac{L}{T_{\mathrm{c}}}\right)R$。另一方面，在实际场景中，信道的相干间隔 T_{c} 通常是有限的。因此，在第(1)和第(2)种情况下，维度损失因子 $\left(1-\dfrac{L}{T_{\mathrm{c}}}\right)$ 在 $L \geqslant T_{\mathrm{c}}$ 时，将会等于 0。因此，考虑到数学意义上的结果，此处实际上隐式的假设了信道相干间隔 T_{c} 也随着天线数 N 的增加而逐渐增加[58,67]。同时，定义信道的维度占用因子 $\tau = \dfrac{L}{T_{\mathrm{c}}}$，此概念在文献[67]中被首次提出，用以描述导频开销在信道相干间隔

内的占用率。在物理意义上,第(1)和第(2)种情况可以理解为 L 在较大的取值区间上是成立的,但此时 L 仍然远小于 T_c。

(3)当导频序列长度 L 固定且 $N\to\infty$ 时,ν 将以快于第(2)种情况下的速率趋近于 0。

由于导频序列长度 L 此时是固定的值,因此第(1)和(2)种情况下的渐进分析方法无法直接使用。同时,直接对式(3.11)进行期望运算推导又是十分困难的。此时,借助于引理 3.2 中的第(i)条和第(iii)条性质,采用类似文献[58]和文献[67]中的方法,可以推导出遍历速率的渐进解析表达式,且该表达式也适用于前两种情况。基于该表达式,分析第(3)种情况下的极限性能。由此,可以得到定理 3.2。

值得注意的是,此处的渐进分析仅是视作一种有效的工具,用以在有限维系统下,对遍历速率提供一种紧致的解析近似结果。同时,可以保证在天线数趋于无穷大时,所给出的近似结果误差将会几乎确定收敛到 0。此处天线数增长时,意味着系统的其他参数也将随天线数等比例地增长[58,67,152]。

定理 3.2　当基站使用最优训练序列矩阵 $\boldsymbol{X}_{\mathrm{opt}}^{\mathrm{MMSE}}$ 进行信道估计并采用 MRT 波束成型方案时,式(3.11)中所示的遍历可达速率 R 的确定性等价近似值为

$$\overline{R}=\log_2(1+\overline{\gamma})\gamma \tag{3.22}$$

式中:$\overline{\gamma}$ 表示等效接收信噪比 γ 的确定性等价近似值,且具有如下形式

$$\overline{\gamma}=\rho_{\mathrm{d}}\left(\sum_{l=1}^{L}\frac{\rho_{\mathrm{p}}\lambda_l^2}{\sigma_{\mathrm{p}}^2+\rho_{\mathrm{p}}\lambda_l}\right)^2\left(\sum_{l=1}^{L}\frac{(\sigma_{\mathrm{p}}^2\rho_{\mathrm{d}}\lambda_l+\rho_{\mathrm{p}}\lambda_l+\sigma_{\mathrm{p}}^2)\rho_{\mathrm{p}}\lambda_l^2}{(\sigma_{\mathrm{p}}^2+\rho_{\mathrm{p}}\lambda_l)^2}\right)^{-1} \tag{3.23}$$

同时,$\overline{\gamma}$ 和 $\overline{R}$ 满足如下关系式

$$\gamma-\overline{\gamma}\xrightarrow[\text{a. s.}]{N\to\infty}0,\quad R-\overline{R}\xrightarrow[\text{a. s.}]{N\to\infty}0 \tag{3.24}$$

证明　根据引理 3.2 中的第(i)条和第(iii)条性质,式(3.11)中所示的等效信噪比 γ 中的分子项和分母项的确定性等价近似值分别为

$$\begin{aligned}\left|\frac{\hat{\boldsymbol{h}}^{\mathrm{H}}\hat{\boldsymbol{h}}}{N}\right|^2 &\xrightarrow[\text{a. s.}]{N\to\infty}\left|\frac{\mathrm{tr}\boldsymbol{\Psi}}{N}\right|^2\\ \left|\frac{\tilde{\boldsymbol{h}}^{\mathrm{H}}\hat{\boldsymbol{h}}}{N}\right|^2 &\xrightarrow[\text{a. s.}]{N\to\infty}\frac{\mathrm{tr}(\boldsymbol{R}-\boldsymbol{\Psi})\boldsymbol{\Psi}}{N^2}\end{aligned} \tag{3.25}$$

将式(3.25)以及功率归一化因子 $\theta=1/\mathrm{tr}\boldsymbol{\Psi}$ 代入式(3.12),最终可以得到

$$\gamma-\frac{\rho_{\mathrm{d}}(\mathrm{tr}\boldsymbol{\Psi})^2}{\rho_{\mathrm{d}}\mathrm{tr}(\boldsymbol{R}-\boldsymbol{\Psi})\boldsymbol{\Psi}+\mathrm{tr}\boldsymbol{\Psi}}\xrightarrow[\text{a. s.}]{N\to\infty}0 \tag{3.26}$$

经过合并化简后，可以得到如式(3.23)所示的等效接收信噪比的确定性等价近似值。再根据主导收敛和连续映射理论[58]可得

$$R - \log_2(1 + \bar{\gamma}) \xrightarrow[\text{a. s.}]{N \to \infty} 0 \tag{3.27}$$

证毕。

一般而言，式(3.23)中所示的 $\bar{\gamma}$ 无法再进行更进一步的化简，除非在某些特定的信道条件下，诸如独立同分布瑞利无相关衰落信道或者强退化相关的秩 1 信道等。

对于式(3.22)和式(3.23)的确定性等价近似结果应当从这样的角度进行理解，即对于任意给定的系统参数，如天线数 N、信道相干间隔 T_c 和训练序列长度 L 等，式(3.22)和式(3.23)所给出的信噪比和遍历速率的确定性等价式都是一种有效的近似，且随着 N 的增加，该解析表达式理论值将越来越逼近真实值。从后续章节的数值仿真结果中也可以看到，定理 3.6 所给出的速率解析形式在有限维的系统参数下，与蒙特卡洛仿真值具有良好的近似效果。另外，从定理 3.2 中也可以明确看到，当训练序列长度 L 固定时，可达速率 R_3 将随着天线数的增加而趋于固定，这是由于 $\boldsymbol{R}$ 的特征值随着天线数的增长都是有限且有界的，故有如下推论。

推论 3.1 式(3.22)中遍历速率 R 的确定性等价量 $\bar{R}$ 存在如下所示的上界和下界：

$$\left. \begin{aligned} \bar{R} &\leqslant \log_2\left[1 + \rho_d\left(\frac{L\rho_p\lambda_1^2}{\sigma_p^2 + \rho_p\lambda_1}\right)^2\left(\sum_{l=1}^{L}\frac{(\sigma_p^2\rho_d\lambda_l + \rho_p\lambda_l + \sigma_p^2)\rho_p\lambda_l^2}{(\sigma_p^2 + \rho_p\lambda_l)^2}\right)^{-1}\right] \\ \bar{R} &\geqslant \log_2\left[1 + \rho_d\left(\sum_{l=1}^{L}\frac{\rho_p\lambda_l^2}{\sigma_p^2 + \rho_p\lambda_l}\right)^2\left(\frac{L(\sigma_p^2\rho_d\lambda_1 + \rho_p\lambda_1 + \sigma_p^2)\rho_p\lambda_1^2}{(\sigma_p^2 + \rho_p\lambda_1)^2}\right)^{-1}\right] \end{aligned} \right\} \tag{3.28}$$

证明 因为单变量函数 $f(x) = \dfrac{\rho_p x^2}{\sigma_p^2 + \rho_p x}$ 和 $g(x) = \dfrac{(\sigma_p^2\rho_d x + \rho_p x + \sigma_p^2)\rho_p x^2}{(\sigma_p^2 + \rho_p x)^2}$ 关于 x 都是严格单调递增的，可通过验证二者的一阶导数即可得到。因此利用信道相关阵 $\boldsymbol{R}$ 的最大特征值 λ_1 进行放缩，代入式(3.22)即可得到对应结果。证毕。

为了更直观地理解，考虑最为常见的指数衰减型相关信道模型，即信道相关阵 $\boldsymbol{R}$ 的元素为 $[\boldsymbol{R}]_{i,j} = r^{|i-j|}$，$r \in [0,1]$，其中，$r$ 描述空间相关性的强弱，r 越大，表明发射端天线之间的相关性越强，反之，则表明天线间相关性越弱。尽管指数衰减相关信道模型形式较为简单，但在实际场景中，该模型可以很好地描述均匀线性天线阵列的空间相关特性[139,153]。根据文献

[153]可知,在指数衰减型信道模型下,最大特征值与最小特征值各自对应的上下界分别为

$$\lambda_1 \leqslant \frac{1+r}{1-r}, \quad \lambda_N \geqslant \frac{1-r}{1+r} \tag{3.29}$$

结合式(3.28)中的速率上下界和式(3.29)的最大最小特征值上下界,可以看到,对于第(3)种情况下,遍历可达速率 R_3 将逐渐趋于一个稳定的值,因为速率上界仅取决于导频序列长度 L 和信道空间相关性系数 r,而与基站天线数 N 无关。

值得注意的是,当式(3.22)中的可达速率表达式用于第(1)种和第(2)种情况时,可以发现随着天线数趋于无穷大,传输速率的上下界都将无界增长。这也意味着,R_1 和 R_2 将会趋于无穷大,而这一结论也与引理 3.3 和引理 3.4 中的结论是完全一致的。

3.4　仿真结果与分析

本节将通过蒙特卡洛仿真来验证图 3.1 中大规模 MIMO FDD 单用户系统导频长度的分析结论以及所设计的下行导频方案性能,其中基站配置大规模天线阵列,用户配置单天线。为不失一般性,假设各传输阶段的加性高斯白噪声功率归一化为 1,对于信道空间相关性的描述,则采用指数衰减型相关信道模型,相关系数 r 分别设置为 0.8 和 0.3,用以描述强相关信道和弱相关信道。信道的相干时长 $T_c = 40$,数值仿真中,通过生成 10^4 次独立信道来平均获得。

图 3.2 给出了天线数 $N = 100$ 时不同相关性强弱程度下,信道相关矩阵 R 的特征值累积分布状况。从图 3.4 和图 3.5 中可以明显看到,对于强相关信道而言,其特征值主要集中于若干少数较大的特征值上,其余大部分特征值的数值都较小或趋近于 0。随着信道相关性的减弱,信道相关阵的特征值则愈发趋近于均等分布,也即各个特征值大小趋于相等分布。对于无相关性信道而言,则信道相关阵的特征值均为 1。

图 3.3 给出了当使用导频矩阵 $X = U_{(1:L)}$ 时,信道估计的归一化均方误差性能。从图中可以看到,在强相关信道下,使用同样的导频长度系统可以获得非常好的信道估计精度。这主要是由于特征值集中于少数特征向量方向,当导频矩阵对准强特征向量方向时便可以获得较好的信道估计精度,而对于弱相关信道而言,特征值大小分散在多个特征向量上,因而较少的导频

长度无法获得良好的估计精度。同时可以看到,导频功率的提升对于信道估计的精度而言总是有益的,但是单靠提升导频功率所带来的估计精度提升是极为有限的。特别是功率提升到一定程度后,所带来的估计精度增益就很少了。

图 3.4 和图 3.5 分别给出了强弱相关信道下,不同的训练序列开销所对应的系统可达速率性能。图中的"Analytical results"表示通过可达速率闭合表达式(3.22)所获得的近似值。从图中可以看到,第一种和第二种导频长度变化速率下,R_1 和 R_2 将会随着天线数的增加而持续增加,但在第三种固定导频长度时,R_3 则随天线数增加逐渐趋缓并收敛到一个极限值。特别值得注意的是,在第二种情况下,即 $\nu \to 0$ 时,可达速率依然随着天线数而逐渐增大,但是可达速率的增长速度显然较慢。这主要是由于训练序列的长度随着天线数的增加而逐渐增加,但增加速率较慢,从而可获得的用于提升系统性能的阵列增益和自由度增加较慢。然而,在第三种情况下,当训练序列长度固定时,随着天线数的增加信道估计精度变得越来越不精确,从而导致了整个下行链路可达速率的性能出现饱和现象,并逐渐趋近于速率上界。还可以观察到,推论 3.1 所给出的上界和下界在弱相关信道下更为紧致,这主要是由于弱相关信道下相关阵的特征值更加趋于均等,从而使得上界表达式中的放缩效果更为精确。并且在强弱相关信道下,随着天线数的增加,遍历速率与上下界都变得越来越紧致。与此同时,对比两幅图中的仿真结果还可以发现,在强相关信道下,增加 ν 所带来的性能增益要小于弱相关信道,这主要是由于强相关信道下,少量特征值占据了大量的信道增益,继续提升导频长度所带来的信道估计精度提升也有限,从而对于系统性能增益的贡献也相应减少。

另一方面,从图 3.4 和图 3.5 中可以看到,利用确定性等价近似方法所推导得到的可达速率闭合表达式解析值,即式(3.22),与数值结果之间的逼近和近似程度较为精确。即使在相对较少的天线数量情况下,也可以获得相对精确的近似结果。这都表明了定理 3.2 所给出的可达速率闭合形式具有有效性和精确性。对比图 3.4 和图 3.5,可以看到弱相关信道下,在后两种导频长度设置下,系统的可达速率性能受到了严重的降低。这主要是由于在弱相关信道下,过少的训练序列长度不足以保证信道估计精度,从而使得信道估计向量与真实的信道向量之间失配过多,最终系统的可达速率性能受到影响。

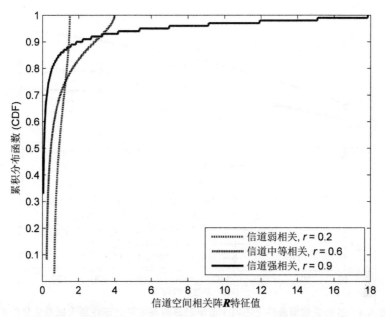

图 3.2　不同相关性强弱条件下,信道相关阵特征值分布的累积分布（N＝100）

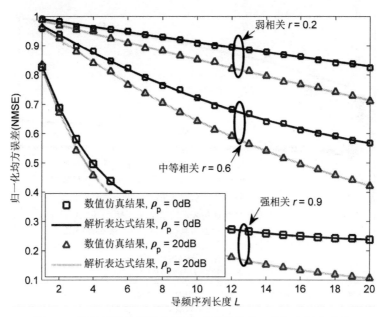

图 3.3　不同相关性强弱条件下,信道估计归一化均方误差性能
随导频序列长度的变化趋势（N＝100）

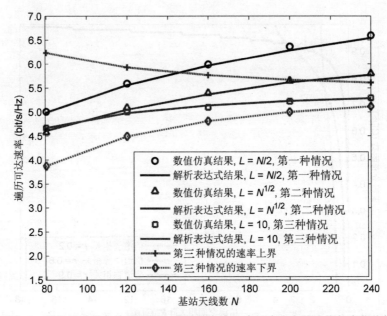

图 3.4　强相关信道条件下不同 ν 值所对应的系统可达速率随天线数变化趋势
（$r=0.8$, $\rho_p = \rho_d = 0$dB）

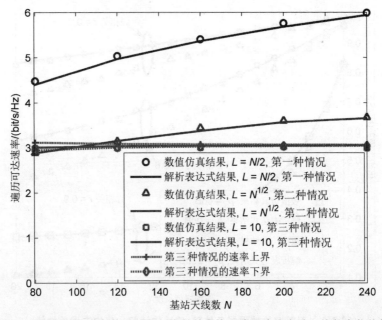

图 3.5　弱相关信道条件下不同 ν 值所对应的系统可达速率随天线数变化趋势
（$r=0.3$, $\rho_p = \rho_d = 0$dB）

3.5　本章小结

本章首先研究了正交导频结构下,导频序列长度对于大规模 MIMO FDD 系统的下行遍历速率的性能影响。同时以系统最差情况下的可达速率为指标,在导频序列长度随天线数以不同速率增长时,分析了可达速率的渐进性能。通过推导发现,只要天线数一直增大,即使归一化导频长度趋于 0,依然可以保证系统速率随天线数的增加而任意增大。若固定导频长度而单一增加发射天线数,则系统可达速率将很快出现饱和效应。同时,本章还给出了定理 3.1 用于指导系统设计中天线数增加时所需要的导频序列长度的选择。最后,通过数值仿真,验证了理论推导结果的正确性。

3.6　附　录

引理 3.1 证明

此处,在普适的点对点 MIMO 信道下,推导最优导频序列的结构。假设基站天线数为 M,用户天线数为 N。在用户端接收到的导频信号可以表示为

$$Y = \sqrt{\rho_p} H^H X + N \tag{3.30}$$

式中: $H^H \in \mathbb{C}^{N \times M} \sim \mathcal{CN}(0, R^T \otimes I_N)$ 表示小尺度衰落信道系数矩阵, R 表示发射端信道相关阵, $N^H \in \mathbb{C}^{N \times L} \sim \mathcal{CN}(0, \sigma_p^2 I_M \otimes I_N)$ 则表示 AWGN 矩阵。此处所采用的信道模型实际上是具有克罗内克结构的空间相关信道模型,且假设只有在基站发射端才有空间相关性。对于用户接收端天线相关性而言,考虑到用户所处位置一般较低,且周围具备丰富的散射环境,因而其传播媒介具有接近各向同性的特质,因此,接收端天线相关性一般不考虑[146]。

通过矩阵拉直运算对接收到的导频信号进行处理,并根据性质 $\mathrm{vec}(ABC) = C^T \otimes A \mathrm{vec}(B)$,可以得到变换后的导频接收信号为

$$\mathrm{vec}(Y) = \sqrt{\rho_p} \widetilde{X} \mathrm{vec}(H^H) + \mathrm{vec}(N) \tag{3.31}$$

式中: $\widetilde{X} = X^T \otimes I_N$。

因此,利用 MMSE 估计器可以得到信道矩阵 $\boldsymbol{H}$ 的估计矩阵 $\hat{\boldsymbol{H}}$ 为

$$\mathrm{vec}(\hat{\boldsymbol{H}}) = \sqrt{\rho_{\mathrm{p}}}\, \tilde{\boldsymbol{R}} \tilde{\boldsymbol{X}}^{\mathrm{H}} (\rho_{\mathrm{p}}\, \tilde{\boldsymbol{X}} \tilde{\boldsymbol{R}} \tilde{\boldsymbol{X}}^{\mathrm{H}} + \sigma_{\mathrm{p}}^2 \boldsymbol{I}_{MN})^{-1} \mathrm{vec}(\boldsymbol{Y}) \tag{3.32}$$

式中: $\tilde{\boldsymbol{R}} = \boldsymbol{R}^{\mathrm{T}} \otimes \boldsymbol{I}_N$。此时,信道估计的 MSE 为

$$\mathrm{MSE} = \frac{1}{MN} \mathbb{E}\{\parallel \mathrm{vec}(\boldsymbol{H}) - \mathrm{vec}(\hat{\boldsymbol{H}}) \parallel^2\} =$$

$$\frac{1}{MN} \mathrm{tr}\{\tilde{\boldsymbol{R}} - \tilde{\boldsymbol{R}} \tilde{\boldsymbol{X}}^{\mathrm{H}} (\tilde{\boldsymbol{X}} \tilde{\boldsymbol{R}} \tilde{\boldsymbol{X}}^{\mathrm{H}} + \sigma_{\mathrm{p}}^2 \rho_{\mathrm{p}}^{-1} \boldsymbol{I}_{MN})^{-1} \tilde{\boldsymbol{X}} \tilde{\boldsymbol{R}}\} \tag{3.33}$$

由于 $\dfrac{\mathrm{tr}\,\tilde{\boldsymbol{R}}}{NM}$ 是固定量值,因而,最小化 MSE 就等价于最大化如下项:

$$\boldsymbol{X}_{\mathrm{opt}}^{\mathrm{MMSE}} = \underset{\boldsymbol{x}^{\mathrm{H}} \boldsymbol{x} = \boldsymbol{I}_L}{\mathrm{argmax}\,\mathrm{tr}} \{\tilde{\boldsymbol{R}} \tilde{\boldsymbol{X}}^{\mathrm{H}} (\tilde{\boldsymbol{X}} \tilde{\boldsymbol{R}} \tilde{\boldsymbol{X}}^{\mathrm{H}} + \sigma_{\mathrm{p}}^2 \rho_{\mathrm{p}}^{-1} \boldsymbol{I}_{NM})^{-1} \tilde{\boldsymbol{X}} \tilde{\boldsymbol{R}}\} =$$

$$\underset{\boldsymbol{x}^{\mathrm{H}} \boldsymbol{x} = \boldsymbol{I}_L}{\mathrm{argmax}\,\mathrm{tr}} \left\{ \begin{matrix} [(\boldsymbol{X}^{\mathrm{T}} \otimes \boldsymbol{I}_N)(\boldsymbol{R}^{\mathrm{T}} \otimes \boldsymbol{I}_N)(\boldsymbol{X}^{\mathrm{T}} \otimes \boldsymbol{I}_N)^{\mathrm{H}} + \sigma_{\mathrm{p}}^2 \rho_{\mathrm{p}}^{-1} \boldsymbol{I}_M \otimes \boldsymbol{I}_N]^{-1} \\ \cdot [(\boldsymbol{X}^{\mathrm{T}} \otimes \boldsymbol{I}_N)(\boldsymbol{R}^{\mathrm{T}} \otimes \boldsymbol{I}_N)^2 (\boldsymbol{X}^* \otimes \boldsymbol{I}_N)] \end{matrix} \right\} =$$

$$\underset{\boldsymbol{x}^{\mathrm{H}} \boldsymbol{x} = \boldsymbol{I}_L}{\mathrm{argmax}\, N\,\mathrm{tr}} \{(\boldsymbol{X}^{\mathrm{H}} \boldsymbol{R} \boldsymbol{X} + \sigma_{\mathrm{p}}^2 \rho_{\mathrm{p}}^{-1} \boldsymbol{I}_M)^{-1} \boldsymbol{X}^{\mathrm{H}} \boldsymbol{R}^2 \boldsymbol{X}\} \tag{3.34}$$

根据广义块瑞利熵的性质[157],可以得到最优导频矩阵为 $\boldsymbol{X}_{\mathrm{opt}}^{\mathrm{MMSE}} = \boldsymbol{U}_{(1:L)}$。
证毕。

第 4 章 大规模 MIMO FDD 系统 导频信号设计及优化

4.1 引 言

在第 2 章中分析了导频长度随天线数在不同变化速率下,对系统下行可达速率的影响以及渐进性能。从前述分析过程可以看到,信道估计性能除了与导频长度直接相关外,与导频信号矩阵也具有密不可分的关系,并且间接影响着信道估计的精度,进而影响系统的可达速率性能。传统的导频设计主要关注于信道估计均方误差性能,而实际通信系统中的可达速率才是最终的有效指标。因而,在给定导频长度下,如何设计有效的导频信号并对其进行优化以有效提高其在可达速率上的正面作用,将具有更重要的意义。

目前,针对导频信号设计和优化已有若干研究成果。文献[63]研究了非正交条件下的导频设计问题,利用信道反馈信息对导频序列进行迭代优化。文献[64]联合考虑了信道的空时两维度相关性,借助于信道的时间相干性进行信道预测,进而设计了开环和闭环条件下的低开销导频和信道估计方案。文献[65]挖掘信道空间相干性,以经典的信道估计均方误差最小化为目标,对导频信号进行优化设计。文献[150]则利用信道时间相关性和卡尔曼滤波器,并考虑低实现复杂度的有限射频链路(Radio Frequency Chain,RF Chain)预编码方案,设计了一种低开销的周期性训练序列发送方案。以上研究都考虑的是单用户场景下的导频设计,这是由于普通的多用户场景下用户的信道空时相关性各异,而基站发送的下行导频是一致的,因此,无法使得单一导频矩阵匹配所有用户的信道特性。正如文献[62]所述,针对 FDD 大规模 MIMO 系统多用户普适场景下的导频设计问题仍是一个开放性热点问题,所以,现有的研究中多数是基于单用户场景或者具有某种特性信道条件的多用户场景。文献[67]就是通过对具有相同信道空间相关阵的多个用户进行分组,在特殊的多用户场景下,提出一种基于块迫零的两级预编码方案。通过假设组间用户的协方差阵正交性,利用第一级预编码进行组间干扰抑制,从而降低组内用户的有效信道维度,从而减少可能的导频开销并简化预编码设计。然而,文献[67]的重点在于两级预编码方案设计,而未给出相应的导频优化设计方案。

另外值得注意的是,上述针对 FDD 大规模 MIMO 系统的导频设计方案,仍是以信道估计的精确程度为准则,即信道估计均方误差,由此来设计低开销的导频方案。然而,导频信号除了影响信道估计精度外,还将间接地影响基站下行波束向量的设计和信道匹配问题,进而影响系统的传输速率。与此同时,导频信号所消耗的时长资源影响着后续的有效数据发送时长,也就会对系统的有效传输速率产生作用。而传输速率是通信系统所关注的重要指标,也直接反应系统性能的好坏。因此,以系统有效传输速率作为准则来优化设计导频信号具有更实际的意义。而目前,尚未见到有针对 FDD 大规模 MIMO 中基于传输速率的导频设计方案。

基于上述分析,本书着眼于单用户 FDD 大规模 MIMO 系统中的导频信号设计问题。利用信道空间相关性,并结合信道估计和数据波束成型发送对导频信号设计的影响,以系统下行遍历可达速率为优化目标,并考虑系统总功耗约束,来优化设计导频信号矩阵。由于优化问题的代价函数无解析表达式,借助于确定性等价方法,推导得出中精确的近似闭合表达式,从而显式地描述遍历速率与导频信号的数学关系。基于此,进一步推导出了最优导频信号的矩阵结构特征,从而将原优化问题转换为等价的导频功率分配问题。再利用拉格朗日对偶法,获得了最优导频信号的解析形式解。最后,通过数值仿真验证了所提出的速率最大化导频方案的有效性。

本章内容安排如下:第 4.2 节建立了关于大规模 MIMO FDD 下行链路导频信号的数学优化模型;第 4.3 节推导得出基于速率最大化的最优导频信号结构化形式,并借助凸优化方法推导得出导频信号闭合形式解;第 4.4 节对所提出的导频信号设计方案进行仿真,并与已有方案进行性能对比;第 4.5 节对本章进行总结;第 4.6 节给出了本章中定理和引理等内容的详细证明过程。

4.2 模型建立

考虑图 3.1 所示的单用户 FDD 大规模 MIMO 下行链路传输系统,其中,基站配置大规模天线阵列,且天线数 $N \geqslant 1$,用户配置单天线[63-65]。假设基站到用户之间的信道满足瑞利平坦衰落,且信道相干间隔为 T_c(以符号长度计),即信道系数在 T_c 时长内保持准静止,而在不同的相干间隔块内独立变化[64]。在 FDD 制式下,基站需要通过下行信道估计、上行信道信息反馈和数据波束成型 3 个过程来完成下行链路数据传输[64,202]。

　　假设基站在一个相干间隔内使用前 K($<T_c$)个符号用于发送导频序列,则 N 根天线上发射的导频序列所组成的信号可以表示为 $\boldsymbol{X} \in \mathbb{C}^{N \times K}$,且 $\mathrm{rank}(\boldsymbol{X}) = m = \min\{N, K\}$[146]。与文献[64]和文献[202]所不同的是,此处不假设导频信号具有列正交性,且预设导频序列长度 K 与天线数 N 无大小关系,从最普通的场景出发来优化导频信号。此时,在用户端接收到的导频信号 $\boldsymbol{y}_p \in \mathbb{C}^{K \times 1}$ 可以表示为

$$\boldsymbol{y}_p = \boldsymbol{X}^H \boldsymbol{h} + \boldsymbol{n}_p \tag{4.1}$$

式中:$\boldsymbol{h}^H \in \mathbb{C}^{1 \times N} \sim \mathcal{CN}(\boldsymbol{0}, \boldsymbol{\Omega})$ 表示基站到用户的下行信道向量,$\boldsymbol{\Omega} = \mathbb{E}\{\boldsymbol{h}\boldsymbol{h}^H\}$ 表示基站发射天线信道空间相关矩阵,且满足谱范数一致有界性,该空间相关性主要是由于基站天线数较多且天线间间距较小以及空间散射环境不充分所造成;$\boldsymbol{n}_p \in \mathbb{C}^{K \times 1} \sim \mathcal{CN}(\boldsymbol{0}, \sigma_p^2 \boldsymbol{I}_N)$ 表示信道估计阶段用户端所受到的复加性高斯白噪声。不失一般性,假设空间相关信道满足信道增益归一化[64,202],即 $\mathrm{Tr}\boldsymbol{\Omega} = N$。

　　用户利用观测数据 $\boldsymbol{y}_p$,并采用最小均方误差 MMSE 信道估计器[58],获得信道向量 $\boldsymbol{h}$ 的估计值 $\hat{\boldsymbol{h}}$ 为

$$\hat{\boldsymbol{h}} = \boldsymbol{\Omega}\boldsymbol{X}(\boldsymbol{X}^H \boldsymbol{\Omega} \boldsymbol{X} + \sigma_p^2 \boldsymbol{I}_K)^{-1} \boldsymbol{y}_p \tag{4.2}$$

式中:$\hat{\boldsymbol{h}} \sim \mathcal{CN}(\boldsymbol{0}, \boldsymbol{\Theta})$,且 $\boldsymbol{\Theta} = \mathbb{E}\{\hat{\boldsymbol{h}}\hat{\boldsymbol{h}}^H\} = \boldsymbol{\Omega}\boldsymbol{X}(\boldsymbol{X}^H \boldsymbol{\Omega} \boldsymbol{X} + \sigma_p^2 \boldsymbol{I}_K)^{-1} \boldsymbol{X}^H \boldsymbol{\Omega}$。

　　根据 MMSE 估计的正交性原理[58],可将信道向量 $\boldsymbol{h}$ 分解为

$$\boldsymbol{h} = \hat{\boldsymbol{h}} + \tilde{\boldsymbol{h}} \tag{4.3}$$

式中:$\tilde{\boldsymbol{h}}$ 表示信道估计所造成的误差,服从 $\mathcal{CN}(\boldsymbol{0}, \boldsymbol{\Phi})$ 分布,且 $\hat{\boldsymbol{h}}$ 与相互统计独立,$\boldsymbol{\Phi} = \mathbb{E}\{\tilde{\boldsymbol{h}}\tilde{\boldsymbol{h}}^H\} = \boldsymbol{\Omega} - \boldsymbol{\Theta}$ 表示估计误差向量的协方差矩阵。此时,信道估计的均方误差(Mean Square Error, MSE)$\mathrm{MSE} = \mathbb{E}\{\|\boldsymbol{h} - \tilde{\boldsymbol{h}}\|^2\} = \boldsymbol{\Phi}$。可以看到,信道估计的精度与导频信号矩阵 $\boldsymbol{X}$ 是密切相关的。

　　用户获得 CSI 估计值后,将其通过上行信道反馈至基站处。由文献[64]和文献[67]可知,在反馈信道条件较好时,即反馈信道处于发高射信噪比时,由反馈量化等因素带来的误差相对于信道估计误差是可忽略的。由于本书着眼于基站侧的联合信道估计与下行波束成型两个阶段对导频设计的影响,此处考虑完美的反馈信道条件,即零延迟和零误差反馈信道,从而忽略反馈阶段造成的影响,由此,基站可获得精确的信道估计向量值[64,202]。

　　基站获得 $\hat{\boldsymbol{h}}$ 后,采用相应的波束成型方案进行有效数据发送,用户接收

到的数据符号 y_d 可以表示为

$$y_d = \sqrt{\rho_d} \, \boldsymbol{h}^H \boldsymbol{v} s + n_d = \sqrt{\rho_d} \, \hat{\boldsymbol{h}}^H \boldsymbol{v} s + \sqrt{\rho_d} \, \tilde{\boldsymbol{h}}^H \boldsymbol{v} s + n_d \tag{4.4}$$

式中：ρ_d 表示有效数据符号的发射功率；s 表示具有单位功率的有效数据符号，即 $\mathbb{E}\{|s|^2\}=1$；$\boldsymbol{v}\in\mathbb{C}^{N\times 1}$ 表示波束成型向量，且满足功率归一化 $\|\boldsymbol{v}\|=1$；$n_d\sim\mathcal{CN}(0,\sigma_d^2)$ 表示数据发送阶段用户端受到的复加性高斯白噪声，且噪声功率为 σ_d^2。

由于用户无法获知信道估计误差，根据最差情况不相干加性噪声理论[58]，根据式（4.4）可以得到用户的接收信噪比为

$$\gamma = \frac{\rho_d \, \hat{\boldsymbol{h}}^H \boldsymbol{v}\boldsymbol{v}^H \, \hat{\boldsymbol{h}}}{\rho_d \boldsymbol{v}^H \boldsymbol{\Phi} \boldsymbol{v} + \sigma_d^2} = \frac{\boldsymbol{v}^H \, \hat{\boldsymbol{h}}\hat{\boldsymbol{h}}^H \boldsymbol{v}}{\boldsymbol{v}^H (\boldsymbol{\Phi} + \delta^{-1} \boldsymbol{I}_K) \boldsymbol{v}} \tag{4.5}$$

式中：$\delta = \rho_d/\sigma_d^2$。基于式（4.5），采用满足用户端瞬时接收信噪比最大的波束成型方案为

$$\boldsymbol{v}_{\mathrm{opt}} = \arg \max_{\boldsymbol{v}} \gamma \tag{4.6}$$

由于 $(\boldsymbol{\Phi} + \delta^{-1} \boldsymbol{I}_K)$ 是正定阵且 $\hat{\boldsymbol{h}}\hat{\boldsymbol{h}}^H$ 为共轭对称阵，根据文献[203]和文献[204]可知，式（4.6）中的优化问题为广义瑞利商问题。通常情况下该问题的闭合形式解是很难得到的。然而，由于 $\hat{\boldsymbol{h}}\hat{\boldsymbol{h}}^H$ 的秩为 1，通过变量代换 $\boldsymbol{v}=(\boldsymbol{\Phi}+\delta^{-1}\boldsymbol{I}_K)^{-1/2}\boldsymbol{w}$，可将式（4.6）中的优化问题转换为如下等价形式

$$\max_{\boldsymbol{v}} \frac{\boldsymbol{v}^H \, \hat{\boldsymbol{h}}\hat{\boldsymbol{h}}^H \boldsymbol{v}}{\boldsymbol{v}^H (\boldsymbol{\Phi} + \delta^{-1} \boldsymbol{I}_K) \boldsymbol{v}} = \max_{\boldsymbol{w}} \frac{\boldsymbol{w}^H (\boldsymbol{\Phi} + \delta^{-1} \boldsymbol{I}_K)^{-1/2} \, \hat{\boldsymbol{h}}\hat{\boldsymbol{h}}^H (\boldsymbol{\Phi} + \delta^{-1} \boldsymbol{I}_K)^{-1/2} \boldsymbol{w}}{\boldsymbol{w}^H \boldsymbol{w}}$$

$$\tag{4.7}$$

显然，式（4.7）右边为标准的瑞利瑞兹比形式。利用文献[204]中类似的方法，可以直接得到最优波束成型向量与对应的最大接收信噪比分别为

$$\boldsymbol{v}_{\mathrm{opt}} = \frac{(\boldsymbol{\Phi} + \delta^{-1} \boldsymbol{I}_K)^{-1} \hat{\boldsymbol{h}}}{\| (\boldsymbol{\Phi} + \delta^{-1} \boldsymbol{I}_K)^{-1} \hat{\boldsymbol{h}} \|} \tag{4.8}$$

$$\gamma_{\mathrm{opt}} = \hat{\boldsymbol{h}}^H (\boldsymbol{\Phi} + \delta^{-1} \boldsymbol{I}_K)^{-1} \hat{\boldsymbol{h}} \tag{4.9}$$

由此，可以得到下行链路的遍历可达速率为

$$R = \mathbb{E}\{\log_2 [1 + \hat{\boldsymbol{h}}^H (\boldsymbol{\Phi} + \delta^{-1} \boldsymbol{I}_K)^{-1} \hat{\boldsymbol{h}}]\} \tag{4.10}$$

考虑到信道估计阶段的导频开销，计算遍历速率时需乘以系统资源开销因子 $\vartheta = \dfrac{T_c - K}{T_c}$。

结合式（4.2）和式（4.10）可以看到，导频信号不单影响信道估计精度性能，更直接影响着波束向量与信道的匹配程度以及由此对系统可达速率造成的影响。基于此，以系统可达速率为目标，并考虑导频信号的发射功率约

束,建立关于导频信号的数学优化模型为

$$\max_{X} R = \mathbb{E}\{\log_2(1+\hat{\boldsymbol{h}}^{\mathrm{H}}(\boldsymbol{\Phi}+\delta^{-1}\boldsymbol{I}_K)^{-1}\hat{\boldsymbol{h}})\}$$
$$\mathrm{s.\,t.}\quad \mathrm{Tr}(\boldsymbol{XX}^{\mathrm{H}})\leqslant P \tag{4.11}$$

4.3　速率最大化导频信号设计方法

4.3.1　遍历速率解析表达式

对于式(4.10)中的遍历速率表达式,期望运算通常是非常困难的。然而,借助于大维随机矩阵理论中的确定性等价方法[58],可以获得遍历速率的一种精确近似闭合表达式,如引理 4.1 所述。

引理 4.1　当基站采用式(4.8)中 MRT 波束成型向量进行下行数据发送时,用户端的下行遍历速率具有如下近似解析表达式:

$$\overline{R}=\log_2\{1+\delta N-\mathrm{Tr}[\delta(\sigma_{\mathrm{p}}^2\delta\boldsymbol{I}_N+\sigma_{\mathrm{p}}^2\boldsymbol{\Omega}^{-1}+\boldsymbol{XX}^{\mathrm{H}})^{-1}(\sigma_{\mathrm{p}}^2\delta\boldsymbol{\Omega}+\sigma_{\mathrm{p}}^2\boldsymbol{I}_N)]\} \tag{4.12}$$

式中:$R\xrightarrow[N\to\infty]{a.s.}\overline{R}$。

证明:参见本章附录。

尽管引理 4.1 是在天线数 N 趋于无穷大时,保证遍历速率解析式 $\overline{R}$ 几乎确定收敛于 R,然而确定性等价方法却可以在有限维度的系统中提供精确的近似[58,67,202]。

将式(4.12)代入式(4.11)中优化问题目标函数,可以得到近似等价的优化问题为

$$\max_{X}\overline{R}=\log_2\{1+\delta N-\mathrm{Tr}[\delta(\sigma_{\mathrm{p}}^2\delta\boldsymbol{I}_N+\sigma_{\mathrm{p}}^2\boldsymbol{\Omega}^{-1}+\boldsymbol{XX}^{\mathrm{H}})^{-1}(\sigma_{\mathrm{p}}^2\delta\boldsymbol{\Omega}+\sigma_{\mathrm{p}}^2\boldsymbol{I}_N)]\}$$
$$\mathrm{s.\,t.}\quad \mathrm{Tr}(\boldsymbol{XX}^{\mathrm{H}})\leqslant P \tag{4.13}$$

4.3.2　优化算法设计

由于式(4.13)中优化问题的变量为矩阵,且函数形式较为复杂,不便于判断凹凸性,因而,无法直接利用标准的凸优化方法进行求解。然而,根据盖优化理论[154],可首先推导得出最优导频信号所有的矩阵结构,如定理 4.1 所述。

定理 4.1　若式(4.13)中优化问题存在最优解 $\boldsymbol{X}_{\mathrm{opt}}$,则该最优解具有如

下形式：

$$X_{opt} = UQ \tag{4.14}$$

式中：$U \in \mathbb{C}^{N \times N}$ 为信道相关阵 Ω 进行特征值分解（EVD）后的特征向量矩阵，即 $\Omega = U\Lambda U^H$ 且 $\Lambda = \mathrm{diag}\{[\lambda_1 \quad \lambda_2 \quad \cdots \quad \lambda_N]\}$ 主对角元素降序排列；$Q \in \mathbb{C}^{N \times K}$ 为矩形对角阵且其主对角元素依次为 $\sqrt{q_1} \geqslant \sqrt{q_2} \geqslant \cdots \geqslant \sqrt{q_m} \geqslant 0$，也为降序排列。

证明 将 $\Omega = U\Lambda U^H$ 代入式（4.13）中的目标函数并化简，可以得到

$$\overline{R} = \log_2\{1 + \delta N - \delta \mathrm{Tr}[(\sigma_p^2 \delta I_N + \sigma_p^2 \Lambda^{-1} + U^H XX^H U)^{-1}(\sigma_p^2 \delta \Lambda + \sigma_p^2 I_N)]\} \tag{4.15}$$

为了后续简便符号表示，令 $S \triangleq \sigma_p^2(\delta I_N + \Lambda^{-1})$，$Z \triangleq \sigma_p^2(\delta\Lambda + I_N)$。根据文献[154]中定理 20.A.4 可知

$$\mathrm{Tr}(VZ) \geqslant \sum_{i=1}^N \lambda_{V,i} \cdot \lambda_{Z,N-i+1} \tag{4.16}$$

式中：$\lambda_{V,i}$ 表示矩阵 V 的第 i 大的特征值；$\lambda_{Z,N-i+1}$ 表示矩阵 Z 的第 $N-i+1$ 大特征值。由此，可以得到系统遍历速率 $\overline{R}$ 存在一个上界，如下所示

$$\overline{R} \leqslant \log_2\left(1 + \delta N - \delta \sum_{i=1}^N \lambda_{V,i} \cdot \lambda_{Z,N-i+1}\right) \tag{4.17}$$

由于矩阵 Z 是对角阵，且其对角元素降序排列。当且仅当矩阵 V 为对角阵，且其对角线元素的顺序与矩阵 Z 对角阵元素顺序相反时，即 V 对角线元素为升序排列，才能达到式（4.17）的上界[154]。因为 S 为对角阵，且对角线元素升序排列。因此，$D = U^H XX^H U$ 必是对角阵，且其对角线元素为降序排列。又因为 $\mathrm{rank}(D) \leqslant m$，由此可得 D 具有如下形式：

$$D = \mathrm{diag}\{[q_1 \quad q_2 \quad \cdots \quad q_m \quad \underbrace{0 \quad \cdots \quad 0}_{N-m\text{个}}]\} \tag{4.18}$$

对 D 进行平方根运算，并构造矩阵 Q 如下所示：

$$Q = \begin{bmatrix} R & 0 \\ {}_{m \times K-m} \\ 0 & 0 \\ {}_{N-m \times m} & {}_{N-m \times K-m} \end{bmatrix} \tag{4.19}$$

式中：$R = \mathrm{diag}\{[\sqrt{q_1} \quad \sqrt{q_2} \quad \cdots \quad \sqrt{q_m}]\}$。显然，$QQ^H = D = U^H X(U^H X)^H$。由此可以得到，

$$X = UQ \tag{4.20}$$

证毕。

由定理 4.1 可知，要使得下行可达速率最大化，则导频信号矩阵的结构需要满足列正交性，且每一列导频信号对准到信道的特征子方向上，并且需要将对应特征方向上的导频序列信号进行功率分配。同时，

从 $\sqrt{q_1} \geqslant \sqrt{q_2} \geqslant \cdots \geqslant \sqrt{q_m} \geqslant 0$ 中还可以看到,对不同信道特征方向上的导频序列功率分配是有所区别的。在信道增益强的特征子方向上,通常分配的导频功率要更多,而在弱的特征子方向上则分配的导频序列功率要少。

进一步,利用定理 4.1 中导频结构特性,并进行变量替换,可将式(4.13)中优化问题的导频信号设计问题等价转化为导频序列的功率分配问题,如下所示:

$$\max_{q} \log_2 \left\{ 1 + \delta \left[N - \sum_{l=1}^{m} \frac{\boldsymbol{Z}(l,l)}{q_l + \boldsymbol{S}(l,l)} - \sum_{l=m+1}^{N} \lambda_l \right] \right\}$$

$$\text{s. t.} \quad \sum_{l=1}^{m} q_l \leqslant P, \quad q_l \geqslant 0 \qquad (4.21)$$

式中: $\boldsymbol{q} = \begin{bmatrix} q_1 & q_2 & \cdots & q_m & \underbrace{0 \quad \cdots \quad 0}_{L-m} \end{bmatrix}$。

根据文献[156]中关于函数凹凸性的定义,容易验证式(4.21)中目标函数关于变量 q 是凹的,且当约束条件取等号时使得目标函数达到最大值。因此,可利用拉格朗日对偶法求解该问题。由式(4.21)中目标函数可得拉格朗日对偶函数为

$$\mathcal{G}(\mu, \boldsymbol{q}) = \log_2 \left\{ 1 + \delta \left[N - \sum_{l=1}^{m} \frac{\boldsymbol{Z}(l,l)}{q_l + \boldsymbol{S}(l,l)} - \sum_{l=m+1}^{N} \lambda_l \right] \right\} + \mu \left(P - \sum_{l=1}^{m} q_l \right)$$

$$(4.22)$$

式中: μ 为非负的朗格朗日乘子,对应于导频信号发射功率最大约束项。

根据标准的凸优化方法,令 $\mathcal{G}(\mu, \boldsymbol{q})$ 对 q_l 和 μ 分别求一阶偏导数,并使其等于 0,可以得到

$$\frac{\partial \mathcal{G}}{\partial q_l} = 0 \Rightarrow \frac{\delta \boldsymbol{Z}(l,l)}{\left[q_l + \boldsymbol{S}(l,l) \right]^2 \ln 2} \left[1 + \delta N - \delta \sum_{i=1}^{m} \frac{\boldsymbol{Z}(i,i)}{q_i + \boldsymbol{S}(i,i)} - \delta \sum_{i=m+1}^{N} \lambda_i \right]^{-1} = \mu, \forall l$$

$$(4.23)$$

$$\frac{\partial \mathcal{G}}{\partial \mu} = 0 \Rightarrow P - \sum_{l=1}^{m} q_l = 0 \qquad (4.24)$$

由于 $\frac{\partial \mathcal{G}}{\partial q_l} = \frac{\partial \mathcal{G}}{\partial q_j} = 0$,结合式(4.23)中可以得到

$$\frac{\boldsymbol{Z}(l,l)}{\left[q_l + \boldsymbol{S}(l,l) \right]^2} = \frac{\boldsymbol{Z}(j,j)}{\left[q_j + \boldsymbol{S}(j,j) \right]^2}, \quad \forall j \neq l \qquad (4.25)$$

进一步化简式(4.25)可以得到

$$q_j = \sqrt{\frac{\boldsymbol{Z}(j,j)}{\boldsymbol{Z}(l,l)}} \left[q_l + \boldsymbol{S}(l,l) \right] - \boldsymbol{S}(j,j), \quad \forall j \neq l \qquad (4.26)$$

将式(4.26)代入式(4.23)的右侧等式,合并化简后可以得到

$$\frac{1}{\ln 2}\left[\frac{\sqrt{\boldsymbol{Z}(l,l)}}{q_l + \boldsymbol{S}(l,l)}\right]^2 + \mu \sum_{i=1}^{m} \sqrt{\boldsymbol{Z}(i,i)}\, \frac{\sqrt{\boldsymbol{Z}(l,l)}}{q_l + \boldsymbol{S}(l,l)} - \mu\left(\frac{1}{\delta} + N - \sum_{i=m+1}^{K} \lambda_i\right) = 0$$

$$(4.27)$$

再根据二次方程的求根公式可以直接得到方程式(4.27)的解为

$$\frac{\sqrt{\boldsymbol{Z}(l,l)}}{q_l^* + \boldsymbol{S}(l,l)} = \frac{\ln 2}{2}\left(\sqrt{(a\mu)^2 + \frac{4b\mu}{\ln 2}} - a\mu\right) \qquad (4.28)$$

式中: $a = \sum\limits_{i=1}^{L} \sqrt{\boldsymbol{Z}(i,i)}$; $b = \frac{1}{\delta} + N - \sum\limits_{i=L+1}^{K} \lambda_i$。

最终,可以得到最优解 q_l^* 的解析表达式如下所示

$$q_l^* = \left[\frac{\sqrt{Z(l,l)}}{\bar{\omega}} - S(l,l)\right]^+, \forall l \qquad (4.29)$$

式中: $\bar{\omega} = \frac{\ln 2}{2}\left(\sqrt{(a\mu)^2 + \frac{4b\mu}{\ln 2}} - a\mu\right)$ 是与拉格朗日乘子有关的量。

观察式(4.29)不难发现,基于遍历速率最大化准则的导频功率分配为多水平线功率注水形式(Multilevel Water-Filling),即针对不同强度的信道特征子方向,设置不同的水平线 $\frac{\sqrt{Z(l,l)}}{\bar{\omega}}$ 进行功率注水。而文献[146]中基于 MSE 最小化的导频设计方案则具有传统的等水平线注水形式。

同时,在进行导频序列功率分配后,其最终使用的导频序列长度应为 $\|\boldsymbol{q}\|_0$,比预设的导频序列长度可能会缩短,即 $\|\boldsymbol{q}\|_0 \leqslant K$。这主要是因为导频信号所使用的功率受制于系统的总功率约束。而从式(4.29)中也可以看到,在某些情况下,某些信道子特征方向上分配的导频序列上功率值可能为 0。然而,通常情况下,只有通过导频功率分配后才能得到 $\|\boldsymbol{q}_0\|$。另一方面,尽管无法预先获知 $\|\boldsymbol{q}_0\|$ 的值,但是,结合定理 4.1 推导过程及式(4.19)和式(4.20)可以发现,满足式(4.13)中优化问题的导频序列的最大长度(即 $\boldsymbol{X}_{\text{opt}}$ 的列维度)应是小于等于 N 的。换句话说,在进行导频长度预设时,只需设定 $K \leqslant N$ 即可。从物理意义上来讲,由于下行信道向量存在于 N 个信道特征子方向构成的特征子空间,因此,其所需要的导频序列长度只需要对准这 N 个子特征方向进行即可,而无需使用更长的导频序列。

最终,根据经典功率注水算法[156],可以得到基于速率最大化的导频信号设计算法的具体流程如下:

算法 4.1　速率最大化导频信号优化算法

1.	初始化技术变量 $n=1$
2.	Repeat
3.	利用式(4.24)和式(4.29)计算得到 $\bar{\omega}=\dfrac{\sum\limits_{l=1}^{m-n+1}\sqrt{Z(l,l)}}{P+\sum\limits_{l=1}^{m-n+1}S(l,l)}$
4.	用步骤(3)中得到的 $\bar{\omega}$,计算功率变量 $q_l=\dfrac{\sqrt{Z(l,l)}}{\bar{\omega}}-S(l,l)$,$\forall l$
5.	If $q_{m-n+1}<0$
6.	$q_{m-n+1}=0$
7.	$n=n+1$
8.	EndIf
9.	Until $q_l\geqslant0$,$\forall l$

4.4　仿真结果与分析

  本节将给出不同系统参数设置下,基于遍历速率最大化的导频方案的传输性能情况。为便于仿真并不失一般性,对系统参数做如下假设:基站到用户的大尺度衰落因子归一化为 1,信道估计阶段与数据传输阶段的加性高斯白噪声功率归一化为 1W,信道相干间隔 $T_c=40$。对于信道相关矩阵 $\boldsymbol{\Omega}$,此处采用满足均匀线性天线阵列特性的指数衰减型模型,即 $\boldsymbol{\Omega}(i,j)=r^{|i-j|}$,$(i,j=1,\cdots,N)$,其中,$r\in(0,1]$ 为信道空间相关性系数,用来表示信道的空间相关性强弱[139,202],即信道相关性越强,r 的取值越大,反正,r 的取值越小。为了便于对比,给出两种常用准则下的资源分配算法;为了便于比较,以文献[146]中基于最小化 MSE 的导频方案和文献[202]中的等功率分配正交导频方案为基准,进行性能比较。

  图 4.1 通过蒙特卡洛数值仿真验证了本章引理 4.1 中给出的遍历速率解析表达式的近似程度与精确性。由于定理 4.1 中涉及的导频信号是任意形式的信号矩阵,为了便于仿真,此处采用大规模 MIMO 系统中常用的列正交等功率导频矩阵,且蒙特卡洛数值结果是由 5000 次独立信道生成后取平均得到。从图中可以看到,随着天线数的增加,遍历速率解析表达式所得到的近似值将越来越逼近于真实值,这表明采用该闭合表达式设计导频信

号具有有效性和精确性。

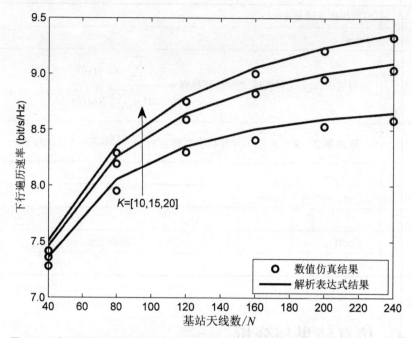

图 4.1 遍历可达速率解析表达式的近似程度验证性能($\rho_d = \rho_p = 10\text{dB}, r = 0.8$)

图 4.2 给出了 3 种导频方案下信道估计的归一化均方误差性能。首先,在不同的信道相关性条件下,基于 MSE 最小化的导频方案所获得信道估计性能始终是最好的,基于等功率分配正交导频的方案性能居中,且其与 MSE 最小化导频方案的性能差异相对较小,特别是在总功率较大时,二者几乎重合,与文献[146]中的结论一致。这是由于高发射功率区间,最小化 MSE 导频方案就趋近于等功率分配。而本书所提出的导频方案则在信道估计精度方面略差,特别是在强相关信道条件下,性能损失较为严重。其次,进一步观察可以发现,在弱相关信道条件下,3 种导频方案的信道估计 MSE 性能差异很小,并且整体的信道估计精度相对于强相关信道条件下都大为降低。这主要是由于弱相关信道条件下,信道各个特征子方向上的强度趋于相同,想获得好的精度则需要更长的导频序列对准到各个特征子方向上。相对于强相关信道而言,在有限的导频长度和总功率约束下,其所能获得信道估计精度就会受到较大影响。最后,随着总功率的增加,3 种导频方案的信道估计精度都变得越来越好,并且在高信噪比时,3 种方案的 MSE 性能达到一致。

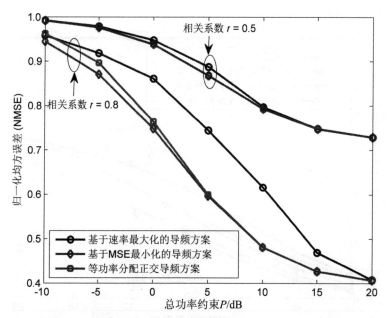

图 4.2　不同导频方案下的归一化均方误差性能对比($N=100$, $\rho_{\mathrm{d}}=10\mathrm{dB}$, $K=10$)

图 4.3 描述了 3 种导频方案的下行遍历可达速率随总功率约束的变化趋势对比。从图中可以看出,本书所提出的导频方案具有最优的性能,特别是在强相关信道下以及总功率处于中低值区间时,本书所提方案的遍历速率的优势更加明显。然而,对比图 4.2 会发现,在强相关信道条件下,本书所提导频方案的信道估计精度却远差于其他两种导频方案。本书所提方案在由较差的信道估计值条件下,却带来了较好的可达速率性能,而这主要归功于本书所提方案在导频序列功率分配上的特性以及实际的导频序列占用长度。具体在于:强相关信道下,信道增益主要分布在少数几个强特征方向上,即若干少量的特征值占据了整个信道增益的较大比例。因此,在本书所提的导频方案中,给出的导频序列功率主要集中在少量的特征方向上,并且使用了较少的导频序列长度,也正是如此,使得一个相干间隔内有更多的符号用于发送有效数据。结合图 4.4 与图 4.5 可以清晰地看到,在总功率 P 为 $-10\mathrm{dB}$ 和 $0\mathrm{dB}$ 时,本书所提方案中的导频序列长度分别为 1 和 2,而此时 MSE 最小化的导频方案却使用了长度为 4 和 9 的导频序列。值得注意的是,随着信道相关性的减弱,3 种导频方案下的遍历可达速率绝对值均有所下降,这主要是由于有限的导频序列长度和总功率约束,使得 3 种导频方案获得的信道精度均大为下降,也削弱了本书所提导频方案在可达速率方面的性能增益。综上所述,本书所提方案在以较少的信道估计精度损失,带来了较好的遍历可达速率增益,具有更好的使用价值,特别是在强相关信

道下具有更强的应用场景。

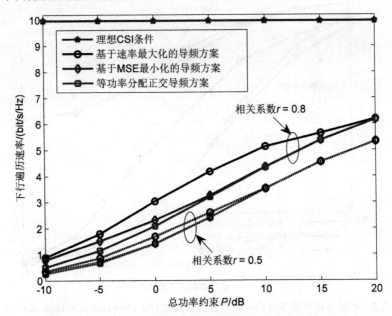

图 4.3　不同导频方案下的下行遍历可达速率性能对比（$N=100, \rho_d=10\text{dB}, K=10$）

　　图 4.4 至图 4.7 展示了不同总功率约束条件下，导频序列对应在不同的信道特征子方向分配的功率值。从图中可以看到，两种导频方案均是在信道的强特征子方向上分配更多的功率，而弱信道特征方向上分配较少甚至为零功率。然而，所不同的是，本书所提出的导频方案，在总功率较小时，会使用更少的导频序列长度，而将功率尽可能多的分在强特征方向上。特别是在图 4.4 中，本书所提导频方案仅使用了一个导频序列符号，并且将功率全部分配于该方向上，主要是为了在波束成型阶段将功率匹配到最强的信道特征方向上，从而可以获得更好的波束成型增益。尽管这样做会对信道估计精度带来一定影响，但是，从另一个角度来看，在一个信道相干间隔 T_c 内，导频长度的减小则意味着留出了更多的时长资源用于发送有效数据，从而对整个系统的有效数据传输速率是有益的。随着总功率约束的增加，可以看到，基于 MSE 最小化的导频方案则趋于等功率分配，而本书所提导频方案则始终呈现出明显的阶差功率分配特性。同时，两种导频方案随着总功率约束的增加，可使用的导频序列长度也在逐渐增加。但是，本书所提方案中，导频序列的实际使用长度随着总功率约束呈现缓慢增加的趋势，而 MSE 最小化准则下的导频方案，则是将有限的功率分配在尽可能多的导频长度上。由此说明，不同的导频设计方案下，导频序列长度与实际系统的总功率有着迥异的关系。

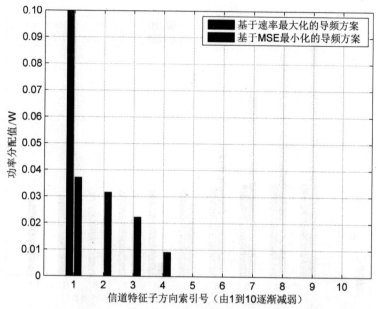

图 4.4　总功率约束 $P=-10\mathrm{dB}$ 时,导频序列对应于前 10 个信道强特征
　　　　子方向上的功率分配($N=100$, $\rho_d=10\mathrm{dB}$, $r=0.8$)

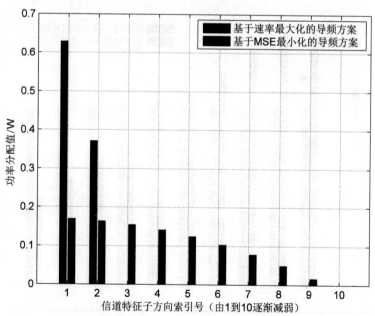

图 4.5　总功率约束 $P=0\mathrm{dB}$ 时,导频序列对应于前 10 个强信道特征
　　　　子方向上的功率分配($N=100$, $\rho_d=10\mathrm{dB}$, $r=0.8$)

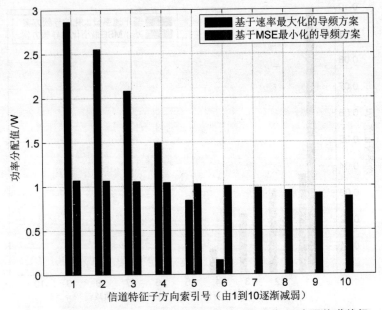

图 4.6　总功率约束 $P=10\mathrm{dB}$ 时,导频序列对应于前 10 个强信道特征
子方向上的功率分配($N=100,\rho_\mathrm{d}=10\mathrm{dB},r=0.8$)

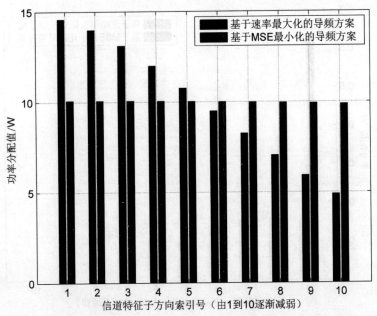

图 4.7　总功率约束 $P=20\mathrm{dB}$ 时,导频序列对应于前 10 个强信道特征
子方向上的功率分配($N=100,\rho_\mathrm{d}=10\mathrm{dB},r=0.8$)

4.5　本章小结

　　本章针对 FDD 大规模 MIMO 系统,联合考虑信道空间相关性、信道估计以及下行波束成型方案对导频信号设计过程中的影响,提出了一种以下行遍历可达速率最大化为目标、以系统总功耗为约束的导频信号优化方法。由于原始优化问题的代价函数无精确解析形式,无法显示表达遍历速率与导频矩阵变量的关系,根据确定性等价原理推导得出了遍历速率的闭合形式表达式,从而定量地描述遍历速率与导频矩阵的数学关系。基于此,通过主导理论,推导出了最优导频信号的矩阵结构特征,即列正交特性。该结构特性与基于最小均方误差最小化的导频方案具有类似的结构特性,也就是将导频序列对准信道子特征方向。进而,利用该导频的结构特性,将原优化问题转换为关于导频序列的功率分配凹问题,再利用拉格朗日对偶法,得到了最优导频信号的解析解。从该最优解表达式可以看到,所提出的导频功率分配具有多级水平线注水特点,即针对不同强度的信道特征子方向,划定不同的注水线。数值仿真结果首先验证了遍历速率闭合表达式与理论值的近似逼近程度,进而与基于最小均方误差准则导频方案和等功率正交导频方案进行了性能比较,分析了其性能增益的主要原因。

4.6　附　录

引理 4.1 证明

　　根据第 3 章引理 3.2 中的第(i)条性质,可以得到接收信噪比的确定性等价近似量为

$$\frac{\gamma_{\mathrm{opt}}}{N} \xrightarrow[N \to \infty]{\mathrm{a.s.}} \frac{\overline{\gamma}_{\mathrm{opt}}}{N} = \frac{\mathrm{Tr}((\boldsymbol{\Phi} + \delta^{-1}\boldsymbol{I}_K)^{-1}\boldsymbol{\Theta})}{N} \tag{4.30}$$

　　将 $\boldsymbol{\Theta} = \boldsymbol{\Omega}\boldsymbol{X}(\boldsymbol{X}^{\mathrm{H}}\boldsymbol{\Omega}\boldsymbol{X} + \sigma_{\mathrm{p}}^2\boldsymbol{I}_K)^{-1}\boldsymbol{X}^{\mathrm{H}}\boldsymbol{\Omega}$ 和 $\boldsymbol{\Phi} = \boldsymbol{\Omega} - \boldsymbol{\Theta}$ 代入式(4.30)中右侧部分,并利用矩阵运算性质:$(\boldsymbol{I} + \boldsymbol{A}\boldsymbol{B})^{-1}\boldsymbol{A} = \boldsymbol{A}(\boldsymbol{I} + \boldsymbol{B}\boldsymbol{A})^{-1}$,$\mathrm{Tr}(\boldsymbol{A}\boldsymbol{B}) = \mathrm{Tr}(\boldsymbol{B}\boldsymbol{A})$ 和 $(\boldsymbol{A}\boldsymbol{B})^{-1} = \boldsymbol{B}^{-1}\boldsymbol{A}^{-1}$ 对其进行化简,可以得到

$$\overline{\gamma}_{\mathrm{opt}} = \mathrm{Tr}\{[\boldsymbol{\Omega} - \boldsymbol{\Omega}\boldsymbol{X}(\boldsymbol{X}^{\mathrm{H}}\boldsymbol{\Omega}\boldsymbol{X} + \sigma_{\mathrm{p}}^2\boldsymbol{I}_K)^{-1}\boldsymbol{X}^{\mathrm{H}}\boldsymbol{\Omega} + \delta^{-1}\boldsymbol{I}_K]^{-1}\boldsymbol{\Omega}\boldsymbol{X}(\boldsymbol{X}^{\mathrm{H}}\boldsymbol{\Omega}\boldsymbol{X} + \sigma_{\mathrm{p}}^2\boldsymbol{I}_K)^{-1}\boldsymbol{X}^{\mathrm{H}}\boldsymbol{\Omega}\} =$$
$$\mathrm{Tr}\{[\boldsymbol{\Omega} - \boldsymbol{\Omega}\boldsymbol{X}\boldsymbol{X}^{\mathrm{H}}(\sigma_{\mathrm{p}}^2\boldsymbol{\Omega}^{-1} + \boldsymbol{X}\boldsymbol{X}^{\mathrm{H}})^{-1} + \delta^{-1}\boldsymbol{I}_K]^{-1}\boldsymbol{\Omega}\boldsymbol{X}\boldsymbol{X}^{\mathrm{H}}(\sigma_{\mathrm{p}}^2\boldsymbol{\Omega}^{-1} + \boldsymbol{X}\boldsymbol{X}^{\mathrm{H}})^{-1}\} =$$

$$\mathrm{Tr}\{(\sigma_p^2\boldsymbol{\Omega}^{-1}+\boldsymbol{XX}^{\mathrm{H}})^{-1}[\boldsymbol{\Omega}-\boldsymbol{\Omega XX}^{\mathrm{H}}(\sigma_p^2\boldsymbol{\Omega}^{-1}+\boldsymbol{XX}^{\mathrm{H}})^{-1}+\delta^{-1}\boldsymbol{I}_K]^{-1}\boldsymbol{\Omega XX}^{\mathrm{H}}\}=$$

$$\mathrm{Tr}\{[\boldsymbol{\Omega}(\sigma_p^2\boldsymbol{\Omega}^{-1}+\boldsymbol{XX}^{\mathrm{H}})-\boldsymbol{\Omega XX}^{\mathrm{H}}+\delta^{-1}(\sigma_p^2\boldsymbol{\Omega}^{-1}+\boldsymbol{XX}^{\mathrm{H}})]^{-1}\boldsymbol{\Omega XX}^{\mathrm{H}}\}=$$

$$\mathrm{Tr}\{\delta(\sigma_p^2\delta\boldsymbol{I}_K+\sigma_p^2\boldsymbol{\Omega}^{-1}+\boldsymbol{XX}^{\mathrm{H}})^{-1}[\boldsymbol{\Omega}(\sigma_p^2\delta\boldsymbol{I}_r+\sigma_p^2\boldsymbol{\Omega}^{-1}+\boldsymbol{XX}^{\mathrm{H}})-\boldsymbol{\Omega}(\sigma_p^2\delta\boldsymbol{I}_r+\sigma_p^2\boldsymbol{\Omega}^{-1})]\}=$$

$$\delta\mathrm{Tr}(\boldsymbol{\Omega})-\mathrm{Tr}[\delta(\sigma_p^2\delta\boldsymbol{I}_K+\sigma_p^2\boldsymbol{\Omega}^{-1}+\boldsymbol{XX}^{\mathrm{H}})^{-1}(\sigma_p^2\delta\boldsymbol{\Omega}+\sigma_p^2\boldsymbol{I}_K)] \tag{4.31}$$

进而,利用主导收敛和连续映射理论[58],可以得到式(4.10)中下行遍历可达速率的确定性等价近似值为

$$R\underset{N\to\infty}{\overset{\mathrm{a.s.}}{\to}}\overline{R}=\log_2(1+\overline{\gamma}_{\mathrm{opt}}) \tag{4.32}$$

证毕。

第 5 章　大规模 MIMO FDD 下行系统信道估计与数据发射联合能效资源分配

5.1　引　言

由于对大规模 MIMO FDD 系统的研究起步相对较晚，现有的研究大多仅仅关注于信道估计、导频开销、导频设计、反馈开销以及下行预编码传输设计等内容。此外，多用户地理位置的不同造成了各用户的空间相关性具有较大差异，这就使得大规模 MIMO FDD 系统中多用户场景下的导频设计仍是一个开放性难点问题[62]，因而大规模 MIMO FDD 系统目前主要关注单用户和具有特殊属性的多用户场景。

文献[63]针对大规模 MIMO FDD 单用户下行系统，通过释放导频正交性约束条件，利用信道反馈来序贯优化导频信号。文献[64]则利用时间相关性信道的特性并结合信道预测技术，提出一种低开销的开环和闭环信道估计方案。文献[65]研究了正交导频集合中通过功率分配方法获得满足信道估计最小均方误差准则下的最优导频序列结构。以上研究内容主要是针对单用户场景，而文献[67]则基于特殊的多用户信道统计特性场景，提出一种基于块迫零的双层预编码方案，又称为联合空分复用（JSDM）。该方案将具有相同或相近信道协方差阵的用户进行分组，组间干扰由于各组的协方差阵互相正交而消除，从而降低了组内导频开销并简化预编码设计。文献[69]则在时变信道下讨论了 JSDM 方案，提出了一种低复杂度的外层预编码更新算法。文献[70]和文献[71]则分别研究了基于级联码的量化反馈和基于天线分组的压缩反馈方案，用于降低上行反馈开销与复杂度。

然而，上述研究内容都是相对独立地研究信道估计和数据传输两阶段的问题，并未将二者有机地结合在一起进行考虑。显然，通信系统的主要目的是发送有效数据信息，这也是通信所追求的最终意义。若给予信道估计过多的资源（包括导频序列时长与功率），或者只考虑最优导频结构设计，虽然可以获得较好的估计精度，但在一定的时频资源和功率下，可用于发送数据的时长与功率将会减少，进而直接影响系统的有效频谱效率。因此，信道估计和数据传输两个阶段的联合资源分配问题具有十分重要的研究价值。

与此同时,导频长度、导频功率和数据功率还直接关系到系统的总能量消耗。在倡导绿色通信的主流发展趋势下,考虑到无线通信设备的能量消耗急剧增加对全球变暖问题的影响,以能效为目标的传输方案或资源分配具有更重要的实际意义[109,127,129,158]。特别是,在大规模 MIMO 系统中,大量天线阵列的使用使得系统的电路功耗成倍增加,并作为一个不可忽略的因素影响着整个系统的能效性能,这是与传统 MIMO 系统所不同的。因为传统 MIMO 系统中,天线数量相对较小,所有天线上的总电路功耗几乎可以忽略不计。尤其是远距离传输时,需要很大的发射功率以克服路径损耗,相比而言,此时系统的电路功耗量级就非常小。而目前,尚未有针对大规模 MIMO FDD 系统高能效资源分配方面的研究。尤其是在大规模 MIMO FDD 系统中,同样重要的信道估计和数据传输两阶段的能效联合资源分配问题也亟待解决。

基于上述分析,本章将就大规模 MIMO FDD 下行系统中信道估计和数据传输阶段的能效资源分配问题进行深入研究。以系统能效为目标,以导频长度、导频功率和数据功率为变量,并考虑一定时长内的能量负载和频谱效率约束来建立数学优化模型。由于优化问题目标函数的精确解析表达式难于获得,且目标函数为非凸的分式形式,因此,首先采用大维矩阵理论中的确定性等价近似原理,获得目标函数的近似解析表达式。基于此,利用分式规划与参数规划的关系,将原优化问题转换为带有参数的减式形式,再利用下界对目标函数进行放缩,从而得到一种三层迭代的能效资源分配优化算法,通过联合优化导频时长和功率分配来优化能效函数。最后,通过数值仿真对本书文所提算法的性能进行了验证和比较分析。

本章内容安排如下:第 5.2 节简要回顾大规模 MIMO FDD 下行链路模型及传输过程,并建立能效优化数学模型;第 5.3 节中给出优化模型的求解过程和算法步骤,并进行收敛性分析和复杂度说明;第 5.4 节给出性能仿真结果并与其他算法进行对比分析;第 5.5 节对本章进行总结;第 5.6 节给了出本章中定理和引理等内容的详细证明过程。

5.2 系统模型与问题描述

5.2.1 系统参数说明

考虑图 5.1 所示的大规模 MIMO FDD 下行系统,该系统由一个配置大规模天线阵列的基站和一个单天线用户组成,基站天线数为 N,且通常较大。根据大规模 MIMO 系统的典型假设[58,120]，此处考虑窄带传输系统，信道服从平坦块衰落特性，且信道相干时长为 T_c（以符号长度计）。对于宽带系统的研究，则可以直接借助于 OFDM 技术，将宽带信道划分为多个带宽较窄的子信道，从而扩展到并行传输[120]。

令 $\boldsymbol{h} \in \mathbb{C}^{N \times 1} \sim \mathcal{CN}(\boldsymbol{0}, \boldsymbol{R})$ 表示基站到用户的下行信道向量，用以描述信道的小尺度衰落系数。其中，$\boldsymbol{R} = \mathbb{E}\{\boldsymbol{h}\boldsymbol{h}^{\mathrm{H}}\}$ 为半正定的信道相关阵，且 $\mathrm{rank}(\boldsymbol{R}) = K$。将 $\boldsymbol{R}$ 进行特征值分解，可表示为 $\boldsymbol{R} = \boldsymbol{U}\boldsymbol{\Lambda}\boldsymbol{U}^{\mathrm{H}}$，其中，$\boldsymbol{U}$ 为 $\boldsymbol{R}$ 的特征向量矩阵，$\boldsymbol{\Lambda} = \mathrm{diag}\{[\lambda_1, \lambda_2, \cdots, \lambda_K]\}$ 为对应 $\boldsymbol{R}$ 的特征值组成的 $K \times K$ 维对角阵，且特征值以降序排列 $\lambda_1 \geqslant \lambda_2 \geqslant \cdots \geqslant \lambda_K$[64]。

基于上述系统参数条件，将在下一节中简要介绍 FDD 系统的传输过程及存在的资源折中分配问题，并基于此建立能效最优准则下的资源分配模型。

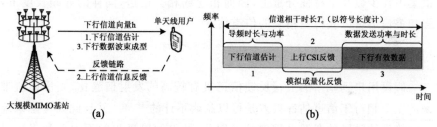

图 5.1　大规模 MIMO FDD 下行传输过程及资源分配示意图

5.2.2　FDD 下行传输过程

FDD 制式下一个信道相关时长 T_c 内，完整的下行数据发送过程包含 3 个阶段[64]：下行信道估计；上行信道状态信息反馈；下行数据波束成型。如图 5.1(b)所示。

1. 下行信道估计

基站在每个相干时间块内使用前 $L(<T_c \ll N)$ 个符号用于发送导频序列，则导频矩阵表示为 $N \times L$ 维矩阵 $\boldsymbol{X}$。为了便于问题讨论，假设使用第 3 章引理 3.1 所描述的满足均方误差最小化的正交导频矩阵进行信道估计，即 $\boldsymbol{X} = \boldsymbol{U}_{(1:L)}$。

当用户端采用 MMSE 估计准则时[147]，可以得到 $\boldsymbol{h}$ 的估计向量 $\hat{\boldsymbol{h}}$ 为

$$\hat{\boldsymbol{h}} = \sqrt{\rho_{\mathrm{p}}} \boldsymbol{U}_{(1:L)} \boldsymbol{\Lambda}_L (\rho_{\mathrm{p}} \boldsymbol{\Lambda}_L + \sigma_{\mathrm{p}}^2 \boldsymbol{I}_L)^{-1} \boldsymbol{y}_{\mathrm{p}} \tag{5.1}$$

且 $\hat{\boldsymbol{h}} \sim \mathcal{CN}(\boldsymbol{0}, \boldsymbol{\Psi})$，其中，$\boldsymbol{\Psi}$ 具有如下表达式：

$$\boldsymbol{\Psi} = \mathbb{E}\{\hat{\boldsymbol{h}}\hat{\boldsymbol{h}}^{\mathrm{H}}\} = \boldsymbol{U}_{(1:L)}\boldsymbol{\Lambda}_L(\boldsymbol{\Lambda}_L + \sigma_{\mathrm{p}}^2\rho_{\mathrm{p}}^{-1}\boldsymbol{I}_L)^{-1}\boldsymbol{\Lambda}_L\boldsymbol{U}_{(1:L)}^{\mathrm{H}} \tag{5.2}$$

式中：ρ_{p} 表示导频符号平均功率；σ_{p}^2 表示信道估计阶段的复加性高斯白噪声功率。

根据 MMSE 估计的正交性原理[47,58,147]，$\boldsymbol{h}$ 可分解为

$$\boldsymbol{h} = \hat{\boldsymbol{h}} + \tilde{\boldsymbol{h}} \tag{5.3}$$

式中：$\tilde{\boldsymbol{h}} \sim \mathcal{CN}(\boldsymbol{0}, \boldsymbol{R} - \boldsymbol{\Psi})$ 表示信道估计的误差向量，且 $\tilde{\boldsymbol{h}}$ 与 $\hat{\boldsymbol{h}}$ 互相统计独立[47,58]。此时，可得到信道估计的均方误差性能为

$$\mathrm{MSE} = \frac{1}{N}(\mathrm{tr}\boldsymbol{R} - \mathrm{tr}\boldsymbol{\Psi}) = \frac{\mathrm{tr}\boldsymbol{R}}{N} - \frac{1}{N}\sum_{l=1}^{L}\frac{\rho_{\mathrm{p}}\lambda_l^2}{\rho_{\mathrm{p}}\lambda_l + \sigma_{\mathrm{p}}^2} \tag{5.4}$$

从式(5.4)中看到，信道估计的均方误差性能随导频长度 L 增加而减小，即 L 越大，信道估计越精确。直观上理解，由于强相关信道下信道特征值集中在少数几个特征分量上，因而相比弱相关信道，同样的导频长度下，强相关信道可以获得更精确的信道估计[146]。

2. 上行信道信息反馈

假设用户到基站的上行反馈信道具有较高的发射信噪比，则反馈所带来的误差相对于信道估计误差是可以忽略不计的[67,152]，并且此处考虑系统分配给反馈阶段的资源是固定的。因此，此处假设理想的无误差和无延时反馈信道，基站可获取准确的 CSI 估计值，从而将焦点放在信道估计和数据发送两个阶段。

3. 下行数据波束成型

利用 CSI 估计值，基站采用复杂度较低且在大规模 MIMO 系统中具有较好性能的最大比发送波束成型方案发送数据信号[23,58,148]，则用户接收到的下行数据信号为

$$y_{\mathrm{d}} = \sqrt{\rho_{\mathrm{d}}\kappa}\,\boldsymbol{h}^{\mathrm{H}}\hat{\boldsymbol{h}}s + n_{\mathrm{d}} \tag{5.5}$$

式中：s 为功率归一化的有效数据信号，即 $\mathbb{E}\{|s|^2\} = 1$；ρ_{d} 表示数据符号的平均发送功率；κ 表示发送功率归一化因子，用以约束发射向量的平均功率，即 $\mathbb{E}\{\|\hat{\boldsymbol{h}}s\|^2\} = 1$ 或等价为 $\mathbb{E}\{\kappa\|\hat{\boldsymbol{h}}\|^2\} = 1$；$n_{\mathrm{d}} \sim \mathcal{CN}(0, \sigma_{\mathrm{d}}^2)$ 为数据传输阶段的复加性高斯白噪声，且噪声功率为 σ_{d}^2。

根据文献[159]可知，假设用户端可以获取理想的等效信道系数 $\boldsymbol{h}^{\mathrm{H}}\overline{\hat{\boldsymbol{h}}}$[160]，则由式(5.5)可以得到用户的瞬时接收信噪比为

$$\gamma = \frac{\rho_{\mathrm{d}}\kappa}{\sigma_{\mathrm{d}}^2}|\boldsymbol{h}^{\mathrm{H}}\hat{\boldsymbol{h}}|^2 \tag{5.6}$$

进一步,可以得到系统下行平均频谱效率为

$$R = \mathbb{E}\{\log_2(1+\gamma)\} = \mathbb{E}\left\{\log_2\left(1+\frac{\rho_d \kappa}{\sigma_d^2}|\boldsymbol{h}^H \hat{\boldsymbol{h}}|^2\right)\right\} \quad (5.7)$$

考虑到一个信道相干时长内的信道估计开销,这里需要将平均频谱效率 R 乘以一个系统资源维度损失因子,即 $(1-L/T_c)R$。

基于上述分析可以看到,导频长度 L、导频功率 ρ_p、数据发送功率 ρ_d 直接影响着系统的频谱效率性能,尽管导频资源对信道估计向量 $\hat{\boldsymbol{h}}$ 的作用是隐式的。与此同时,上述 3 个参量也直接影响了系统的能量消耗,从而关系着系统的整个能效性能。因此,下一小节将给出基于能效的导频资源和数据发送资源的最优分配问题。

5.2.3　最优能效问题

在实际的无线通信系统中,总能耗主要包括发射能耗和电路能耗两部分[116,117,129-130],发射功耗表示达到系统指定的频谱效率时所需要的功率消耗,电路功耗表示维持系统正常运转时的所有电路模块功耗。因此,系统在一定时间内的能量消耗模型为

$$J = \underbrace{\alpha \rho_p L + \alpha \rho_d (T_c - L)}_{\text{发射功率消耗}} + \underbrace{T_c(NP_{\text{ant}} + P_{\text{sta}})}_{\text{电路功率消耗}} \quad (5.8)$$

式中:$\alpha \geqslant 1$ 为基站端天线射频链路功率放大器的功率转换损失因子;P_{ant} 为基站每根天线的射频电路模块功耗,主要包括 A/D 转换、D/A 转换、频率合成器、混频器等模块的电能消耗,该项功耗与基站天线数成正比,而与发射功率无关;P_{sta} 为系统的固定电路功耗,如机房空调降温设备等,它与发射功率和天线数均无关。为了后续符号简便,定义新变量 $P_{\text{cir}} \triangleq NP_{\text{ant}} + P_{\text{sta}}$。

通过上面分析可以看到,导频长度 L、导频功率 ρ_p、数据发送功率 ρ_d 不仅仅影响着系统有效频谱效率,还直接关系到系统的总能量消耗。如何在传输过程中以尽量少的能源消耗保证最大化的传输速率,是绿色通信的主要目标。基于此,定义能效函数为一定相干时长内的平均频谱效率与平均功率消耗比[116,120,127,130,139](单位:比特/赫兹/焦耳,bit/Hz/Joule)

$$EE = \frac{T_c(1-L/T_c)R}{J} = \frac{(T_c-L)R}{J} \quad (5.9)$$

式中:频谱效率 R 和系统能耗 J 分别对应于式(5.7)和式(5.8)。

显然,系统能效与系统的资源分配具有密切的关系。特别是,当一定相干时长内系统总能量有限时,且需要满足一定的系统频谱效率约束的前提下,如何在信道估计与数据传输两个阶段进行合理的资源分配,将直接关系

到绿色通信的核心能效性能。因此,以能效准则为目标函数,以导频长度、导频功率和数据功率为变量,建立优化模型如下:

$$\max_{\rho_d,\rho_p,L} E(\rho_d,\rho_p,L) = \frac{(T_c-L)\mathbb{E}\{\log_2(1+\gamma)\}}{\alpha\rho_p L+\alpha\rho_d(T_c-L)+P_{cir}T_c}$$

$$\text{s.t.} \begin{cases} C1:\alpha\rho_p L+\alpha\rho_d(T_c-L)\leqslant T_c P \\ C2:(1-L/T_c)R\geqslant R_0 \\ C3:0<L<T_c,L\in\mathbb{Z}^+ \\ C4:\rho_p>0,\rho_d>0 \end{cases} \tag{5.10}$$

式中:C1 表示一定时间内的系统总能耗约束;J 表示基站发射总功率;C2 表示系统的频谱效率要求,尽管此处没有将 R_0 作为优化参量,但是可以在实际系统中通过调节 R_0 的值来对系统频谱效率和能效进行折中;C3 和 C4 则表示优化变量的边界条件。

注意:尽管此处考虑的能效优化问题是基于线性功耗模型,但所提供的方法也可以直接地扩展到其他凸的功耗模型,如与系统速率线性相关的静态电路功耗模型[161]。

该优化问题的解决主要存在两个难点:①目标函数的精确解析闭合表达式非常难于求解;②目标函数具有非凸的分式形式。针对以上两点,在下一节中将通过相应方法对原问题进行近似与等价转化,将原问题逐步释放为一个可解决的凸问题。

5.3 能效资源分配算法设计

本节将给出一个三层迭代优化算法用于求解式中所示的最优能效资源分配方案。首先,作为必要的手段,利用大维随机矩阵理论中的确定性等价近似原理,推导出了能效函数闭合表达式。接着,利用分数规划与参数规划的性质,将原优化问题的分数目标函数转换为等价的带参数的减式形式。由于此时减式目标函数中含有互相耦合的优化变量和整数优化变量,利用该目标函数的下界进行放缩,将耦合变量去耦合,同时将整数变量进行分层搜索,最终得到一种次优的求解方法。

5.3.1 能效函数解析表达式

为了获得能效函数的解析表达式,关键在于求解式(5.10)分子项上的频谱效率闭合表达式。一般而言,式(5.7)中的频谱效率精确闭合表达式是难于推导的,这是由于其涉及的期望运算通常是难于求解的。

为了获得式(5.7)的解析表达式,可以借助于 Jensen 不等式对其进行放缩,这也是传统 MIMO 系统中遍历容量的经典方法。利用 $\log_2(1+x)$ 函数的凸性,根据 Jensen 不等式,可以获得频谱效率的上界,如定理 5.1 所示。

定理 5.1　当基站使用导频矩阵 $\boldsymbol{X}=\boldsymbol{U}_{(1:L)}$ 进行信道估计,并采用最大比发送下行波束成型方案发送数据时,式(5.7)中的平均频谱效率的上界表达式为

$$R \leqslant R_{\mathrm{ub}} = \log_2\left[1 + \frac{\rho_{\mathrm{d}}}{\sigma_{\mathrm{d}}^2}\left(\mathrm{tr}\boldsymbol{\Psi} + \frac{\mathrm{tr}\boldsymbol{\Psi}\boldsymbol{\Lambda}_L}{\mathrm{tr}\boldsymbol{\Psi}}\right)\right] \tag{5.11}$$

式中: $\mathrm{tr}\boldsymbol{\Psi} = \sum\limits_{l=1}^{L} \dfrac{\rho_{\mathrm{p}}\lambda_l^2}{\rho_{\mathrm{p}}\lambda_l + \sigma_{\mathrm{p}}^2}$, $\mathrm{tr}\boldsymbol{\Psi}\boldsymbol{\Lambda}_L = \sum\limits_{l=1}^{L} \dfrac{\rho_{\mathrm{p}}\lambda_l^3}{\rho_{\mathrm{p}}\lambda_l + \sigma_{\mathrm{p}}^2}$。

证明　参见本章附录 5.6.1 节。

虽然利用 Jensen 不等式获得了频谱效率的闭合表达式,然而该上界有两个不足之处:①上界与真实值之间的紧致性相对较差,而衡量上下界的好坏,紧致性是一个重要指标,后续仿真中也可以看到这一现象;②该表达式相对复杂,并不利于后续优化问题的求解和分析。因而,需要一个相对更简洁且近似效果更好的解析表达式。

此时,针对大维系统可以利用大维随机矩阵中的确定性等价近似原理[151,162],该方法非常适合于求解大维度系统的遍历频谱效率解析表达式。确定性等价近似方法的原理在于,对于任意大却有限维度的系统,所推导得出的频谱效率闭合表达式可以随着系统维度的增加而越来越精确[58,67]。

采用类似于本书定理 3.2 中的推导方法,可以得到式(5.7)中频谱效率的确定性等价近似值,有如下定理 5.2。

定理 5.2　当基站使用导频矩阵 $\boldsymbol{X}=\boldsymbol{U}_{(1:L)}$ 进行信道估计,并采用最大比发送下行波束成型方案发送数据时,用户的接收信噪比和平均频谱效率的确定性等价近似值分别为

$$\bar{\gamma} = \frac{\rho_{\mathrm{d}}}{\sigma_{\mathrm{d}}^2}\mathrm{tr}\boldsymbol{\Psi} = \frac{\rho_{\mathrm{d}}}{\sigma_{\mathrm{d}}^2}\sum_{l=1}^{L}\frac{\rho_{\mathrm{p}}\lambda_l^2}{\rho_{\mathrm{p}}\lambda_l + \sigma_{\mathrm{p}}^2} \tag{5.12}$$

$$\bar{R} = \log_2(1+\bar{\gamma}) = \log_2\left(1 + \frac{\rho_{\mathrm{d}}}{\sigma_{\mathrm{d}}^2}\sum_{l=1}^{L}\frac{\rho_{\mathrm{p}}\lambda_l^2}{\rho_{\mathrm{p}}\lambda_l + \sigma_{\mathrm{p}}^2}\right) \tag{5.13}$$

且满足 $\gamma - \bar{\gamma} \xrightarrow[\mathrm{a.s.}]{N\to\infty} 0$ 和 $R - \log_2(1+\bar{\gamma}) \xrightarrow[\mathrm{a.s.}]{N\to\infty} 0$。

证明　参见本章附录 5.6.2 节。

至此,获得了接收信噪比和系统频谱效率的近似闭合表达式,并且为后续优化问题的求解带来很大的便利。在下一节中将利用式(5.12)和式

(5.13)重新描述式(5.10)中的优化问题,并给出相应的求解算法。

注意:一般而言,式(5.13)无法再进一步得到简化形式,除非是在某些特定的信道场景下,该式将会有更为简洁的形式,比如 i. i. d. 信道或者相关阵的秩为 1 的降秩强相关信道等,后续小节中也将给出信道特例做进一步分析。

5.3.2　优化问题求解和算法流程描述

借助于式(5.13),可将式(5.10)中的原始优化问题被近似表示为

$$\max_{\rho_d,\rho_p,L}\mathrm{EE}(\rho_d,\rho_p,L)=\frac{(T_c-L)\log_2\left(1+\frac{\rho_d}{\sigma_d^2}\sum_{l=1}^{L}\frac{\rho_p\lambda_l^2}{\rho_p\lambda_l+\sigma_p^2}\right)}{\alpha\rho_pL+\alpha\rho_d(T_c-L)+P_{cir}T_c}$$

$$\text{s. t.}\begin{cases}\mathrm{C1}:\alpha\rho_pL+\alpha\rho_d(T_c-L)\leqslant T_cP\\\mathrm{C2}:\left(1-\frac{L}{T_c}\right)\log_2\left(1+\frac{\rho_d}{\sigma_d^2}\sum_{l=1}^{L}\frac{\rho_p\bar\lambda_l^2}{\rho_p\lambda_l+\sigma_p^2}\right)\geqslant R_0\\\mathrm{C3}:0<L<T_c,L\in\mathbb{Z}^+\\\mathrm{C4}:\rho_p>0,\rho_d>0\end{cases} \tag{5.14}$$

值得注意的是,一方面,式(5.14)中的优化问题是混合整数规划问题。另一方面,变量 ρ_d 和 ρ_p 又是相互耦合的,这就导致原问题的非凸性。而更为棘手的是,目标函数具有分数形式,使得传统的凸优化方法无法直接使用。

为了解决上述优化问题,通过研究非线性分数规划和参数规划的性质[118,119,129,163,164],分数优化问题式(5.14)可以等价地转化为一种带参数的减法形式。基于该思路,首先定义关于变量 ξ 的参数优化问题 $F:\mathbb{R}\to\mathbb{R}$ 为

$$F(\xi)=\max_{(\rho_d,\rho_p,L)\in\mathbb{D}}(T_c-L)\log_2\left(1+\frac{\rho_d}{\sigma_d^2}\sum_{l=1}^{L}\frac{\rho_p\lambda_l^2}{\rho_p\lambda_l+\sigma_p^2}\right)- \tag{5.15}$$
$$\xi[\alpha\rho_pL+\alpha\rho_d(T_c-L)+T_cP_{cir}]$$

式中:$\mathbb{D}=\{(\rho_d,\rho_p,L)\,|\,\mathrm{C1},\mathrm{C2},\mathrm{C3},\mathrm{C4}\}$。

为了说明优化问题式(5.14)与新定义的参数规划问题式(5.15)之间的等价性,此处给出关于 h 函数 $F(\xi)$ 的两条引理如下,其证明过程可以参见文献[118,165]。

引理 5.1　$F(\xi)$ 关于 ξ 是严格单调递减连续函数,且在 $\mathbb{R}$ 上为凸函数。

引理 5.2　$F(\xi)=0$ 有且仅有一个解 ξ^* 。同时,优化问题 $F(\xi^*)$ 与式(5.14)具有相同的最优解,且 ξ^* 即为式(5.14)的目标函数的最优值。

由引理 5.2 可知,单变量方程 $F(\xi)=0$ 的求解等价于原始的能效优化

问题式(5.14)。也就是说,如果能找到 ξ^* 使得 $F(\xi^*)=0$,则式(5.15)的最优解就是式(5.14)的最优解。因此,ξ 也可以看作是能效因子。尽管 ξ^* 事先是不知道的,但是根据引理 5.1 可知,通过 Dinkelbach 方法或者一维线性搜索方法等[118],进行内外分层交替迭代即可获得方程 $F(\xi)=0$ 的根 ξ^*,即,给定 ξ 值,求解优化问题的最优解,再以该最优解更新 ξ 值,从而交替迭代收敛到 ξ^*。因此,在后续优化问题中,只需要考虑在给定 ξ 时,求解如下优化问题:

$$\max_{\rho_d,\rho_p,L}(T_c-L)\log_2\Big(1+\frac{\rho_d}{\sigma_d^2}\sum_{l=1}^{L}\frac{\rho_p\lambda_l^2}{\rho_p\lambda_l+\sigma_p^2}\Big)-\xi\big[\alpha\rho_pL+\alpha\rho_d(T_c-L)+T_cP_{cir}\big]$$

$$\text{s. t.}\quad C1,\quad C2,\quad C3,\quad C4 \tag{5.16}$$

尽管优化问题式(5.16)已经转换为减式形式,但是由于变量 ρ_d 和 ρ_p 在目标函数中互相耦合,且整数变量 L 作用于求和号上限而很难进行变量松弛。因此,该优化问题仍然不易求解,需要进一步通过放缩或分层优化的方法进行处理。

考虑到整数变量 L 的范围通常是有限的,且对于实际信道环境而言,通常其取值范围并不会很大,因而,可以在其有效范围内进行遍历搜索。该方法在小区规划时采用离线方式计算是合理的,且通常情况下信道相关时间块长度有限。对于耦合变量,利用频谱效率下界[129]可以得到

$$\bar{R}=\log_2\Big(1+\frac{\rho_d}{\sigma_d^2}\sum_{l=1}^{L}\frac{\rho_p\lambda_l^2}{\rho_p\lambda_l+\sigma_p^2}\Big)>\log_2\Big(\frac{\rho_d}{\sigma_d^2}\sum_{l=1}^{L}\frac{\rho_p\lambda_l^2}{\rho_p\lambda_l+\sigma_p^2}\Big) \tag{5.17}$$

将式(5.17)中的下界代入式(5.16)中的目标函数,可以转化为

$$\max_{\rho_d,\rho_p,L}(T_c-L)\log_2\Big(\frac{\rho_d}{\sigma_d^2}\sum_{l=1}^{L}\frac{\rho_p\lambda_l^2}{\rho_p\lambda_l+\sigma_p^2}\Big)-\xi\big[\alpha\rho_pL+\alpha\rho_d(T_c-L)+T_cP_{cir}\big]$$

$$\text{s. t.}\quad C1,\quad C2,\quad C3,\quad C4 \tag{5.18}$$

式中:约束条件 C2 等价转换为

$$C2:\Big(1-\frac{L}{T_c}\Big)\log_2\Big(1+\frac{\rho_d}{\sigma_d^2}\sum_{l=1}^{L}\frac{\rho_p\lambda_l^2}{\rho_p\lambda_l+\sigma_p^2}\Big)\geqslant R_0$$

$$\Rightarrow\log_2\Big(\frac{\rho_d}{\sigma_d^2}\sum_{l=1}^{L}\frac{\rho_p\lambda_l^2}{\rho_p\lambda_l+\sigma_p^2}\Big)\geqslant\log_2\big(2^{\frac{R_0}{1-L/T_c}}-1\big) \tag{5.19}$$

值得注意的是,这里采用目标函数式(5.16)的下界式(5.18)进行优化,从而最终求得的最优解对应于最优能效的下界。当能效下界与能效函数本身很紧致时,所获得的最优解与原问题的最优解一致。而通过式(5.17)的下界表达式可知,其等效于系统处于较大发射信噪比区间时的近似,因而,在实际系统中是很常见的情况。所以,原问题与近似转化后的问题具有最优解的一致性。

通过频谱效率下界转换,可以发现功率变量 ρ_d 和 ρ_p 已经解耦。因而,

对于优化问题式(5.18)中目标函数的凹凸性,有如下定理。

定理 5.3 优化问题式(5.18)中的目标函数关于变量 ρ_d 和 ρ_p 是联合凹的。

证明 参见本章附录 5.6.3 节。

通过上述分析可知,对于导频长度 L 和发射功率 (ρ_d,ρ_p) 的求解,可以进行分层迭代,即对于每个 L 值,求取其对应的最优发射功率组合即可。

根据定理 5.3 可知,式(5.18)中的目标函数满足 Slater 条件[156]。因此,对最优导频功率和数据功率的求解,可利用拉格朗日对偶问题来获得,即

$$\min_{\mu,\nu \geqslant 0} \max_{\rho_d,\rho_p} \mathcal{L}(\mu,\nu,\rho_d,\rho_p) \tag{5.20}$$

式中:$\mathcal{L}(\mu,\nu,\rho_d,\rho_p)$ 为拉格朗日对偶函数,具有如下表达式:

$$
\begin{aligned}
\mathcal{L}(\mu,\nu,\rho_d,\rho_p) =& (T_c - L)\log_2\left(\frac{\rho_d}{\sigma_d^2}\sum_{l=1}^{L}\frac{\rho_p\lambda_l^2}{\rho_p\lambda_l+\sigma_p^2}\right) - \\
& \xi\left[\alpha\rho_p L + \alpha\rho_d(T_c - L) + T_c P_{cir}\right] + \\
& \nu\left[T_c P - \alpha\rho_p L - \alpha\rho_d(T_c - L)\right] + \\
& \mu\left[\log_2\left(\frac{\rho_d}{\sigma_d^2}\sum_{l=1}^{L}\frac{\rho_p\lambda_l^2}{\rho_p\lambda_l+\sigma_p^2}\right) - \log_2\left(2^{\frac{R_0}{1-L/T_c}} - 1\right)\right]
\end{aligned}
\tag{5.21}
$$

式中:μ 和 ν 分别为对应于约束条件 C1 和 C2 的非负数拉格朗日乘子。

对于对偶问题式(5.20)的求解,可以通过标准的最优化方法[156],转化为内外两层交替迭代的方法,分别解决内层最大化子问题和外层最小化子问题。首先,对于给定的乘子系数 μ 和 ν 以及最外层参数 ξ 和 L,求解内层最大化问题

$$\max_{\rho_d,\rho_p}\mathcal{L}(\mu,\nu,\rho_d,\rho_p) \tag{5.22}$$

根据 KKT 条件,令 $\mathcal{L}$ 关于 (ρ_d,ρ_p) 的一阶偏导数为零,可以得到

$$\frac{\partial\mathcal{L}}{\partial\rho_d} = \frac{T_c - L + \mu}{\rho_d\sigma_d^2\ln2} - \alpha(\nu+\xi)(T_c - L) = 0 \tag{5.23}$$

$$\frac{\partial\mathcal{L}}{\partial\rho_p} = \frac{(T_c - L + \mu)\sum_{l=1}^{L}\frac{\lambda_l^2}{(\rho_p\lambda_l+\sigma_p^2)^2}}{\ln2\sum_{l=1}^{L}\frac{\rho_p\lambda_l^2}{\rho_p\lambda_l+\sigma_p^2}} - \alpha L(\nu+\xi) = 0 \tag{5.24}$$

通过化简式(5.23),可以得到最优的数据发射功率 ρ_d^* 为

$$\rho_d^* = \frac{T_c - L + \mu}{\ln2\sigma_d^2\alpha(\nu+\xi)(T_c - L)} \tag{5.25}$$

然而,很难求得式(5.24)方程中的最优导频发射功率闭合解,这是由于高次方程通常不具有闭合解。同时,高次方程可能存在多个解或无解的情

况。因而,给出如下命题,对于式(5.24)所示的高阶方程的解的情况作出说明。

命题 5.1　方程(5.24)中有且仅有一个正数解。

证明　参见本章附录 5.6.4 节。

根据命题 5.1 的证明过程可知,尽管无法得到最优导频发射功率的闭式解,但是可以通过高效的数值求解方法获得,如二分法[120]等。

当获得了内层优化问题最优解后,对于外层拉格朗日乘子的求解,可通过子梯度法进行迭代更新[119],如下所示

$$\nu^{(n+1)} = \left[\nu^{(n)} - t_1^{(n)} \left(T_c P - \alpha \rho_p^* L - \alpha \rho_d^* \left(T_c - L \right) \right) \right]^+ \tag{5.26}$$

$$\mu^{(n+1)} = \left\{ \mu^{(n)} - t_2^{(n)} \left[\log_2 \left(\frac{\rho_d^*}{\sigma_d^2} \sum_{l=1}^{L} \frac{\rho_p^* \lambda_l^2}{\rho_p^* \lambda_l + \sigma_p^2} \right) - \log_2 \left(2^{\frac{R_0}{1 - L/T_c}} - 1 \right) \right] \right\}^+$$

$$\tag{5.27}$$

式中:n 为迭代次数;$t_1^{(n)}$ 和 $t_2^{(n)}$ 为相应的迭代步长。并且可以保证,只要步长设置得足够小,总能使得乘子 μ 和 ν 收敛到最优值[119,166,167]。比如,可以根据迭代次数,设置变步长 $t_1^{(n)} = \frac{0.1}{\sqrt{n}}$ 和 $t_2^{(n)} = \frac{0.1}{\sqrt{n}}$。

通过对原优化问题的逐步释放与变换,最终得到一种三层交替迭代优化算法。第一层,遍历搜索 L 取值区间。第二层,对于给定的 L,通过Dinkelbach 算法求得最优 ξ。第三层,对于给定的 L 和 ξ,通过求解拉格朗日对偶问题获得最优的拉格朗日乘子系数与发射功率组合值。值得注意的是,这里将最外层的 ξ 与变量 L 的优化次序进行了适当调整,而这并不会影响问题的求解。最后,给出算法流程如下:

算法 5.1　联合信道估计与数据发射的三层迭代能效最大化资源分配算法

1.	初始化 $L=1, \xi_0 > 0, \nu_0 > 0, \mu_0 > 0, \varepsilon_1 > 0, \varepsilon_2 > 0, t_1, t_2$
2.	Repeat
3.	$m = 0, \quad \xi^{(0)} = \xi_0$
5.	Repeat
5.	$m = m+1, n = 0, \nu^{(0)} = \nu_0, \mu^{(0)} = \mu_0$
6.	Repeat
7.	$n = n+1$
8.	对于给定的 $\nu^{(n-1)}, \mu^{(n-1)}, \xi^{(m-1)}$ 和 L,利用式(5.26)和式(5.27)计算 ρ_p^* 和 ρ_d^*
9.	通过式和失更新拉格朗日乘子 $\nu^{(n)}$ 和 $\mu^{(n)}$

10.	$\Delta\nu=\nu^{(n)}-\nu^{(n-1)}$, $\Delta\mu=\mu^{(n)}-\mu^{(n-1)}$
11.	Until $\|\Delta\nu\|\leqslant\varepsilon_2$ 和 $\|\Delta\mu\|\leqslant\varepsilon_2$
12.	$$\xi^{(m)}=\frac{(T_c-L)\log_2\left(1+\frac{\rho_d^*}{\sigma_d^2}\sum_{l=1}^{L}\frac{\rho_p^*\lambda_l^2}{\rho_p^*\lambda_l+\sigma^2}\right)}{\rho_p^*L+\rho_d^*(T_c-L)+P_{cir}T_c}$$
13.	Until $\left\|(T_c-L)\log_2\left(1+\frac{\rho_d^*}{\sigma_d^2}\sum_{l=1}^{L}\frac{\rho_p^*\lambda_l^2}{\rho_p^*\lambda_l+\sigma_p^2}\right)-\xi^{(m-1)}\left[\rho_p^*L+\rho_d^*(T_c-L)+T_cP_{cir}\right]\right\|\leqslant\varepsilon_1$
15.	令 $\xi^*=\xi^{(m)}$,并将组合值 $(\xi^*,\rho_d^*,\rho_p^*,L)$ 存入集合 $\mathbb{U}$
15.	$L=L+1$
16.	Until $L=T_c$
17.	$(\xi^{opt},\rho_d^{opt},\rho_p^{opt},L^{opt})=\underset{(\rho_d^*,\rho_p^*,L)\in\mathbb{U}}{\arg\max}\ \xi^*$

注意：通常来说，用于求解第二层迭代中的最优能效因子 ξ^* 的方法是有多种的，比如，Dinkelbach 方法、二分法以及这两种方法的改进方法等[168]。此处之所以选择 Dinkelbach 方法，是因为其具有超线性的收敛速率，相比于线性收敛的二分法而言，具有更高的算法效率。在实际情况中，可根据具体需求来选择相应的方法求解 ξ 。

5.3.3　收敛性及复杂度分析

首先，对所提出的迭代优化算法的收敛性进行说明。对于最内层优化问题式(5.18)，由于该问题对于优化变量 (ρ_d,ρ_p) 是凹的，因而，在每层迭代时，对于给定的 ξ 和 L ，总能够保证式(5.18)是收敛的。再来看第二层迭代，对于给定的 L ，根据文献[129]中的定理 1，可以证明得到 Dinkelbach 算法通过序贯的搜索也总能保证收敛到最优的 ξ^* 。最外层遍历搜索 L ，由于其取值范围是有限的，因而也总是收敛的。最终，通过遍历比较每一个 L 对应的最优能效值和功率值，可以得出最终的最优能效值和发射功率组合。因此，问题式(5.18)总能够收敛到一个固定点。

其次，来分析所提算法的复杂度。从算法流程中可以看到，本算法中不涉及矩阵运算，且主要运算过程在于搜索求解最优导频发射功率。这

里假设采用二分法搜索最优导频功率,而二分法的复杂度最大为

$\mathcal{O}\left(\left|\log_2 \dfrac{\rho_{p,\max}-\rho_{p,\min}}{\epsilon}\right|\right)$,其中 $\rho_p \in [\rho_{p,\max},\rho_{p,\min}]$,$\epsilon$ 表示二分法搜索的容差门

限[120,127]。因此,所提算法的最终复杂度为 $O\left[(T_c-1)\omega 2^\beta\left|\log_2 \dfrac{\rho_{p,\max}-\rho_{p,\min}}{\epsilon}\right|\right]$,

其中:T_c-1 表示最外层变量遍历搜索次数;ω 表示第二层能效因子变量迭代收敛次数[169];2^β 则表示更新对偶变量的迭代次数[169-170]。

5.3.4　特殊信道下的讨论

在上述章节中,通过一种次优的迭代算法解决了关于导频长度、导频功率和数据功率的能效最大化资源优化分配问题。然而,在某些特定的信道场景下,可以获得最优资源分配的闭合形式解,进而获得一些对系统设计有益的结论和指导。下面分两种特殊信道场景进行讨论。

1. 秩为 1 的强相关降秩信道

当信道满足最强相关降秩特性时,即 $\mathrm{rank}(\boldsymbol{R})=1$。由于此时信道仅存在一个特征矢量方向,显然此时达到最优均方误差的导频长度为 $L=1$。因此,式中的能效目标函数可以进一步简化为如下形式

$$\mathrm{EE}(\rho_d,\rho_p)=\frac{(T_c-1)\log_2\left(1+\dfrac{\rho_d}{\sigma_d^2}\dfrac{\rho_p N^2}{\rho_p N+\sigma_p^2}\right)}{\alpha\rho_p+\alpha\rho_d(T_c-1)+P_{cir}T_c} \tag{5.28}$$

由于天线数 N 通常较大,因而从式(5.28)中可以看到,通过提升导频发射功率 ρ_p 来增加频谱效率的意义已经不是很大了,但此时消耗的功率却是线性增长的。因此,为了达到更高的能效,不需要分配过多的导频功率。因此,这里只需要考虑在给定的导频功率下,求解最优的数据发送功率,有如下推论。

推论 5.1　对于给定的导频发射功率 ρ_p,关于数据发射功率 ρ_d 的能效最优化问题

$$\max_{\rho_d>0}\mathrm{EE}(\rho_d)=\frac{(T_c-1)\log_2\left(1+\dfrac{\rho_d}{\sigma_d^2}\dfrac{\rho_p N^2}{\rho_p N+\sigma_p^2}\right)}{\alpha\rho_p+\alpha\rho_d(T_c-1)+P_{cir}T_c} \tag{5.29}$$

可以求解得到最优解的闭合形式为

$$\rho_d^*=\frac{e^{W\left[\frac{\zeta(\alpha\rho_p+P_{cir}T_c)-(T_c-1)}{(T_c-1)e}\right]+1}-1}{\zeta}\overset{(a)}{\approx}\frac{e^{W\left[\frac{N(\alpha\rho_p+P_{cir}T_c)-(T_c-1)}{(T_c-1)e}\right]+1}-1}{N} \tag{5.30}$$

式中:$\zeta=\dfrac{\rho_p N^2}{\sigma_d^2(\rho_p N+\sigma_p^2)}$,步骤(a)是由于天线数很大时满足条件 $\dfrac{N\rho_p}{\sigma_p^2}\gg 1$,

$W(\cdot)$ 表示 Lambert W 函数(参见本章附录 5.6.5 节),其函数值可以通过离线查表得到。同时,能效目标函数当 $\rho_d < \rho_d^*$ 时单调递增,而当 $\rho_d > \rho_d^*$ 时单调递减。

证明 根据文献[130]中引理 1,可以直接证明得到该推论。

根据文献[130]中引理 3 可知,当 x 较大时,$e^{W(x)+1}$ 随着 x 近似线性单调递增。因此,从式(5.30)中可以看到,最优数据发送功率随着电路功耗是逐渐增加的,也就是随着 P_{cir} 逐渐增加。这一结论看上去与直观理解不大一致,但实际上却是如此。因为,当固定电路功耗很大时,可以通过增加更多的发射功率来提升系统频谱效率,而此时发射功率在系统总功耗中占据的比例却是十分小的。与此同时,提升发射功率所带来的频谱效率增益足够弥补发射功率增加对于总功耗的增加,从而使得系统能效逐渐提升。当发射功率增加到一定程度时,即与电路功耗相当时,继续过量地提升发射功率就会导致能效的下降。这是因为,在这种情况下,提升发射功率将会对总能耗产生较大的增长速率,而此时所带来的频谱效率增益并不能补偿过多的功率消耗。

2. 无相关性的独立同分布瑞利衰落信道

当相关信道退化为独立同分布的瑞利衰落信道时,即 $\boldsymbol{R} = \boldsymbol{I}_N$,能效函数可以表示为

$$\mathrm{EE}(\rho_d, \rho_p, L) = \frac{(T_c - L)\log_2\left(1 + \frac{\rho_d}{\sigma_d^2}\frac{\rho_p L}{\rho_p + \sigma_p^2}\right)}{\alpha\rho_p L + \alpha\rho_d(T_c - L) + T_c P_{cir}} \tag{5.31}$$

此时,关于导频长度对于能效的影响,可得到如下推论。

推论 5.2 对于给定的发射功率 ρ_d 和 ρ_p,系统能效随着导频长度 L 呈先单调增加再单调减小的变化趋势。若导频发射功率与数据发射功率相等时,即 $\rho_d = \rho_p = \rho^{[38]}$,此种情况是考虑到有些通信系统中,在信道估计和数据发送阶段没有可用的功率变化空间[47,149]。此时,满足能效最大化的最优导频长度的闭合形式解析解为

$$L^* = \frac{e^{W[\varphi\rho^2 T_c/(\sigma_d^2 + \sigma_p^2\sigma_d^2) + \epsilon] - 1} - 1}{\rho^2/(\rho\sigma_d^2 + \sigma_p^2\sigma_d^2)} \tag{5.32}$$

证明 参见本章附录 5.6.6 节。

从式(5.32)中可以看到,最优导频长度是随着信道的相干时长而逐渐增加的。这是因为等功率分配的情况下,系统的总能量消耗与导频长度 L 不再相关了,也即系统的总能耗成为一个固定量。因此,对于固定的且较大的信道相干时长 T_c 而言,更多的符号时长可用于训练阶段,从而增加信道

估计精度,最终提升系统的频谱效率,而此时对于大的信道相干时长 T_c 而言,导频长度的增加却不会带来过多的系统资源维度损失,从而最终提升系统的能效。

　　注意:推论 5.2 所给出的最优导频长度值 L^* 通常都是非整数,但是根据目标函数关于 L 的先增后减变化趋势,只需取与 L^* 距离最近的整数,比较这两个值对应的系统能效函数值,取较大能效对应的导频长度即可。

5.4　仿真结果与分析

　　本节将针对图 5.1 所示的大规模 MIMO FDD 下行传输系统的资源折中分配问题,给出所提最优能效资源分配算法在不同参数设置条件的性能结果。为不失一般性,假设不考虑用户到基站的大尺度衰落系数,系统各阶段所受到的加性高斯白噪声功率归一化为 1dBm,天线数 $N=100$。此处,采用指数衰减型模型对信道相关阵 R 进行建模,即信道相关阵 R 的元素为 $[R]_{i,j}=r^{|i-j|}$,$i,j=1,\cdots,N$,其中,$r\in(0,1]$ 表示信道相关性强弱[139,145,153],r 越大,表示信道空间相关性越强,反之,则表示信道空间相关性越弱。取强相关信道典型值 $r=0.8$ 和弱相关信道典型值 $r=0.3$,对应两种信道下的最小频谱效率要求分别为:$RR_0=2$bit/s/Hz 和 $R_0=1$bit/s/Hz。基站端每根天线上的电路功耗为 $P_{ant}=20$dBm,静态电路功耗典型值为 $P_{sta}=40$dBm[118,129],功率损耗因子 $\alpha=1$。准静态平衰落信道块长度 $T_c=20$,该值可认为对应于 10kHz 的信道相关带宽和 2ms 的信道相关时间。迭代算法的收敛门限设置为 $\varepsilon_1=\varepsilon_2=10^{-5}$。后续仿真设置中若天线数无特别说明时,均认为天线数 $N=100$。为了比较分析,给出了两种常用准则下的资源分配优化算法如下所示:

　　(1) 最大化频谱效率资源分配算法(Spectral Efficiency Maximization, SEMax):

$$\max_{\rho_d,\rho_p,L} SE(\rho_d,\rho_p,L)=(T_c-L)\log_2\left(1+\frac{\rho_d}{\sigma_d^2}\sum_{l=1}^{L}\frac{\rho_p\lambda_l^2}{\rho_p\lambda_l+\sigma_p^2}\right)$$
$$\text{s. t.}\quad C1,C2,C3,C4 \tag{5.33}$$

　　(2) 最小化功耗资源分配算法(Energy Consumption Minimization, ECMin):

$$\min_{\rho_d,\rho_p,L} J(\rho_d,\rho_p,L)=\alpha\rho_p L+\alpha\rho_d(T_c-L)+P_{cir}T_c$$
$$\text{s. t.}\quad C1,C2,C3,C4 \tag{5.34}$$

　　此外,给出一种等时长分配(Equal-Duration Scheme)的能效资源优化策略作为对比性能，即令导频长度固定为 $L = \frac{T_c}{2}$，而只针对导频功率与数据功率进行联合优化，因而该策略具有更低的算法复杂度。对于式（5.33）中的最大化频谱效率优化问题的求解，可以借助于式（5.17）所给出的频谱效率下界进行放缩，以达到去除变量耦合的目的。对于式（5.34）中的最小化功耗优化问题的求解，由于其目标函数和约束条件均为凸的，因而，采用标准的凸优化方法即可求解得到。

图 5.2 给出了当发射信噪比 $\frac{\rho_d}{\sigma_d^2} = \frac{\rho_p}{\sigma_p^2} = 13\text{dB}$ 时，在不同信道相关性强度下，式（5.11）给出的频谱效率上界和式（5.13）给出的频谱效率近似值与蒙特卡洛仿真真值之间的近似效果。可以看到，Jensen 不等式所获得上界与真实值之间的差距相对较大，而确定性等价方法所得到的频谱效率解析表达式则具有较好的近似效果。特别是随着天线数的增加，两条曲线几乎重合。同时可以观察到，在同样的导频资源下，由于强相关信道可以获得更精确的 CSI，从而获得了更高的 MIMO 增益和频谱效率性能。

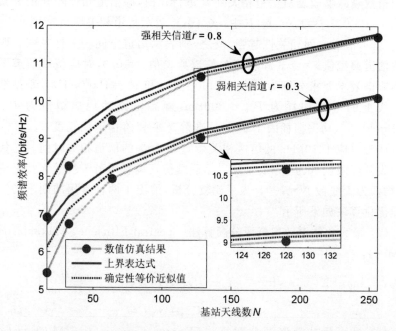

图 5.2　频谱效率解析表达式与真实值的近似性能比较 $\left(N \to \infty, \dfrac{L}{N} = 0.125 \right)$

图 5.3 给出了本书所提算法的收敛轨迹。三幅子图的横坐标为迭代次数，纵坐标对应于迭代变量。从图 5.3（a）中可以看到，当给定 L 时，第二层优化变量可以在 4 次迭代之后收敛到最优值。从图 5.3（b）和图 5.3（c）可

以看到,在第三层优化中,拉格朗日乘子 ν 经过约 12 次迭代即可收敛,而乘子 μ 则经过约 5 次迭代即达到平稳点,这说明所提算法经过少量迭代次数即可达到稳定点。

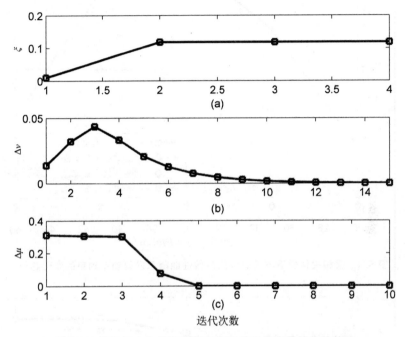

图 5.3　能效最大化算法的第二层和第三层变量的收敛轨迹

图 5.4 和图 5.5 给出了强弱相关信道下,不同发射功率约束时各算法的能效性能。在两种信道相关性条件下,所提出的能效最大化算法都具有最优的能效性能。特别是在较高的发射功率区间时,所提算法具有明显的性能优势,这是由于 SEMax 算法持续增加功率消耗所带来的频谱效率增益远无法补偿能量消耗的快速增长,从而导致了能效下降。在较低发射功率区间,EEMax 算法与 SEMax 算法达到了相同的能效性能,这表明了在低发射功率区间下,满功率发射可以同时达到最优能效和最优频谱效率。

图 5.6 和图 5.7 给出了强弱相关信道下,不同发射功率约束时各算法的频谱效率性能。可以看到,SEMax 算法在四种算法中具有最好的频谱效率性能。特别是在高发射功率区间,SEMax 算法明显优于 EEMax 算法。这是由于 EEMax 算法为了保证能效最优,并非一直满功率发射。在此区间时,实际发射功率将小于最大功率。而 SEMax 算法则一直追求频谱效率最大化,持续满功率发射。

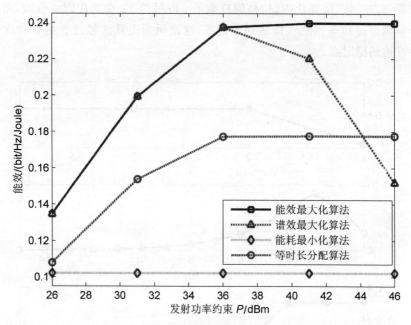

图 5.4　强相关信道下不同算法的能效性能随总发射功率约束的变化趋势

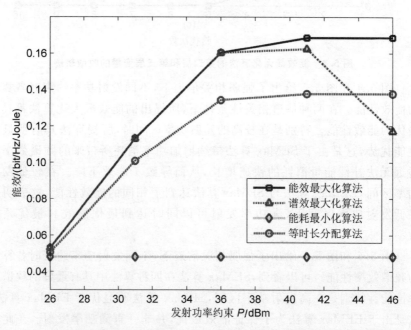

图 5.5　弱相关信道下不同算法的能效性能随总发射功率约束的变化趋势

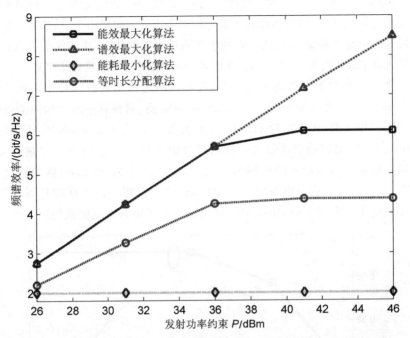

图 5.6　相关信道下不同算法的频谱效率性能随总发射功率约束的变化趋势

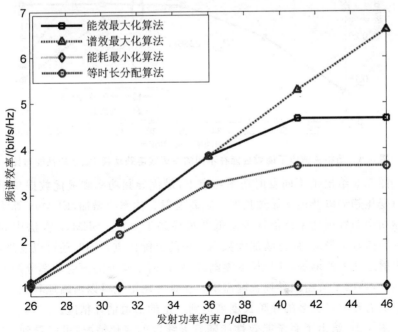

图 5.7　相关信道下不同算法的频谱效率性能随总发射功率约束的变化趋势

从图 5.4～图 5.7 中可以很明显地看到,ECMin 算法无论是在频谱效率性能还是能效性能方面,始终处于最差的水平。这主要是由于,该算法在满足了最低的频谱效率要求后,就一直处于非满功率发射状态,从而保证了总的功率消耗处于最低的水平。因而,其在能效和频谱效率方面始终处于劣势。

图 5.8 给出了在强相关信道下,在不同的电路功耗时,EEMax 算法与SEMax 算法的性能变化趋势。从图中可以看到,两种算法所达到的能效性能均随每根天线电路功耗的下降而大大提升。当 P_{ant} 从 20dBm 降低至10dBm 时,所提出的能效最大化算法可以改善能效性能约 70%。进一步,可以看到在发射总功率的区域的上边界处,所提出的 EEMax 算法较之于SEMax 算法可以获得更为明显性能增益,这也说明在低电路功耗场景下,当发射功率约束较大时,所提出的算法更有利于提升系统能效性能。

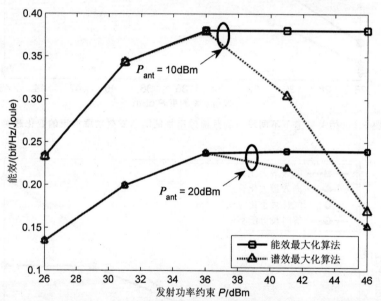

图 5.8 强相关信道下能效性能在不同的每天线电路功耗 P_{ant} 下的性能对比

图 5.9 给出了不同发射功率约束下,最优导频功率和最优数据功率的比值变化趋势以及最优导频长度。随着发射总功率的增加,EEMax 算法中导频功率与数据功率比值逐渐降低并最终趋于恒定。SEMax 算法中为了保证频谱效率最大,而持续加大数据功率的分配比重。同时还可以发现,随着发射总功率的增加,导频长度逐渐减小,这由于额外的发射功率分配给信道估计,补偿了所需的导频长度需求。从这一图中也可以清晰地看到,弱相关信道需要相对更多的导频长度来达到一定的信道估计精度。

图 5.10 给出了系统能效性能随着天线数的变化情况,可以看到,在大规模天线阵列下,随着天线数的骤增,能效呈现出先增后减的变化趋势。这

是由于大规模天线阵列的使用,使得电路功耗呈线性增加趋势。当天线数过大时,电路功耗所带来的损失超过了频谱效率的增长速率,导致了能效下降。同时可以看到,在不同的电路功耗下,系统所能够支持的最大天线数也是不同的,且电路功耗越小所能支持的最优天线数越大。

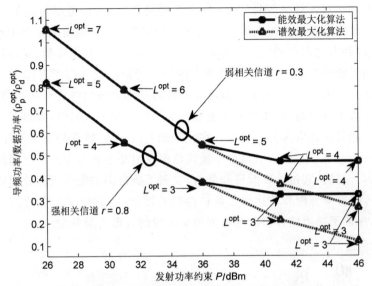

图 5.9　不同信道相关性强弱条件下最优导频功率与数据功率的比值
随发射总功率约束的变化趋势($N=100$, $P_{ant}=20$dBm)

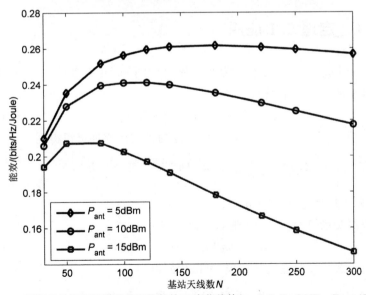

图 5.10　强相关信道下能效随着天线数的 N 变化趋势($r=0.8$, $P=26$dBm, $P_{sta}=40$dBm)

5.5　本章小结

本章针对大规模 MIMO FDD 下行链路系统,联合考虑信道估计和数据传输之间的资源分配问题。通过优化导频时长、导频功率和数据功率 3 个参量,并考虑发射功耗和频谱效率约束条件来建立数学模型,从而获得最大的系统能效性能。首先,利用确定性等价近似原理获得了目标函数的解析表达式。由此,通过分式规划将原问题转换为等价的减式形式,进而利用目标函数下界放缩,逐步将原问题变换为凸优化问题。最终,提出了一种三层迭代能效优化资源分配算法。在此基础上,在一些特殊的信道条件下,利用 Lambert W 函数,求解得出了最优数据发射功率和最优训练序列的闭合形式解。最后,通过仿真验证和分析,表明了所提出的能效资源分配算法相对于传统资源分配算法达到了最佳的能效性能,并取得了折中的频谱效率性能,保证了信道估计阶段与数据传输阶段的合理资源分配。

5.6　附　录

5.6.1　定理 5.1 证明

因为 $\log_2(1+x)$ 关于 x 为凹函数,利用 Jensen 不等式[159]可获得平均频谱效率的上界如下所示

$$R \leqslant R_{ub} = \log_2\{1 + \mathbb{E}(\gamma)\} \tag{5.35}$$

将式(5.3)代入 $\mathbb{E}(\gamma)$,利用 MMSE 估计的正交性原理可以得到

$$\mathbb{E}(\gamma) = \frac{\rho_d}{\sigma_d^2 \mathrm{tr}\boldsymbol{\Psi}}(\mathbb{E}\{\hat{\boldsymbol{h}}^H \hat{\boldsymbol{h}}\hat{\boldsymbol{h}}^H \hat{\boldsymbol{h}}\} + \mathbb{E}\{\tilde{\boldsymbol{h}}^H \hat{\boldsymbol{h}}\hat{\boldsymbol{h}}^H \tilde{\boldsymbol{h}}\}) \tag{5.36}$$

式中:期望运算是针对 $\hat{\boldsymbol{h}}$ 和 $\tilde{\boldsymbol{h}}$。

根据文献[104]中的引理 4,可以得到

$$\mathbb{E}\{\hat{\boldsymbol{h}}^H \hat{\boldsymbol{h}}\hat{\boldsymbol{h}}^H \hat{\boldsymbol{h}}\} = \mathrm{tr}\boldsymbol{\Psi}^2 + (\mathrm{tr}\boldsymbol{\Psi})^2 \tag{5.37}$$

对于式(5.36)左边第二项,可以化简得到

$$\mathbb{E}\{\tilde{\boldsymbol{h}}^H \hat{\boldsymbol{h}}\hat{\boldsymbol{h}}^H \tilde{\boldsymbol{h}}\} = \mathrm{tr}\boldsymbol{\Psi}\boldsymbol{\Lambda}_L - \mathrm{tr}\boldsymbol{\Psi}^2 \tag{5.38}$$

将式(5.37)和式(5.38)代入式(5.6),化简合并后可以得到

$$\mathbb{E}(\gamma) = \frac{\rho_\mathrm{d}}{\sigma_\mathrm{d}^2}\left(\mathrm{tr}\boldsymbol{\Psi} + \frac{\mathrm{tr}\boldsymbol{\Psi\Lambda}_L}{\mathrm{tr}\boldsymbol{\Psi}}\right) \tag{5.39}$$

证毕。

5.6.2　定理 5.2 证明

假设信道相关阵 $\boldsymbol{R}$ 仍然满足第 3 章中式(3.2)和式(3.3)的谱范数一致有界性条件,且 $\mathrm{rank}(\boldsymbol{R})$ 随 N 的增加线性变化,从而保证 $\psi N \leqslant \mathrm{rank}(\boldsymbol{R}) \leqslant N\psi$,其中,$\psi$ 为 $(0,1)$ 之间的常数。

将式(5.3)代入式(5.6)可以得到

$$\gamma = \frac{\rho_\mathrm{d}\kappa}{\sigma_\mathrm{d}^2}(|\hat{\boldsymbol{h}}^\mathrm{H}\hat{\boldsymbol{h}}|^2 + |\tilde{\boldsymbol{h}}^\mathrm{H}\hat{\boldsymbol{h}}|^2 + \tilde{\boldsymbol{h}}^\mathrm{H}\hat{\boldsymbol{h}}\hat{\boldsymbol{h}}^\mathrm{H}\hat{\boldsymbol{h}} + \hat{\boldsymbol{h}}^\mathrm{H}\hat{\boldsymbol{h}}\hat{\boldsymbol{h}}^\mathrm{H}\tilde{\boldsymbol{h}}) \tag{5.40}$$

为了求得 $N\to\infty$ 时接收信噪比的确定性等价量,采用文献[58]和文献[151]中的方法,可以得到

$$\frac{1}{N^2}|\hat{\boldsymbol{h}}^\mathrm{H}\hat{\boldsymbol{h}}|^2 - \frac{1}{N^2}|\mathrm{tr}\boldsymbol{\Psi}|^2 \xrightarrow[\mathrm{a.s.}]{N\to\infty} 0 \tag{5.41}$$

因为 $\hat{\boldsymbol{h}}$ 和 $\tilde{\boldsymbol{h}}$ 是相互统计独立的,采用类似文献[58]和文献[150]中方法可以得到

$$\frac{1}{N^2}|\tilde{\boldsymbol{h}}^\mathrm{H}\hat{\boldsymbol{h}}|^2 - \frac{1}{N^2}\mathrm{tr}(\boldsymbol{R}-\boldsymbol{\Psi})\boldsymbol{\Psi} \xrightarrow[\mathrm{a.s.}]{N\to\infty} 0 \tag{5.42}$$

$$\frac{1}{N^2}\tilde{\boldsymbol{h}}^\mathrm{H}\hat{\boldsymbol{h}}\hat{\boldsymbol{h}}^\mathrm{H}\hat{\boldsymbol{h}} \xrightarrow[\mathrm{a.s.}]{N\to\infty} 0 \tag{5.43}$$

利用信道相关阵的谱范数一致有界性假设条件,可以得到当 N 趋于无穷大时,$\frac{1}{N^2}|\mathrm{tr}\boldsymbol{\Psi}|^2$ 将会收敛到一个有限的非零值,即

$$0 < \frac{\psi^2\rho_\mathrm{p}\lambda_\mathrm{s}^2}{\rho_\mathrm{p}\lambda_\mathrm{s}+\sigma_\mathrm{p}^2} \leqslant \lim_{N\to\infty}\frac{1}{N^2}|\mathrm{tr}\boldsymbol{\Psi}|^2 \leqslant \frac{\rho_\mathrm{p}\lambda_1^2}{\rho_\mathrm{p}\lambda_1+\sigma_\mathrm{p}^2} < \infty \tag{5.44}$$

式中:λ_s 表示 $\boldsymbol{R}$ 的最小非零特征值,式(5.44)表示 $|\mathrm{tr}\boldsymbol{\Psi}|^2$ 的数量级为 $o(N^2)$。

然而,对于 $\frac{1}{N^2}\mathrm{tr}(\boldsymbol{R}-\boldsymbol{\Psi})\boldsymbol{\Psi}$ 而言,可以对其放缩得到其上下界为

$$\frac{1}{N}\frac{\psi\rho_\mathrm{p}\lambda_\mathrm{s}^3}{(\rho_\mathrm{p}\lambda_\mathrm{s}+\sigma_\mathrm{p}^2)^2} \leqslant \frac{1}{N^2}\mathrm{tr}(\boldsymbol{R}-\boldsymbol{\Psi})\boldsymbol{\Psi} \leqslant \frac{1}{N}\frac{\rho_\mathrm{p}\lambda_1^3}{(\rho_\mathrm{p}\lambda_1+\sigma_\mathrm{p}^2)^2} \tag{5.45}$$

进一步,可以得到式(5.45)中的上下界在 $N\to\infty$ 时将趋于 0,即

$$\lim_{N\to\infty}\frac{1}{N}\frac{\psi\rho_\mathrm{p}\lambda_\mathrm{s}^3}{(\rho_\mathrm{p}\lambda_\mathrm{s}+\sigma_\mathrm{p}^2)^2} = 0, \quad \lim_{N\to\infty}\frac{1}{N}\frac{\rho_\mathrm{p}\lambda_1^3}{(\rho_\mathrm{p}\lambda_1+\sigma_\mathrm{p}^2)^2} = 0 \tag{5.46}$$

这也意味着 $\mathrm{tr}(\boldsymbol{R}-\boldsymbol{\Psi})\boldsymbol{\Psi}$ 的数量级为 $o(N)$。

由此可以看出,当 N 很大的时候,$\mathrm{tr}(\boldsymbol{R}-\boldsymbol{\Psi})\boldsymbol{\Psi}$ 相对于 $|\mathrm{tr}\boldsymbol{\Psi}|^2$ 而言,是

可以忽略不计的。最终，接收信噪比的确定性等价量可以表示为

$$\bar{\gamma}=\frac{\rho_{\mathrm{d}}}{\sigma_{\mathrm{d}}^2}\mathrm{tr}\boldsymbol{\Psi} \tag{5.47}$$

最终，可以得到频谱效率的确定性等价量为

$$\bar{R}=\log_2(1+\bar{\gamma}) \tag{5.48}$$

证毕。

5.6.3 定理 5.3 证明

定义函数 $G(\rho_{\mathrm{d}},\rho_{\mathrm{p}})$，如下所示：

$$G(\rho_{\mathrm{d}},\rho_{\mathrm{p}})\triangleq(T_{\mathrm{c}}-L)\log_2\left(\frac{\rho_{\mathrm{d}}}{\sigma_{\mathrm{d}}^2}\sum_{l=1}^{L}\frac{\rho_{\mathrm{p}}\lambda_l^2}{\rho_{\mathrm{p}}\lambda_l+\sigma_{\mathrm{p}}^2}\right)-$$
$$\xi[\alpha\rho_{\mathrm{p}}L+\alpha\rho_{\mathrm{d}}(T_{\mathrm{c}}-L)+T_{\mathrm{c}}P_{\mathrm{cir}}] \tag{4.49}$$

由此，可以获得函数 G 关于 ρ_{d} 和 ρ_{p} 二阶偏导数为

$$\begin{cases}\dfrac{\partial^2 G}{\partial\rho_{\mathrm{d}}^2}=-\dfrac{1}{\rho_{\mathrm{d}}^2\sigma_{\mathrm{d}}^2}<0\\[4mm]\dfrac{\partial^2 G}{\partial\rho_{\mathrm{p}}^2}=\dfrac{\displaystyle\sum_{l=1}^{L}\dfrac{-2\lambda_l^3}{(\rho_{\mathrm{p}}\lambda_l+\sigma_{\mathrm{p}}^2)^3}\sum_{l=1}^{L}\dfrac{\rho_{\mathrm{p}}\lambda_l^2}{\rho_{\mathrm{p}}\lambda_l+\sigma_{\mathrm{p}}^2}-\left[\displaystyle\sum_{l=1}^{L}\dfrac{\lambda_l^2}{(\rho_{\mathrm{p}}\lambda_l+\sigma_{\mathrm{p}}^2)^2}\right]^2}{\left(\displaystyle\sum_{l=1}^{L}\dfrac{\rho_{\mathrm{p}}\lambda_l^2}{\rho_{\mathrm{p}}\lambda_l+\sigma_{\mathrm{p}}^2}\right)^2}<0\end{cases}$$

$$\tag{5.50}$$

进一步，可以计算得到 G 的二阶混合偏导数均为零，即 $\dfrac{\partial^2 G}{\partial\rho_{\mathrm{p}}\partial\rho_{\mathrm{d}}}=\dfrac{\partial^2 G}{\partial\rho_{\mathrm{d}}\partial\rho_{\mathrm{p}}}=0$。从而可以直接通过函数 G 的海森矩阵验证其为负定阵，即

$$\nabla^2 G=\begin{bmatrix}\dfrac{\partial^2 G}{\partial\rho_{\mathrm{d}}^2}&0\\[4mm]0&\dfrac{\partial^2 G}{\partial\rho_{\mathrm{p}}^2}\end{bmatrix}<\mathbf{0} \tag{5.51}$$

因此，对于给定 L 和 ξ 时，式(5.18)中的目标函数关于 $(\rho_{\mathrm{d}},\rho_{\mathrm{d}})$ 是凹的。证毕。

5.6.4 命题 5.1 证明

不失一般性，假设能效因子 ξ 为正数。

1. 存在性证明

首先，对式(5.24)化简得到

$$\sum_{l=1}^{L} \frac{c\lambda_l^3 \rho_p^2 + c\lambda_l^2 \sigma_p^2 \rho_p - \lambda_l^2}{(\lambda_l \rho_p + \sigma_p^2)^2} = 0, L \in (0, T_c) \tag{5.52}$$

式中：$c = \dfrac{\ln 2 (\xi + \nu) L\alpha}{T_c - L + \mu} > 0$，且 ξ、ν、ν 和 L 均为给定值。定义单变量函数 $f(\rho_p)$，如下所示：

$$f(\rho_p) = \sum_{l=1}^{L} \frac{c\lambda_l^3 \rho_p^2 + c\lambda_l^2 \sigma_p^2 \rho_p - \lambda_l^2}{(\lambda_l \rho_p + \sigma_p^2)^2} \tag{5.53}$$

显然，若要证明式(5.52)中方程有零解，只需证明 $f(\rho_p)$ 的函数曲线与横轴有交点。

此时，关于函数 $f(\rho_p)$，有如下两个命题成立：

(1) $f(\rho_p)$ 关于 $\rho_p \in (0, +\infty)$ 是连续可微函数。

(2) $\lim\limits_{\rho_p \to +\infty} f(\rho_p) > 0$，且 $\lim\limits_{\rho_p \to 0} f(\rho_p) < 0 \lim \rho p \to 0 f(\rho p) < 0$。

基于上述两点，即可保证函数 $f(\rho_p)$ 的曲线与横轴正半轴至少有一个交点，即至少存在一个零解 $\rho_p^* > 0$ 满足方程(5.52)。

2. 唯一性证明

如果可以证明函数 $f(\rho_p)$ 关于 ρ_p 是严格单调递增的，则零解的唯一性自然得证。因而，对 $f(\rho_p)$ 求一阶导数可以得到

$$f'(\rho_p) = \sum_{l=1}^{L} \frac{c\sigma_p^2 \lambda_l^4 \rho_p^2 + (2c\lambda_l^3 \sigma_p^4 + 2\lambda_l^4)\rho_p + (c\sigma_p^6 + 2\lambda_l^3 \sigma_p^2)}{(\lambda_l \rho_p + \sigma_p^2)^4} \tag{5.54}$$

由于 c、σ_p^2、λ_l 和 ρ_p 均为正数，则 $f'(\rho_p) > 0$。因此，函数 $f(\rho_p)$ 是严格单调增加的。

综合以上两点，可以得到存在唯一的正数解。证毕。

5.6.5　Lambert W 函数定义

定义 5.1　对于任意给定的 $\vartheta > 0$，Lambert W 函数 $W(\cdot)$ 表示求解关于变量 w 的方程 $\vartheta = we^w$，即 w 的解由 $W(\vartheta)$ 计算得到。

5.6.6　推论 5.2 证明

为了符号简便，定义函数 $\Gamma(L)$ 如下所示：

$$\Gamma(L) = \frac{(T_c - L)\log_2\left(1 + \dfrac{\rho_d}{\sigma_d^2} \dfrac{\rho_p L}{\rho_p + \sigma_p^2}\right)}{\alpha \rho_p L + \alpha \rho_d (T_c - L) + T_c P_{cir}} \tag{5.55}$$

式中：整数变量 L 松弛为一个连续变量。因此，$\Gamma(L)$ 关于 L 的一阶偏导

数为

$$\Gamma'(L) = \frac{\varphi(L)}{[\alpha\rho_p L + \alpha\rho_d(T_c - L) + T_c P_{cir}]^2} \tag{5.56}$$

式中：

$$\varphi(L) = [\alpha\rho_p L + \alpha\rho_d(T_c - L) + T_c P_{cir}] \cdot \left[-\log_2\left(1 + \frac{\rho_d\rho_p L}{\theta}\right) + \frac{(T_c - L)\frac{\rho_d\rho_p}{\theta}}{\ln 2\left(1 + \frac{\rho_d\rho_p L}{\theta}\right)} \right]$$

$$- \alpha(\rho_p - \rho_d)(T_c - L)\log_2\left(1 + \frac{\rho_d\rho_p L}{\theta}\right) \tag{5.57}$$

且 $\theta = \rho_p\sigma_d^2 + \sigma_p^2\sigma_d^2$。

从式(5.56)中可以看到，一阶导数 $\Gamma'(L)$ 的正负符号取决于 $\varphi(L)$，因此，只需要判断 $\varphi(L)$ 的正负特性就可以判断出 $\Gamma(L)$ 的形状。将 $\varphi(L)$ 对 L 取一阶偏导数，可以得到

$$\varphi'(L) = [\alpha\rho_p L + \alpha\rho_d(T_c - L) + T_c P_{cir}] \cdot \left[-\frac{2\rho_d\rho_p}{\ln 2(\rho_d\rho_p L + \theta)} - \frac{(T_c - L)\rho_d\rho_p\theta}{\ln 2(\rho_d\rho_p L + \theta)^2} \right] < 0 \tag{5.58}$$

因此，$\varphi'(L)$ 关于 L 是单调递减的函数。从式中可以看到，$\varphi(0) > 0$ 且 $\varphi(T_c) < 0$，也即存在唯一的 $L^* \in [0, T_c]$ 使得 $\varphi(L^*) = 0$。从而，可以得出结论，能效数在 $L \in [0, L^*]$ 区间上是严格单调递增的，并且在 $L \in [L^*, T_c]$ 区间上是严格单调下降的，L^* 也就是对应于最大能效的最优导频长度值。

当设 $\rho_p = \rho_d = \rho$ 时，方程 $\varphi(L^*) = 0$ 可以进一步化简为

$$\ln\left(1 + \frac{\rho^2 L^*}{\rho\sigma_d^2 + \sigma_p^2\sigma_d^2}\right) + 1 = \frac{1 + \frac{\rho^2 T_c}{\rho\sigma_d^2 + \sigma_p^2\sigma_d^2}}{1 + \frac{\rho^2 L^*}{\rho\sigma_d^2 + \sigma_p^2\sigma_d^2}} \tag{5.59}$$

令 $x = \ln\left(1 + \frac{\rho^2 L^*}{\rho\sigma_d^2 + \sigma_p^2\sigma_d^2}\right) + 1$，可以将式(5.59)变换为如下形式：

$$xe^x = \left(1 + \frac{\rho^2 T_c}{\rho\sigma_d^2 + \sigma_p^2\sigma_d^2}\right)e \tag{5.60}$$

借助于 Lambert W 函数，可以得到最优导频长度 L^* 的解析形式解，如下所示：

$$L^* = \frac{e^{W[\rho^2 T_c/(\rho\sigma_d^2 + \sigma_p^2\sigma_d^2) + e] - 1} - 1}{\rho^2/(\rho\sigma_d^2 + \sigma_p^2\sigma_d^2)} \tag{5.61}$$

证毕。

第6章 成对用户大规模 MIMO 中继系统的频谱效率性能分析

6.1 引 言

在大规模 MIMO 技术提出后，国内外学者及各大厂商主要考虑在基站部署大规模天线阵列，这是由于基站端具有较大的摆放空间且部署较为便捷，因而可放置较大的天线阵列板。以瑞典隆德大学(Lund University)提供的由 160 个双极性阵子组成的天线阵列为例，当载波频率为 3.7GHz、阵元间距为半波长时，其天线面板尺寸仅为 $0.6\text{m} \times 1.2\text{m}$[171]。而随着研究的深入，特别是毫米波技术的不断发展(如 60GHz 频段)，天线尺寸可以进一步减小，这是由于天线尺寸与射频波段的波长呈正比，从而大规模天线阵列呈现出更为小型化的特点，这也使大规模天线阵列具有了部署于较小节点的能力[78]，比如放置在中继节点和小区基站(Small Cell)等，进而这些较小的节点也可以获得大规模天线阵所具有的诸多性能优势。而 S. Buzzi 等人[172]提出了更为先进的观点，即在毫米波技术的应用下，除了在站点能够部署大维天线阵列外，在用户端也配置大规模天线阵列，从而大幅提升系统性能增益。

与此同时，作为未来异构网络中的重要组成部分，多用户中继通信技术在近些年内得到了广泛的研究[72]。特别是成对用户中继通信系统的出现，使得系统在小区覆盖、链路可靠性和传输速率等方面都呈现出较好的特性[173-174]。在蜂窝网络中，中继节点的部署可以大大提升边缘用户的接入质量和传输容量。而在某些需要大幅提升通信容量的热点地区，比如人员密集度较高或短期内有重要集会赛事的地区等，通过快捷部署中继站，可以大幅缓解通信业务需求上升。尤其是将 MIMO 技术与中继技术结合后，中继系统可以获得 MIMO 链路所提供的复用增益和分集增益，从而进一步提升了中继系统性能。

但是，制约多用户 MIMO 中继通信系统性能的一个主要因素是用户间干扰[75]。为了解决用户间干扰这一关键问题，业内也提出了诸多方案。最常见的方法可以分为以下两类：

（1）利用时频资源的正交性，保证不同的用户占用不同的资源块，以此实现多用户传输的干扰抑制[76]。该种方案虽然可以较好地抑制用户间干扰，却是以牺牲更多的时频资源为代价，因此其频谱利用率较低。

（2）利用空间复用特性，通过设计最优预编码或者检测接收方案来消除用户间干扰[77]。这类方案的弊端在于，所设计的最优预编码或检测接收方案的复杂度过高，因而影响了其在实际系统中的应用性。

基于成对用户中继系统中多用户干扰消除的研究现状，并考虑到大规模 MIMO 技术以其简单的线性预编码/接收机方案即可获得较好的用户干扰消除特性，业界很自然地想到尝试将大规模天线阵列引入到中继节点，以大规模 MIMO 的特性来为多用户中继系统提供可能的性能提升。正是基于此，2013 年 H. A. Suraweera. 等人[79] 和 X. Chen 等人[80] 同时提出将大规模天线部署于中继节点，并分别在成对用户场景下以及物理层安全通信场景下，对大规模 MIMO 中继系统进行初步的探索和研究。文献[79]提出将大规模 MIMO 引入单向中继节点，用以有效对抗多用户干扰从而提升系统容量。该文献分析了当中继采用不同预编码方案时，系统的和容量在中继天线数趋于无穷大时的极限性能。文献[81]和文献[82]采用了类似于文献[79]的分析方法，研究了大规模 MIMO 双向中继系统中的容量极限。文献[83]在文献[82]的基础上，从大维但有限天线数的实际角度出发，推导了系统的速率下界闭合表达式。文献[86]进一步考虑全双工大规模 MIMO 中继系统，分析了系统频谱效率的极限性能。但是，这些探索和研究主要集中于大规模 MIMO 中继系统的频谱效率极限性能分析，即当天线数趋于无穷大时系统的频谱效率性能，并且主要考虑了理想信道状态信息。

在实际系统中，大规模 MIMO 其天线数虽然很大但却是有限的，而针对大维系统中任意有限大天线数下的系统频谱性能研究却较少见到，即系统的频谱效率特性随着天线数的变化将会呈现出什么样的特性。同时，在用户密集分布的情况下[20]，即用户数与天线数成比例增长时，系统性能又将如何变化，也是值得研究的重要方向，这对于 5G 系统中的超密集场景具有重要的意义。除此之外，实际场景中很难获得理想 CSI，通常只能获取带有估计误差的信道信息[175]。因而，在这种非理想 CSI 的条件下系统性能又会受到如何的影响，对于实际场景中的系统设计也具有极为重要的指导意义。

基于上述分析，本章将针对成对用户大规模 MIMO 中继系统，在理想信道状态信息和非理想信道状态信息下，考虑 MRT 和 ZF 两种预编码方案，研究大维天线中继系统中任意有限天线数和用户数下的系统频谱效率和功率缩放规律。并考虑 5G 场景中用户密集分布时系统的性能变化，得出了系统频谱效率与系统参数的定量关系式,主要包括天线数、用户对个数以及发射功率缩放增益等。

本章内容安排如下:第 6.2 节介绍了多用户大规模 MIMO 中继系统模型及参数设置;第 6.3 节针对理想信道信息和含估计误差的信道信息两种条件,推导出了 MRT 和 ZF 两种中继转发方案下系统频谱效率关于天线数、用户对个数等系统参数的解析表达式,并基于此给出系统频谱效率和功率缩放增益的渐进性分析;第 6.4 节给出数值仿真结果,对所推导的结论进行验证;第 6.5 节对本章内容进行总结;第 6.6 节给出了本章中定理和引理等内容的详细证明过程。

6.2　系统模型

考虑如图 6.1 所示的多对用户大规模 MIMO 两跳中继系统,该系统由 K 对单天线用户和一个配置大规模天线阵列的中继所组成,且中继天线数为 N。典型情况下,$N \gg K \geqslant 1$[79,83]。假设每对用户之间距离较远,路径损耗较大,两者之间不存在可用的直达路径。因此,K 个源用户必须通过中继将信息传递至对应的 K 个目的用户。整个传输过程在两个时隙内完成,K 对用户共享同一时频资源,且系统工作在 TDD 制式。

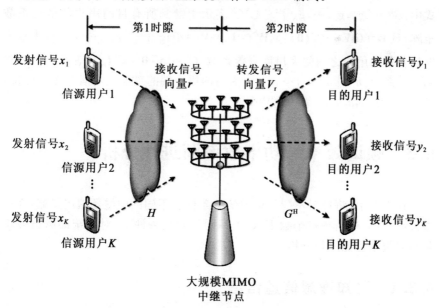

图 6.1　多对用户大规模 MIMO 两跳中继系统示意图

在第一时隙内,所有源用户发送信号至中继,此时中继接收到的信号向量为

$$r = \sqrt{\rho_s} Hx + n_r \tag{6.1}$$

式中：$x = [x_1, x_2, \cdots, x_K]^T$，$x_k$ 表示第 k 个源用户的发射信号,且 x 满足功率归一化,即 $\mathbb{E}\{xx^H\} = I_K$；ρ_s 表示每个信源用户的平均发射功率[79,83]；$H = [h_1, h_2, \cdots, h_K] \in \mathbb{C}^{N \times K}$ 表示所有信源用户到中继之间的信道系数矩阵,且 $H = \overline{H}Q \sim \mathcal{CN}(0_{N \times K}, Q^2 \otimes I_N)$，$Q = \mathrm{diag}\{[\sigma_{h_1}, \sigma_{h_2}, \cdots, \sigma_{h_K}]\}$ 为 $K \times K$ 维对角阵,表示源用户到中继之间的大尺度衰落系数,$\overline{H} \sim \mathcal{CN}(0_{N \times K}, I_{KN})$ 则表示信道的小尺度瑞利衰落系数；$n_r \sim \mathcal{CN}(0_{N \times 1}, \sigma_r^2 I_N)$ 表示中继端的复加性高斯白噪声向量,且 σ_r^2 为噪声功率。

在第二时隙内,中继先将接收信号 r 进行线性预处理,得到转发信号 t,如下所示：

$$t = Vr \tag{6.2}$$

式中：$V \in \mathbb{C}^{N \times N}$ 表示线性预编码矩阵,且满足中继端的平均总发射功率约束 ρ_r,即

$$\mathbb{E}\{\|t\|^2\} = \mathbb{E}\{\mathrm{Tr}[V(\rho_s HH^H + \sigma_r^2 I_N)V^H]\} = \rho_r \tag{6.3}$$

此后,中继将信号 t 通过第二跳信道 G^H 广播至所有目的用户,则目的用户所接收到的信号向量可以表示为

$$y = \sqrt{\rho_s} G^H VHx + G^H Vn_r + n \tag{6.4}$$

式中：$G^H = [g_1, g_2, \cdots, g_K]^H \in \mathbb{C}^{K \times N}$ 表示中继到所有目的用户的信道系数矩阵,且 $G = \overline{G}W \sim \mathcal{CN}(0_{N \times K}, W^2 \otimes I_N)$；$W = \mathrm{diag}\{[\sigma_{g_1}, \sigma_{g_2}, \cdots, \sigma_{g_K}]\}$ 表示中继到各目的用户之间的大尺度衰落系数,$\overline{G} \sim \mathcal{CN}(0_{N \times K}, I_{KN})$ 表示小尺度瑞利衰落系数；$n = [n_1, n_2, \cdots, n_K]^T$ 为目的用户端的复加性高斯白噪声向量,且 $n_k \sim \mathcal{CN}(0, \sigma_n^2)$，$\sigma_n^2$ 为噪声功率。

6.3 频谱效率与功率效率渐进性分析

在本节中,将针对不同的信道信息条件和不同的中继预编码策略,在中继天线数 N 与用户对个数 K 处于不同的变化条件下,对系统的频谱效率和功率效率性能进行分析。

6.3.1 已知理想信道信息

当中继可以获得理想的两跳信道状态信息 H 和 G 时[79,83],基于该信

息,中继采用两种预处理方案,即最大比合并接收/最大比发送预编码(MRC/MRT)和迫零接收/迫零预编码(ZF/ZF),对信源信号进行预处理并转发,相应的预编码矩阵 $\boldsymbol{V}$ 可以表示为

$$\boldsymbol{V}=\begin{cases} \sqrt{\xi_{\mathrm{P}}^{\mathrm{m}}}\,\boldsymbol{G}\boldsymbol{H}^{\mathrm{H}}, & \mathrm{MRC/MRT} \\ \sqrt{\xi_{\mathrm{P}}^{\mathrm{z}}}\,\boldsymbol{G}(\boldsymbol{G}^{\mathrm{H}}\boldsymbol{G})^{-1}(\boldsymbol{H}^{\mathrm{H}}\boldsymbol{H})^{-1}\boldsymbol{H}^{\mathrm{H}}, & \mathrm{ZF/ZF} \end{cases} \tag{6.5}$$

式中:下标"P"表示理想信道信息(Perfect CSI),上标"m"和"z"分别对应于 MRC/MRT 和 ZF/ZF 方案;$\sqrt{\xi_{\mathrm{P}}^{\mathrm{m}}}$ 和 $\xi_{\mathrm{P}}^{\mathrm{z}}$ 则表示对应不同预处理方案下的功率归一化因子,用以满足中继处的发射总功率约束式(6.3)。

中继采用 MRC/MRT 方案时,是指的中继先将第一跳接收到的信号进行 MRC 接收,再对整个信号进行 MRT 预编码,从而匹配至第二跳信道,然后发送至目的用户。而 ZF/ZF 方案,则是指对于第一跳接收到的信号进行 ZF 接收,再对整个检测信号进行 ZF 预编码,然后发送至目的用户。

1. MRC/MRT 中继预编码方案

当中继采用 MRC/MRT 预编码方案时,即 $\boldsymbol{V}=\sqrt{\xi_{\mathrm{P}}^{\mathrm{m}}}\,\boldsymbol{G}\boldsymbol{H}^{\mathrm{H}}$,根据式(6.3)可以得到功率归一化因子 $\xi_{\mathrm{P}}^{\mathrm{m}}=\dfrac{\rho_{\mathrm{r}}}{\theta_{\mathrm{P}}^{\mathrm{m}}}$,其中,$\theta_{\mathrm{P}}^{\mathrm{m}}$ 可以表示为

$$\theta_{\mathrm{P}}^{\mathrm{m}}=\mathbb{E}\{\mathrm{Tr}(\rho_{\mathrm{s}}(\boldsymbol{H}^{\mathrm{H}}\boldsymbol{H})^2\boldsymbol{G}^{\mathrm{H}}\boldsymbol{G}+\sigma_{\mathrm{r}}^2\boldsymbol{H}^{\mathrm{H}}\boldsymbol{H}\boldsymbol{G}^{\mathrm{H}}\boldsymbol{G})\} \tag{6.6}$$

根据式(6.4),可以得到第 k 个目的用户的接收信号为

$$y_k=\sqrt{\rho_{\mathrm{s}}\xi_{\mathrm{P}}^{\mathrm{m}}}\,\boldsymbol{g}_k^{\mathrm{H}}\boldsymbol{G}\boldsymbol{H}^{\mathrm{H}}\boldsymbol{h}_k x_k+\sqrt{\rho_{\mathrm{s}}\xi_{\mathrm{P}}^{\mathrm{m}}}\sum_{i=1,i\neq k}^{K}\boldsymbol{g}_k^{\mathrm{H}}\boldsymbol{G}\boldsymbol{H}^{\mathrm{H}}\boldsymbol{h}_i x_i+\sqrt{\xi_{\mathrm{P}}^{\mathrm{m}}}\,\boldsymbol{g}_k^{\mathrm{H}}\boldsymbol{G}\boldsymbol{H}^{\mathrm{H}}\boldsymbol{n}_{\mathrm{r}}+n_k \tag{6.7}$$

因此,第 k 个目的用户的端到端瞬时接收信干噪比(SINR)可以表示为

$$\gamma_{\mathrm{P},k}^{\mathrm{m}}=\frac{A_{\mathrm{P},k}^{\mathrm{m}}}{B_{\mathrm{P},k}^{\mathrm{m}}+C_{\mathrm{P},k}^{\mathrm{m}}+\dfrac{\theta_{\mathrm{P}}^{\mathrm{m}}\sigma_{\mathrm{n}}^2}{\rho_{\mathrm{r}}\rho_{\mathrm{s}}}} \tag{6.8}$$

式中:$A_{\mathrm{P},k}^{\mathrm{m}}=\left|\boldsymbol{g}_k^{\mathrm{H}}\boldsymbol{G}\boldsymbol{H}^{\mathrm{H}}\boldsymbol{h}_k\right|^2$ 表示有效信号功率;$B_{\mathrm{P},k}^{\mathrm{m}}=\displaystyle\sum_{i=1,i\neq k}^{K}\left|\boldsymbol{g}_k^{\mathrm{H}}\boldsymbol{G}\boldsymbol{H}^{\mathrm{H}}\boldsymbol{h}_i\right|^2$ 表示多用户干扰信号功率;$C_{\mathrm{P},k}^{\mathrm{m}}=\dfrac{\sigma_{\mathrm{r}}^2}{\rho_{\mathrm{s}}}\parallel\boldsymbol{g}_k^{\mathrm{H}}\boldsymbol{G}\boldsymbol{H}^{\mathrm{H}}\parallel^2$;$C_{\mathrm{P},k}^{\mathrm{m}}+\dfrac{\theta_{\mathrm{P}}^{\mathrm{m}}\sigma_{\mathrm{n}}^2}{\rho_{\mathrm{r}}\rho_{\mathrm{s}}}$ 表示两个时隙所叠加的白噪声总功率。

由此,可以得到第 k 个目的用户的平均频谱效率,如下所示:

$$S_{\mathrm{P},k}^{\mathrm{m}}=\mathbb{E}\left\{\frac{1}{2}\log_2(1+\gamma_{\mathrm{P},k}^{\mathrm{m}})\right\} \tag{6.9}$$

式中:常数 $\dfrac{1}{2}$ 用以表示所占用的两个时隙资源。最终,系统的频谱效率总

和为

$$S_P^m = \sum_{k=1}^{K} S_{P,k}^m = \sum_{k=1}^{K} \mathbb{E}\left\{\frac{1}{2}\log_2(1+\gamma_{P,k}^m)\right\} \tag{6.10}$$

对于式(6.10)的频谱效率表达式,其期望运算通常很难获得。因此,借助于大数定律[59,83],将上述表达式进行简化以求得频谱效率的近似闭合表达式,有如下定理。

定理 6.1 当中继站在理想 CSI 条件下,采用 MRC/MRT 预编码方案时,第 k 个目的用户的平均频谱效率可近似表示为

$$S_{P,k}^m \approx \bar{S}_{P,k}^m = \frac{1}{2}\log_2\left(1+\frac{\bar{A}_{P,k}^m}{\bar{B}_{P,k}^m+\bar{C}_{P,k}^m+\bar{F}_{P,k}^m}\right) \tag{6.11}$$

式中:$\bar{A}_{P,k}^m$、$\bar{B}_{P,k}^m$、$\bar{C}_{P,k}^m$ 和 $\bar{F}_{P,k}^m$ 分别具有如下形式:

$$\bar{A}_{P,k}^m = (N^2+2N+1)\sigma_{g_k}^4\sigma_{h_k}^4 + \sum_{i=1,i\neq k}^{K}\sigma_{g_k}^2\sigma_{g_i}^2\sigma_{h_i}^2\sigma_{h_k}^2 \tag{6.12}$$

$$\bar{B}_{P,k}^m = \sum_{i=1,i\neq k}^{K}\left[(N+1)(\sigma_{g_k}^4\sigma_{h_k}^2\sigma_{h_i}^2+\sigma_{g_k}^2\sigma_{g_i}^2\sigma_{h_i}^4) + \sum_{j=1,j\neq i,k}^{K}\sigma_{g_k}^2\sigma_{g_j}^2\sigma_{h_j}^2\sigma_{h_i}^2\right] \tag{6.13}$$

$$\bar{C}_{P,k}^m = \frac{\sigma_r^2}{\rho_s}\left[(N+1)\sigma_{g_k}^4\sigma_{h_k}^2 + \sum_{i=1,i\neq k}^{K}\sigma_{g_k}^2\sigma_{g_i}^2\sigma_{h_i}^2\right] \tag{6.14}$$

$$\bar{F}_{P,k}^m = \frac{\sigma_n^2}{\rho_r\rho_s}\sum_{i=1}^{K}\left\{\rho_s\left[(N+1)\sigma_{h_i}^4 + \sum_{j=1,j\neq i}^{K}\sigma_{h_j}^2\sigma_{h_i}^2\right]+\sigma_r^2\sigma_{h_i}^2\right\}\sigma_{g_i}^2 \tag{6.15}$$

证明 参见本章附录 6.6.1 节。

由定理 6.1 的证明过程可知,随着天线数 N 和用户对个数 K 的增大,式(6.11)中的解析表达式近似误差将越来越小,后续仿真章节也将给出数值结果予以对比。尽管定理 6.1 给出了频谱效率的解析表达式,但该表达式与信道的大尺度统计信息相关。为便于后续分析,假设系统采用一定的调度方案,将发端和收端具有相同或相近大尺度衰落信息的用户调度在同一时频资源上进行传输[79,83],即

$$\sigma_{h_k}\approx\sigma_h, \sigma_{g_k}\approx\sigma_g, \forall k \tag{6.16}$$

这种用户调度方式在现行的蜂窝通信体制中也是较为常见的,由此可以大大降低因用户位置差距较大而带来的远近效应。

因此,将式(6.16)条件代入式(6.11)及式(6.15),可进一步得到频谱效率的简化表达式为

$$\bar{S}_{P,k}^m = \frac{1}{2}\log_2\left(1+\frac{N^2+2N+K}{(2N+K)(K-1)+\dfrac{N+K}{\gamma_s}/+\dfrac{K(N+K)}{\gamma_r}+\dfrac{K}{\gamma_s\gamma_r}}\right) \tag{6.17}$$

式中：$\gamma_r = \dfrac{\rho_r \sigma_g^2}{\sigma_n^2}$ 表示中继的等效发射信噪比；$\gamma_s = \dfrac{\rho_s \sigma_h^2}{\sigma_r^2}$ 表示源用户的等效发射信噪比。

从式(6.17)中可以看到，系统频谱效率与中继天线数、用户对个数、信源用户以及中继发射功率具有直接的关系。

下面，将在天线数与用户数的两种变化关系条件下，对系统的频谱效率和功率效率渐进性能进行分析，主要包括：①中继天线数 N 逐渐增大，但用户对个数 K 固定，即 $N \gg K$ 且 $N \to \infty$；②用户对个数 K 随天线数 N 以有限的固定比例增长，即 $\mu_P^m = \dfrac{N}{K}$ 且 $1 < \lim\limits_{N \to \infty} \mu_P^m < \infty$。为了描述随着天线数的增长，用户和中继所能获得的发射功率缩放增益，令信源用户发射功率 $\rho_s = \dfrac{P_s}{N^\alpha}$，中继发射功率 $\rho_r = \dfrac{P_r}{N^\beta}$，其中，$P_s$ 和 P_r 为固定值且不随 N 变化，α 和 β 为非负实数，用以描述发射功率的缩放因子。

(1)当 $N \gg K$ 且 K 固定时，利用 $N \gg 1$ 和 $N + K \approx N$ 等近似条件，并将式(6.17)的分子分母同除以 N，可以得到其简化形式为

$$\bar{S}_{P,k}^m \approx \frac{1}{2} \log_2 \left[1 + \frac{N}{2(K-1) + \varphi_1 N^\alpha + \varphi_2 K N^\beta + \varphi_1 \varphi_2 K N^{\alpha+\beta-1}} \right] \quad (6.18)$$

式中：

$$\varphi_1 = \frac{\sigma_r^2}{P_s \sigma_h^2}, \quad \varphi_2 = \frac{\sigma_n^2}{P_r \sigma_g^2} \quad (6.19)$$

且二者均为常量，仅与系统的统计信息有关。

当 $N \to \infty$ 时，为使式(6.18)中的频谱效率 $\bar{S}_{P,k}^m$ 不衰减到零，则功率缩放因子需要满足如下条件：

$$\max\{\alpha, \beta, \alpha+\beta-1\} \leqslant 1 \quad (6.20)$$

也可等价表示为

$$\begin{cases} 0 \leqslant \alpha \leqslant 1 \\ 0 \leqslant \beta \leqslant 1 \end{cases} \quad (6.21)$$

由式(6.21)条件可知，当 α 和 β 取不同组合值时，频谱效率 $\bar{S}_{P,k}^m$ 将随着 N 的增大而收敛到不同的极限值，即

$$\bar{S}_{P,k}^m \overset{N \to \infty}{=} \frac{1}{2} \log_2 \left(1 + \frac{1}{\varphi_1} \right), \quad \alpha = 1, 0 \leqslant \beta < 1 \quad (6.22)$$

$$\bar{S}_{P,k}^m \overset{N \to \infty}{=} \frac{1}{2} \log_2 \left(1 + \frac{1}{\varphi_2 K} \right), \quad \beta = 1, 0 \leqslant \alpha < 1 \quad (6.23)$$

$$\bar{S}_{P,k}^m \overset{N \to \infty}{=} \frac{1}{2} \log_2 \left(1 + \frac{1}{\varphi_1 + \varphi_2 + \varphi_1 \varphi_2 K} \right), \quad \alpha = 1, \beta = 1 \quad (6.24)$$

以式(6.22)为例，其频谱效率极限值和对应的发射功率缩放增益物理

意义在于,信源发射功率 ρ_s 随着天线数 N 的增加实际上只需 $\dfrac{P_s}{N}$,中继发射功率 ρ_r 实际上只需 $\dfrac{P_r}{N^\beta}$,便可获得恒定的频谱效率值 $\dfrac{1}{2}\log_2\left(1+\dfrac{1}{\varphi_1}\right)$。因而,信源用户和中继分别获得了 N 和 N^β 的发射功率增益,也意味着两者可以分别获得 N 和 N^β 的能效增益(即频谱效率与发射功率的比值)。同时,可以发现,只要通过设定 P_s 的值就可以达到任意指定的频谱效率要求。上述式(6.24)也表明了,随着天线数 N 的增加,信源用户和中继站可同时降低发射功率的最大倍数为 N。

显然,当 $\alpha > 1$ 或者 $\beta > 1$ 时,式(6.18)中的频谱效率将随着天线数的增加而逐渐趋近于零。这是由于此时的发射功率随天线数增长而降低的过快,导致大规模天线阵列增益无法补偿发射功率的降低,最终频谱效率衰减至零。

注意:当 $0 \leqslant \alpha < 1$ 且 $0 \leqslant \beta < 1$ 时,从式(6.18)中可以看到,分母的增长速率小于分子项,因而,随着天线数的增加频谱效率最终将逐渐增大。这也表明信源和中继的发射功率既可以同时降低,也可以保证其频谱效率随天线数 N 呈近似的线性对数增长规律。这是由于功率缩放因子较小,实际发射功率随天线数的缩减速率较慢,最终,天线数增加所带来的阵列增益远大于发射功率的降低,这就使得频谱效率逐渐增加。特别地,当 $(\alpha, \beta) = (0, 0)$ 且 $\varphi_1, \varphi_2 \ll 1$ 时,式(6.18)可进一步简化为 $\bar{S}_{P,k}^m \approx \dfrac{1}{2}\log_2\left(1+\dfrac{N}{2(K-1)}\right)$,可以看到系统频谱效率将随天线数 N 呈近似对数线性增长趋势,而随着干扰用户对个数 $(K-1)$ 呈近似对数线性下降趋势。

(2)当 N 与 K 以固定比例 μ_P^m 增加时,将式(6.17)分子分母同除以 K^2,并将分子分母中的无穷小项略去后,可以得到简化形式为

$$\bar{S}_{P,k}^m \approx \frac{1}{2}\log_2\left[1+\frac{(\mu_P^m)^2}{(2\mu_P^m+1)+\varphi_1\mu_P^m(\mu_P^m+1)N^{\alpha-1}+\varphi_2(\mu_P^m+1)N^\beta+\varphi_1\varphi_2\mu_P^m N^{\alpha+\beta-1}}\right]$$

$$(6.25)$$

式中:φ_1 和 φ_2 如式(6.19)中所示。同样,为了使得频谱效率随着天线数增长而不会衰减到零,α 和 β 需要满足如下条件:

$$\max\{\alpha-1, \beta, \alpha+\beta-1\} \leqslant 0 \qquad (6.26)$$

也可等价表示为

$$\begin{cases} 0 \leqslant \alpha \leqslant 1 \\ \beta = 0 \end{cases} \qquad (6.27)$$

式(6.27)中的 $\beta = 0$ 意味着随着天线数的增长,中继处将无法获得功率缩放增益。也就是说,若随着天线数增加而强制成倍降低中继发射功率,则

最终会导致系统的频谱效率趋于 0。但是,在信源用户处的发射功率依然可以随着天线数的增加而成倍缩减,且在 α 取不同值的情况下,系统频谱效率将收敛到不同极限值,即

$$\bar{S}_{\mathrm{P},k}^{\mathrm{m}} \xrightarrow{N\to\infty} \frac{1}{2}\log_2\left[1+\frac{(\mu_{\mathrm{P}}^{\mathrm{m}})^2}{2\mu_{\mathrm{P}}^{\mathrm{m}}+1+\varphi_2(\mu_{\mathrm{P}}^{\mathrm{m}}+1)}\right],\quad 0\leqslant\alpha<1 \tag{6.28}$$

$$\bar{S}_{\mathrm{P},k}^{\mathrm{m}} \xrightarrow{N\to\infty} \frac{1}{2}\log_2\left[1+\frac{(\mu_{\mathrm{P}}^{\mathrm{m}})^2}{(2\mu_{\mathrm{P}}^{\mathrm{m}}+1)+(\varphi_1\mu_{\mathrm{P}}^{\mathrm{m}}+\varphi_2)(\mu_{\mathrm{P}}^{\mathrm{m}}+1)+\varphi_1\varphi_2\mu_{\mathrm{P}}^{\mathrm{m}}}\right],\alpha=1 \tag{6.29}$$

从式(6.28)和式(6.29)可以看到,随着天线数的增加,频谱效率将趋于稳定的极限值,且该极限值仅与系统参数 $\mu_{\mathrm{P}}^{\mathrm{m}}$、$P_{\mathrm{s}}$ 和 P_{r} 有关。同时,频谱效率极限值与 $\mu_{\mathrm{P}}^{\mathrm{m}}$ 呈单调递增的关系。稍有不同的是,式(6.28)中频谱效率极限值随着 $\mu_{\mathrm{P}}^{\mathrm{m}}$ 将无限增长,而式(6.29)中的频谱效率将随着 $\mu_{\mathrm{P}}^{\mathrm{m}}$ 的增长达到一个极限值,即

$$\bar{S}_{\mathrm{P},k}^{\mathrm{m}} \xrightarrow[\mu_{\mathrm{P}}^{\mathrm{m}}\to\infty]{\alpha=1} \frac{1}{2}\log_2\left(1+\frac{P_{\mathrm{s}}\sigma_{\mathrm{h}}^2}{\sigma_{\mathrm{r}}^2}\right) \tag{6.30}$$

但是,此时信源用户可以获得最大的发射功率缩放增益。

上述性质对于 5G 超密集用户场景是十分有利的[20],它意味着,随着天线数的增加,可服务的用户数也可以成倍增加,并且只要 $\mu_{\mathrm{P}}^{\mathrm{m}}$ 的取值合适(对于 $\alpha=1$ 时,需要联合调节 $\mu_{\mathrm{P}}^{\mathrm{m}}$ 和 P_{s} 两个参数),就可以满足用户达到任意指定的频谱效率要求。与此同时,信源用户的发射功率 ρ_{s} 也可以获得 N^{α} 倍的缩放增益。

2. ZF/ZF 中继预编码方案

当中继采用 ZF/ZF 预编码方案时,中继处理矩

$$V=\sqrt{\xi_{\mathrm{P}}^{\mathrm{z}}}\,G(G^{\mathrm{H}}G)^{-1}(H^{\mathrm{H}}H)^{-1}H^{\mathrm{H}}$$

由式(6.3)可以得到功率归一化因子 $\xi_{\mathrm{P}}^{\mathrm{z}}=\dfrac{\rho_{\mathrm{r}}}{\theta_{\mathrm{P}}^{\mathrm{z}}}$,且

$$\theta_{\mathrm{P}}^{\mathrm{z}}=\mathbb{E}\left\{\mathrm{Tr}\left[\rho_{\mathrm{s}}(G^{\mathrm{H}}G)^{-1}+\sigma_{\mathrm{r}}^2(H^{\mathrm{H}}H)^{-1}(G^{\mathrm{H}}G)^{-1}\right]\right\} \tag{6.31}$$

由式(6.4)可以得到第 k 个目的用户的接收信号为

$$y_k=\sqrt{\rho_{\mathrm{s}}\xi_{\mathrm{P}}^{\mathrm{z}}}\,x_k+\sqrt{\xi_{\mathrm{P}}^{\mathrm{z}}}\left[(H^{\mathrm{H}}H)^{-1}H^{\mathrm{H}}\right]_k n_{\mathrm{r}}+n_k \tag{6.32}$$

因此,第 k 个目的用户的端到端瞬时接收 SINR 可以表示为

$$\gamma_{\mathrm{P},k}^{\mathrm{z}}=\frac{\rho_{\mathrm{s}}\rho_{\mathrm{r}}}{\rho_{\mathrm{r}}\left[(H^{\mathrm{H}}H)^{-1}\right]_{kk}\sigma_{\mathrm{r}}^2+\theta_{\mathrm{P}}^{\mathrm{z}}\sigma_{\mathrm{n}}^2} \tag{6.33}$$

基于式(6.33),可以得到第 k 个目的用户的平均频谱效率为

$$S_{\mathrm{P},k}^{\mathrm{z}}=\mathbb{E}\left\{\frac{1}{2}\log_2(1+\gamma_{\mathrm{P},k}^{\mathrm{z}})\right\} \tag{6.34}$$

对于式(6.34)中的频谱效率表达式,直接求解是较为困难的。考虑到函数 $\log_2\left(1+\dfrac{1}{x}\right)$ 的凸性,并借助于 Jensen 不等式[47],可以得到频谱效率的下界为

$$S_{\mathrm{P},k}^{\mathrm{z}} \geqslant \bar{S}_{\mathrm{P},k}^{\mathrm{z}} = \frac{1}{2}\log_2\left\{1+\frac{\rho_{\mathrm{s}}\rho_{\mathrm{r}}}{\mathbb{E}\{\rho_{\mathrm{r}}[(\boldsymbol{H}^{\mathrm{H}}\boldsymbol{H})^{-1}]_{kk}\sigma_{\mathrm{r}}^2+\theta_{\mathrm{P}}^{\mathrm{z}}\sigma_{\mathrm{n}}^2\}}\right\} \tag{6.35}$$

进而,利用逆 Wishart 矩阵的统计特性[151,176-177],可以得到频谱效率下界的闭合表达式,如下述定理所示。

定理 6.2   当中继站可以获得理想 CSI 时,并采用 ZF/ZF 预编码方案,则第 k 个目的用户的平均频谱效率的下界解析形式为

$$\bar{S}_{\mathrm{P},k}^{\mathrm{z}} = \frac{1}{2}\log_2\left(1+\frac{\rho_{\mathrm{s}}\rho_{\mathrm{r}}}{\dfrac{\rho_{\mathrm{r}}\sigma_{\mathrm{r}}^2}{(N-K)\sigma_{h_k}^2}+\dfrac{\rho_{\mathrm{s}}\sigma_{\mathrm{n}}^2}{N-K}\displaystyle\sum_{k=1}^{K}\frac{1}{\sigma_{g_k}^2}+\dfrac{\sigma_{\mathrm{r}}^2\sigma_{\mathrm{n}}^2}{(N-K)^2}\displaystyle\sum_{k=1}^{K}\frac{1}{\sigma_{h_k}^2\sigma_{g_k}^2}}\right)$$
$$\tag{6.36}$$

证明   参见本章附录 6.6.2 节。

为便于后续分析,采用类似于上一节的方式,假设系统将具有相同或相近的大尺度衰落信息的用户调度在同一时频资源上进行传输。因此,将式(6.16)代入式(6.36),化简后并整理得到

$$\bar{S}_{\mathrm{P},k}^{\mathrm{z}} = \frac{1}{2}\log_2\left[1+\frac{(N-K)^2}{(1/\gamma_{\mathrm{s}}+K/\gamma_{\mathrm{r}})(N-K)+K/\gamma_{\mathrm{s}}\gamma_{\mathrm{r}}}\right] \tag{6.37}$$

式中:$\gamma_{\mathrm{r}} = \dfrac{\rho_{\mathrm{r}}\sigma_{\mathrm{g}}^2}{\sigma_{\mathrm{n}}^2}$;$\gamma_{\mathrm{s}} = \dfrac{\rho_{\mathrm{s}}\sigma_{\mathrm{h}}^2}{\sigma_{\mathrm{r}}^2}$。

从式(6.37)中可以看到,系统频谱效率与中继天线数、用户对个数、信源用户以及中继发射功率具有直接的关系。对比式(6.37)和式(6.17)可以看到,采用了 ZF/ZF 预编码后,系统的多用户干扰被完全消除掉,因而,其频谱效率表达式中少了用户间干扰项,从而使得 ZF/ZF 预编码的性能占据了一定的优势。

基于式(6.37),在天线数和用户数的两种变化规律下对其频谱效率和功率效率渐进性能进行分析。

(1)当 $N \gg K$ 且 K 固定时,有 $N-K \approx N$,将其代入式(6.37),简化后可得

$$\bar{S}_{\mathrm{P},k}^{\mathrm{z}} \approx \frac{1}{2}\log_2\left(1+\frac{N^2}{\varphi_1 N^{\alpha+1}+\varphi_2 K N^{\beta+1}+\varphi_1\varphi_2 K}\right) \tag{6.38}$$

式中:φ_1 和 φ_2 定义于式(6.19)。

当 $N \to \infty$ 时,为了使得式(6.38)中的频谱效率 $\bar{S}_{\mathrm{P},k}^{\mathrm{z}}$ 不衰减到零,功率缩放因子需要满足如下条件:

$$\max\{\alpha+1,\beta+1\}\leqslant 2 \tag{6.39}$$

上述条件也等价为

$$\begin{cases} 0\leqslant\alpha\leqslant 1 \\ 0\leqslant\beta\leqslant 1 \end{cases} \tag{6.40}$$

由式(6.40)可知,当 α 和 β 取不同组合值时,频谱效率 $\bar{S}_{\mathrm{P},k}^{z}$ 将随着天线数 N 的增大而收敛到不同的极限值,即

$$\bar{S}_{\mathrm{P},k}^{z} \overset{N\to\infty}{=} \frac{1}{2}\log_2\left(1+\frac{1}{\varphi_1}\right), \quad \alpha=1,0\leqslant\beta<1 \tag{6.41}$$

$$\bar{S}_{\mathrm{P},k}^{z} \overset{N\to\infty}{=} \frac{1}{2}\log_2\left(1+\frac{1}{\varphi_2 K}\right), \quad \beta=1,0\leqslant\alpha<1 \tag{6.42}$$

$$\bar{S}_{\mathrm{P},k}^{z} \overset{N\to\infty}{=} \frac{1}{2}\log_2\left(1+\frac{1}{\varphi_1+\varphi_2 K}\right), \quad \alpha=1,\beta=1 \tag{6.43}$$

对比 ZF/ZF 和 MRC/MRT 两种预编码方案下的功率缩放增益以及对应的频谱效率极限值,即式(6.40)～式(6.43)和式(6.21)～式(6.24),可以发现,两种方案所获得的发射功率缩放增益是相同的,且信源用户和中继站可同时最大降低发射功率 N 倍。但是,在 ZF/ZF 方案下,当同时达到最大发射功率缩放增益时,即 $(\alpha,\beta)=(1,1)$,其频谱效率极限值要略大于 MRC/MRT 方案。这也从另一个侧面说明了,当天线数趋于无穷大且用户数固定时,MRC/MRT 预编码方案与 ZF/ZF 预编码方案几乎达到相同的性能,但是 MRC/MRT 却省去了矩阵求逆的巨大运算量,具有更为重要的应用价值。

很明显,当 $\alpha>1$ 或 $\beta>1$ 时,ZF/ZF 方案下的频谱效率也将随着天线数的增加而逐渐趋近于零,其原因也是由于这种情况下发射功率随天线数增长而降低的过快,大规模天线阵列增益无法补偿发射功率的降低,最终使得频谱效率衰减至零。

注意:当 $0\leqslant\alpha<1$ 且 $0\leqslant\beta<1$ 时,从式(6.38)中可以看到,分母的增长速率小于分子项,因而随着天线数的增加频谱效率最终将逐渐增大。这也表明信源和中继的发射功率既可以同时降低,也可以保证其频谱效率随天线数 N 呈近似的线性对数增长。这是由于功率缩放因子较小,实际发射功率随天线数的缩减速率较慢,最终,天线数增长所带来的阵列增益超过了发射功率的降低,从而频谱效率逐渐增加。

(2)当 N 与 K 以固定比例 μ_{P}^{z} 增加时,将式(6.37)分子分母同除以 K^2,整理后得到

$$\bar{S}_{\mathrm{P},k}^{z} = \frac{1}{2}\log_2\left[1+\frac{(\mu_{\mathrm{P}}^{z}-1)^2}{(\varphi_1\mu_{\mathrm{P}}^{z}N^{\alpha-1}+\varphi_2 N^{\beta})(\mu_{\mathrm{P}}^{z}-1)+\varphi_1\varphi_2\mu_{\mathrm{P}}^{z}N^{\alpha+\beta-1}}\right] \tag{6.44}$$

式中：φ_1 和 φ_2 定义于式(6.19)。为了使得频谱效率随着天线数增长而不会衰减到零，α 和 β 需要满足如下条件：

$$\max\{\alpha-1,\beta,\alpha+\beta-1\}\leqslant 0 \tag{6.45}$$

上述条件也等价为

$$\begin{cases} 0\leqslant\alpha\leqslant 1 \\ \beta=0 \end{cases} \tag{6.46}$$

式(6.46)中的 $\beta=0$ 意味着随着天线数的增长，中继处将无法获得功率缩放增益，该结论与 MRC/MRT 方案中相同。同时，在信源用户处的发射功率依然可以随着天线数的增加而成倍缩减，且在 α 取不同值的情况下，系统频谱效率将会收敛到不同的极限值，即

$$\bar{S}_{P,k}^z \overset{N\to\infty}{=} \frac{1}{2}\log_2\left(1+\frac{\mu_P^z-1}{\varphi_2}\right), \quad 0\leqslant\alpha<1 \tag{6.47}$$

$$\bar{S}_{P,k}^z \overset{N\to\infty}{=} \frac{1}{2}\log_2\left[1+\frac{(\mu_P^z-1)^2}{(\varphi_1\mu_P^z+\varphi_2)(\mu_P^z-1)+\varphi_1\varphi_2\mu_P^z}\right], \quad \alpha=1 \tag{6.48}$$

从式(6.47)和式(6.48)中可以看到，在 ZF/ZF 预编码方案下，随着天线数的增加，频谱效率也将收敛到稳定的极限值，且该极限值仅与系统参数 μ_P^z、P_s 和 P_r 有关系。同时可以看到，频谱效率极限值与 μ_P^z 呈单调递增的关系，但是在 $\alpha=1$ 时，频谱效率极限值将随 μ_P^z 的增加而趋于一个定值，而在 $0\leqslant\alpha<1$，频谱效率极限值将随 μ_P^z 无限增加。

对比式(6.28)、式(6.29)、式(6.47)和式(6.48)，可以发现，当天线数和用户数等比例增长时，两种预编码方案所对应的频谱效率极限值是不相同的，且通常不易判断二者大小，这与用户数固定而天线数增长情况下的频谱效率极限值不同。但是，在某些条件下，可以获得两种方案的频谱效率极限值的大小关系，故有如下推论。

推论 6.1 (i) 当 $\mu_P^m=\mu_P^z=\mu$ 且 $\mu\gg 1$ 时，式(6.28)~式(6.29)、式(6.47)和式(6.48)中的频谱效率极限值满足如下大小关系：

$$\bar{S}_{P,k}^z > \bar{S}_{P,k}^m, \alpha\in[0,1] \tag{6.49}$$

(ii) 当 $\mu\to\infty$ 时，

$$\bar{S}_{P,k}^z=\bar{S}_{P,k}^m \overset{\mu\to\infty}{=} \frac{1}{2}\log_2\left(1+\frac{P_r\sigma_g^2\mu}{\sigma_n^2}\right), 0\leqslant\alpha<1 \tag{6.50}$$

$$\bar{S}_{P,k}^z=\bar{S}_{P,k}^m \overset{\mu\to\infty}{=} \frac{1}{2}\log_2\left(1+\frac{P_s\sigma_h^2}{\sigma_r^2}\right), \alpha=1 \tag{6.51}$$

证明 (i) 以 $0\leqslant\alpha<1$ 为例，将 $\mu_P^m=\mu_P^z=\mu$ 分别代入式(6.28)和式(6.47)，并利用 $\mu\gg 1$ 的条件，可以得到

$$\bar{S}_{P,k}^m \approx \log_2\left(1+\frac{\mu^2}{2\mu+1+\varphi_2\mu}\right)$$

$$\bar{S}_{\mathrm{P},k}^{\mathrm{z}} \approx \frac{1}{2}\log_2\left(1+\frac{\mu}{\varphi_2}\right) \tag{6.52}$$

显然，$\bar{S}_{\mathrm{P},k}^{\mathrm{z}} > \bar{S}_{\mathrm{P},k}^{\mathrm{m}}$。对于 $\alpha=1$ 的情况，可以类似证明得到。

(ii)将 $\mu_{\mathrm{P}}^{\mathrm{m}} = \mu_{\mathrm{P}}^{\mathrm{z}} = \mu$ 代入频谱效率极限表达式。当 $\mu \to \infty$ 时，去掉分子分母中的无穷小量，即可得证。

6.3.2　考虑信道估计误差

在实际系统中，理想的信道信息一般是难以获取的，因而，通常需要信道估计来帮助中继获取信道状态信息。在大规模 MIMO 系统中，为了降低导频开销，可以利用 TDD 制式下的信道互易性，通过用户发送上行导频信号，直接在中继端估计出下行信道信息，这种方式也是现行大规模 MIMO TDD 系统中最常见的信道信息获取方式。

假设在一个信道相干时长 T 内，各个用户发送长度为 τ 的正交导频信号，用于中继处的信道估计。为了满足不同用户间的导频信号正交，则导频长度满足 $\tau \geqslant 2K$。假设各用户（包括信源用户与目的用户）的导频序列发射功率为 $\rho_{\mathrm{p}} = \tau\rho_{\mathrm{s}}$，根据标准的 MMSE 估计准则[47,147]，可以得到 $\boldsymbol{H}$ 和 $\boldsymbol{G}$ 的 MMSE 估计为 $\widehat{\boldsymbol{H}}$ 和 $\widehat{\boldsymbol{G}}$，且二者满足如下分布特性：

$$\left.\begin{array}{l}\widehat{\boldsymbol{H}} \sim \mathcal{CN}(\boldsymbol{0}_{N\times K}, \boldsymbol{A}\otimes\boldsymbol{I}_N)\\[4pt]\widehat{\boldsymbol{G}} \sim \mathcal{CN}(\boldsymbol{0}_{N\times K}, \boldsymbol{C}\otimes\boldsymbol{I}_N)\end{array}\right\} \tag{6.53}$$

式中：$\boldsymbol{A} = \mathrm{diag}\{[a_1, a_2, \cdots, a_K]\}$ 和 $\boldsymbol{C} = \mathrm{diag}\{[c_1, c_2, \cdots, c_K]\}$ 均为 $K\times K$ 维对角阵，且 $a_k = \dfrac{\sigma_{h_k}^4 \rho_{\mathrm{p}}}{\sigma_{h_k}^2 \rho_{\mathrm{p}} + \sigma_{\mathrm{p}}^2}$ 和 $c_k = \dfrac{\sigma_{g_k}^4 \rho_{\mathrm{p}}}{\sigma_{g_k}^2 \rho_{\mathrm{p}} + \sigma_{\mathrm{p}}^2}$ 分别表示第一跳信道和第二跳信道的估计方差，σ_{p}^2 表示信道估计阶段的复加性高斯白噪声的功率。

利用 MMSE 估计的正交性原理[147]，可以将信道矩阵表示为

$$\left.\begin{array}{l}\boldsymbol{H} = \widehat{\boldsymbol{H}} + \widetilde{\boldsymbol{H}}\\[4pt]\boldsymbol{G} = \widehat{\boldsymbol{G}} + \widetilde{\boldsymbol{G}}\end{array}\right\} \tag{6.54}$$

式中：$\widetilde{\boldsymbol{H}}$ 和 $\widetilde{\boldsymbol{G}}$ 分别对应于第一跳信道和第二跳信道的估计误差矩阵，且二者满足如下分布特性：

$$\left.\begin{array}{l}\widetilde{\boldsymbol{H}} \sim \mathcal{CN}(\boldsymbol{0}_{N\times K}, \boldsymbol{B}\otimes\boldsymbol{I}_N)\\[4pt]\widetilde{\boldsymbol{G}} \sim \mathcal{CN}(\boldsymbol{0}_{N\times K}, \boldsymbol{D}\otimes\boldsymbol{I}_N)\end{array}\right\} \tag{6.55}$$

式中：$\boldsymbol{B} = \mathrm{diag}\{[b_1, b_2, \cdots, b_K]\}$ 和 $\boldsymbol{D} = \mathrm{diag}\{[d_1, d_2, \cdots, d_K]\}$ 均为 $K\times K$

维对角阵,且对角元素 $b_k = \dfrac{\sigma_{h_k}^2 \sigma_p^2}{\sigma_{h_k}^2 \rho_p + \sigma_p^2}$ 和 $d_k = \dfrac{\sigma_{g_k}^2 \sigma_p^2}{\sigma_{g_k}^2 \rho_p + \sigma_p^2}$ 分别表示对应的估计

误差的方差。需要指出的是,$\hat{\boldsymbol{H}}$ 和 $\tilde{\boldsymbol{H}}$ 以及 $\hat{\boldsymbol{G}}$ 和 $\tilde{\boldsymbol{G}}$ 之间是相互统计独立的。

中继站基于信道估计信息 $\hat{\boldsymbol{H}}$ 和 $\hat{\boldsymbol{G}}$,对信源用户的发射信号进行预处理。本节中对从 MRC/MRT 预编码方案进行相应分析,ZF/ZF 预编码方案则可以直接扩展得到,这里不再赘述。

当中继采用 MRC/MRT 预编码时,中继转发矩阵 $\boldsymbol{V}$ 具有如下形式:

$$\boldsymbol{V} = \sqrt{\xi_{IP}^m} \hat{\boldsymbol{G}} \hat{\boldsymbol{H}}^H \tag{6.56}$$

式中:下标 IP 表示非理想信道信息(Imperfect CSI),上标 m 表示 MRC/MRT 预处理方案,ξ_{IP}^m 表示功率归一化因子。根据式(6.3)可以得到功率归一化因子 $\xi_{IP}^m = \dfrac{\rho_r}{\theta_{IP}^m}$,其中,$\theta_{IP}^m$ 可以表示为

$$\theta_{IP}^m = \mathbb{E}\{\mathrm{Tr}[\hat{\boldsymbol{H}}^H \hat{\boldsymbol{H}}(\rho_s \hat{\boldsymbol{H}}^H \hat{\boldsymbol{H}} + \hat{\boldsymbol{H}}^H \tilde{\boldsymbol{H}} + \tilde{\boldsymbol{H}}^H \hat{\boldsymbol{H}} + \tilde{\boldsymbol{H}}^H \tilde{\boldsymbol{H}} + \sigma_r^2 \boldsymbol{I}_N) \hat{\boldsymbol{G}}^H \hat{\boldsymbol{G}}]\} \tag{6.57}$$

由于中继只知道信道估计信息,假设中继可将信道估计信息 $\hat{\boldsymbol{H}}$ 和 $\hat{\boldsymbol{G}}$ 广播至目的用户用于检测接收。因而,将式(6.54)和式(6.55)代入式(6.4),化简整理后可以得到第 k 个目的端用户的接收信号为

$$y_k = \underbrace{\sqrt{\rho_s \xi_{IP}^m} \, \hat{\boldsymbol{g}}_k^H \hat{\boldsymbol{G}} \hat{\boldsymbol{H}}^H \hat{\boldsymbol{h}}_k x_k}_{\text{有效信号项}} + \underbrace{\sqrt{\rho_s \xi_{IP}^m} \, (\tilde{\boldsymbol{g}}_k^H \hat{\boldsymbol{G}} \hat{\boldsymbol{H}}^H (\tilde{\boldsymbol{h}}_k + \hat{\boldsymbol{h}}_k) + \hat{\boldsymbol{g}}_k^H \hat{\boldsymbol{G}} \hat{\boldsymbol{H}}^H \tilde{\boldsymbol{h}}_k) x_k}_{\text{信道估计误差引入的干扰项}} + $$

$$\underbrace{\sqrt{\rho_s \xi_{IP}^m} \sum_{i=1, i \neq k}^{K} (\hat{\boldsymbol{g}}_k^H + \tilde{\boldsymbol{g}}_k^H) \hat{\boldsymbol{G}} \hat{\boldsymbol{H}}^H (\tilde{\boldsymbol{h}}_i + \hat{\boldsymbol{h}}_i) x_i}_{\text{用户间干扰项}} + $$

$$\underbrace{\sqrt{\xi_{IP}^m} (\hat{\boldsymbol{g}}_k^H + \tilde{\boldsymbol{g}}_k^H) \hat{\boldsymbol{G}} \hat{\boldsymbol{H}}^H \boldsymbol{n}_r + n_k}_{\text{累加噪声项}} \tag{6.58}$$

从式(6.58)可以看到,目的用户的接收信号中除了原有的用户间干扰项之外,又出现了信道估计误差所带来的干扰项。基于式(6.58),根据最坏情况下不相干噪声理论[58,149],可以得到第 k 个目的用户的频谱效率下界为

$$S_{IP,k}^m = \mathbb{E}\left\{\frac{1}{2}\log_2(1 + \gamma_{IP,k}^m)\right\} = \mathbb{E}\left\{\frac{1}{2}\log_2\left(1 + \frac{A_{IP,k}^m}{B_{IP,k}^m + C_{IP,k}^m + D_{IP,k}^m + \frac{\theta_{IP}^m \sigma_n^2}{\rho_r \rho_s}}\right)\right\} \tag{6.59}$$

式中:$\gamma_{IP,k}^m$ 表示第 k 个目的用户的等效接收 SINR;$A_{IP,k}^m$、$B_{IP,k}^m$、$C_{IP,k}^m$ 和 $D_{IP,k}^m$ 具有如下形式:

$$
\begin{cases}
A_{\mathrm{IP},k}^{\mathrm{m}} = |\,\hat{\boldsymbol{g}}_k^{\mathrm{H}}\,\widehat{\boldsymbol{G}}\,\widehat{\boldsymbol{H}}^{\mathrm{H}}\,\hat{\boldsymbol{h}}_k\,|^2 \\[4pt]
B_{\mathrm{IP},k}^{\mathrm{m}} = b_k d_k \parallel \widehat{\boldsymbol{G}}\,\widehat{\boldsymbol{H}}^{\mathrm{H}} \parallel^2 + d_k \parallel \widehat{\boldsymbol{G}}\,\widehat{\boldsymbol{H}}^{\mathrm{H}}\,\hat{\boldsymbol{h}}_k \parallel^2 + b_k \parallel \hat{\boldsymbol{g}}_k^{\mathrm{H}}\,\widehat{\boldsymbol{G}}\,\widehat{\boldsymbol{H}}^{\mathrm{H}} \parallel^2 \\[4pt]
C_{\mathrm{IP},k}^{\mathrm{m}} = \displaystyle\sum_{i=1, i\neq k}^{K} (\,|\,\hat{\boldsymbol{g}}_k^{\mathrm{H}}\,\widehat{\boldsymbol{G}}\,\widehat{\boldsymbol{H}}^{\mathrm{H}}\,\hat{\boldsymbol{h}}_i\,|^2 + b_i \parallel \hat{\boldsymbol{g}}_k^{\mathrm{H}}\,\widehat{\boldsymbol{G}}\,\widehat{\boldsymbol{H}}^{\mathrm{H}} \parallel^2 + \\[4pt]
\qquad\quad d_k \parallel \widehat{\boldsymbol{G}}\,\widehat{\boldsymbol{H}}^{\mathrm{H}}\,\hat{\boldsymbol{h}}_i \parallel^2 + d_k b_i \parallel \widehat{\boldsymbol{G}}\,\widehat{\boldsymbol{H}}^{\mathrm{H}} \parallel^2) \\[4pt]
D_{\mathrm{IP},k}^{\mathrm{m}} = \dfrac{\sigma_{\mathrm{r}}^2}{\rho_{\mathrm{s}}} (\parallel \hat{\boldsymbol{g}}_k^{\mathrm{H}}\,\widehat{\boldsymbol{G}}\,\widehat{\boldsymbol{H}}^{\mathrm{H}} \parallel^2 + d_k \parallel \widehat{\boldsymbol{G}}\,\widehat{\boldsymbol{H}}^{\mathrm{H}} \parallel^2)
\end{cases} \tag{6.60}
$$

对于式(6.59)中的频谱效率表达式,其期望运算通常是难于求解的。因此,采用类似于定理 6.1 中的证明方法,可以获得其频谱效率闭合表达式,有如下定理。

定理 6.3　当中继站利用 MMSE 信道估计,且采用 MRC/MRT 预编码方案时,第 k 个目的用户的平均频谱效率下界的近似解析表达式为

$$
S_{\mathrm{IP},k}^{\mathrm{m}} \approx \bar{S}_{\mathrm{IP},k}^{\mathrm{m}} = \log_2\left(1 + \frac{\bar{A}_{\mathrm{IP},k}^{\mathrm{m}}}{\bar{B}_{\mathrm{IP},k}^{\mathrm{m}} + \bar{C}_{\mathrm{IP},k}^{\mathrm{m}} + \bar{F}_{\mathrm{IP},k}^{\mathrm{m}}}\right) \tag{6.61}
$$

式中:$\bar{A}_{\mathrm{IP},k}^{\mathrm{m}}$、$\bar{B}_{\mathrm{IP},k}^{\mathrm{m}}$、$\bar{C}_{\mathrm{IP},k}^{\mathrm{m}}$ 和 $\bar{F}_{\mathrm{IP},k}^{\mathrm{m}}$ 具有如下形式:

$$
\bar{A}_{\mathrm{IP},k}^{\mathrm{m}} = (N^4 + 2N^3) c_k^2 a_k^2 + N^2 \sum_{j=1}^{K} c_k c_j a_j a_k \tag{6.62}
$$

$$
\bar{B}_{\mathrm{IP},k}^{\mathrm{m}} = N^2 b_k d_k \sum_{j=1}^{K} a_j c_j + \left(N^3 a_k c_k + N^2 \sum_{i=1}^{K} a_i c_i\right)(a_k d_k + b_k c_k) \tag{6.63}
$$

$$
\bar{C}_{\mathrm{IP},k}^{\mathrm{m}} = \sum_{i=1, i\neq k}^{K} \Big[N^3 (c_k^2 a_k a_i + c_k c_i a_i^2 + c_k^2 a_k b_i + a_i^2 c_i d_k) + \\
N^2 (c_k + d_k)(a_i + b_i) \sum_{j=1}^{K} a_j c_j \Big] \tag{6.64}
$$

$$
\bar{F}_{\mathrm{IP},k}^{\mathrm{m}} = \frac{\sigma_{\mathrm{r}}^2}{\rho_{\mathrm{s}}} \Big[N^3 c_k^2 a_k + N^2 (c_k + d_k) \sum_{j=1}^{K} c_j a_j \Big] + \\
\frac{\sigma_{\mathrm{n}}^2}{\rho_{\mathrm{r}} \rho_{\mathrm{s}}} \Big[\rho_{\mathrm{s}} \sum_{i=1}^{K} \Big(N^3 a_i^2 + N^2 \sum_{j=1}^{K} a_i a_j \Big) c_i + \\
N^2 \rho_{\mathrm{s}} \sum_{i=1}^{K} a_i b_i c_i + N^2 \sigma_{\mathrm{r}}^2 \sum_{i=1}^{K} a_i c_i \Big] \tag{6.65}
$$

证明　参见本章附录 6.6.3 节。

将式(6.16)所示的调度用户的位置条件代入式(6.61)~式(6.65),并将分子分母同时除以公共项 $N^2 a^2 c^2$,可进一步得到其简化表达式

$$\bar{S}_{\mathrm{IP},k}^{\mathrm{m}} = \frac{1}{2}\log_2\left(1 + \cfrac{N^2 + 2N + K}{\begin{aligned}&(2N+K)(K-1) + K\left(\cfrac{Kbd}{ac} + (N+K)\left(\cfrac{d}{c} + \cfrac{b}{a}\right)\right) + \\ &(N+K)\left(\cfrac{\sigma_r^2}{a\rho_s} + \cfrac{K\sigma_n^2}{c\rho_r}\right) + \cfrac{Kb\sigma_n^2}{ac\rho_r} + \cfrac{Kd\sigma_r^2}{ac\rho_s} + \cfrac{K\sigma_r^2\sigma_n^2}{ca\rho_r\rho_s}\end{aligned}}\right)$$

$$(6.66)$$

式中：

$$a_k = a = \frac{\sigma_h^4\rho_p}{\sigma_h^2\rho_p + \sigma_p^2}, \quad b_k = b = \frac{\sigma_h^2\sigma_p^2}{\sigma_h^2\rho_p + \sigma_p^2}, \forall k \\ c_k = c = \frac{\sigma_g^4\rho_p}{\sigma_g^2\rho_p + \sigma_p^2}, \quad d_k = d = \frac{\sigma_g^2\sigma_p^2}{\sigma_g^2\rho_p + \sigma_p^2}, \forall k$$

$$(6.67)$$

基于式(6.66)，在天线数和用户数的两种变化规律下，对其频谱效率和功率效率渐进性能进行分析。

(1) 当 $N \gg K$ 且 K 固定时，将发射功率缩放等式代入式(6.66) $\left(\text{此时导频信号功率为 } \rho_p = \tau\rho_s = \cfrac{\tau P_s}{N^\alpha}\right)$，利用 $N + K \approx N$、$a \approx \cfrac{\sigma_h^4\tau P_s}{\sigma_p^2 N^\alpha}$ 和 $c \approx$ $\cfrac{\sigma_g^4\tau P_s}{\sigma_p^2 N^\alpha}$ 等近似条件，并舍去式中 $\cfrac{Kbd}{ac}$、$\cfrac{Kd\sigma_r^2}{ac\rho_s}$、$\cfrac{Kb\sigma_n^2}{ac\rho_r}$ 和 $\cfrac{K\sigma_r^2\sigma_n^2}{ca\rho_r\rho_s}$ 四项无穷小量，最后，将分子项和分母项同除以 N，可以化简得到频谱效率的近似表达式为

$$\bar{S}_{\mathrm{IP},k}^{\mathrm{m}} \approx \frac{1}{2}\log_2\left(1 + \cfrac{N}{2(K-1) + \cfrac{(\phi_1+\phi_2)KN^\alpha}{\tau} + \cfrac{\varphi_1\phi_1 N^{2\alpha}}{\tau} + \cfrac{\varphi_2\phi_2 KN^{\alpha+\beta}}{\tau}}\right)$$

$$(6.68)$$

式中：φ_1 和 φ_2 如式(6.19)中所示，ϕ_1 和 ϕ_2 定义如下：

$$\phi_1 = \frac{\sigma_p^2}{P_s\sigma_h^2}, \quad \phi_2 = \frac{\sigma_p^2}{P_s\sigma_g^2}$$

$$(6.69)$$

从 ϕ_1 和 ϕ_2 的表达式也可以看出，它们实际上是信道估计阶段的发射信噪比的倒数。

当 $N \to \infty$ 时，为使式(6.68)中的频谱效率 $\bar{S}_{\mathrm{IP},k}^{\mathrm{m}}$ 不衰减到零，则功率缩放因子需要满足如下条件：

$$\max\{\alpha, 2\alpha, \alpha+\beta\} \leqslant 1$$

$$(6.70)$$

上述条件也等价为如下形式：

$$\begin{cases} 0 \leqslant \alpha \leqslant 1/2 \\ \alpha + \beta \leqslant 1 \end{cases}$$

$$(6.71)$$

由式(6.71)可知，当 α 和 β 取不同组合值时，即 $(\alpha,\beta) = (1/2,\eta)$ 或 $(\alpha,\beta) = (\eta, 1-\eta)$ 且 $\eta \in [0, 1/2]$ 时，$\bar{S}_{\mathrm{IP},k}^{\mathrm{m}}$ 将随着天线数 N 的增大而收敛到不同的极限值，即

$$\bar{S}_{\text{IP},k}^{\text{m}} \stackrel{N \to \infty}{=} \frac{1}{2} \log_2 \left(1 + \frac{\tau}{\varphi_1 \phi_1}\right), \quad (\alpha, \beta) = (1/2, \eta) \quad \grave{O}\eta \in [0, 1/2)$$

$$(6.72)$$

$$\bar{S}_{\text{IP},k}^{\text{m}} \stackrel{N \to \infty}{=} \frac{1}{2} \log_2 \left(1 + \frac{\tau}{\varphi_2 \phi_2 K}\right), \quad (\alpha, \beta) = (\eta, 1-\eta) \quad \grave{O}\eta \in [0, 1/2)$$

$$(6.73)$$

$$\bar{S}_{\text{IP},k}^{\text{m}} \stackrel{N \to \infty}{=} \frac{1}{2} \log_2 \left[1 + \frac{\tau}{(\phi_1 + \phi_2)K + \varphi_1 \phi_1 + \varphi_2 \phi_2 K}\right), (\alpha, \beta) = (1/2, 1/2]$$

$$(6.74)$$

对比不同 CSI 条件下，MRC/MRT 预编码方案的极限性能可以发现：①存在信道估计误差时，信源用户所能达到的最大发射功率缩放增益为 $\sqrt{N}$，但是，中继站仍然可以获得最大为 N 倍的发射功率缩放增益。这是因为用户需要发射数据信号和导频信号，导频信号功率会影响到信道估计值的准确性，最终两个功率会以相乘的形式反映在目的用户的接收信号中，从而出现信源用户功率平方的效应，这就导致信源用户无法获得最大 N 倍的发射功率缩放增益，而中继端不存在信道估计功率支出，因而仍然可以获得最大 N 倍的发射功率增益；②信源用户与中继站所能同时达到的发射功率最大缩放增益为 $\sqrt{N}$；③相对于理想信道信息下的频谱效率极限值，此处多出了涉及信道估计阶段的发射信噪比项。

（2）当 N 与 K 以固定比例 $\mu_{\text{IP}}^{\text{m}}$ 增加时，由于需要进行信道估计，所需要的导频长度需要满足 $\tau \geq 2K$。因此，导频长度 τ 也需要随着用户对个数 K 逐渐增加。为了后续分析方便，这里取满足正交导频要求的最小长度 $\tau = 2K$。

因此，随着 N 的增大，将式（6.66）分子分母同除以 K^2，并将分子分母中的无穷小项略去后，可以得到

$$\bar{S}_{\text{IP},k}^{\text{m}} \approx \frac{1}{2} \log_2 \left(1 + 4 (\mu_{\text{IP}}^{\text{m}})^2 \begin{pmatrix} 4(2\mu_{\text{IP}}^{\text{m}}+1) + \phi_1 \phi_2 (\mu_{\text{IP}}^{\text{m}})^2 N^{2\alpha-2} \\ + 2\mu_{\text{IP}}^{\text{m}}(\mu_{\text{IP}}^{\text{m}}+1)(\phi_1+\phi_2)N^{\alpha-1} \\ + 2\mu_{\text{IP}}^{\text{m}}(\mu_{\text{IP}}^{\text{m}}+1)(2\varphi_1 N^{\alpha-1} + \mu_{\text{IP}}^{\text{m}}\varphi_1 \phi_1 N^{2\alpha-2}) \\ + 2(\mu_{\text{IP}}^{\text{m}}+1)(2\varphi_2 N^{\beta} + \mu_{\text{IP}}^{\text{m}}\varphi_2 \phi_2 N^{\alpha+\beta-1}) \\ + (2\varphi_2 N^{\alpha+\beta-2} + \mu_{\text{IP}}^{\text{m}}\varphi_2 \phi_2 N^{2\alpha+\beta-3})\phi_1 (\mu_{\text{IP}}^{\text{m}})^2 \\ + (2\varphi_1 N^{2\alpha-2} + \mu_{\text{IP}}^{\text{m}}\varphi_1 \phi_1 N^{3\alpha-3})\phi_2 (\mu_{\text{IP}}^{\text{m}})^2 \\ + [2\mu_{\text{IP}}^{\text{m}}\varphi_1 N^{\alpha-1} + (\mu_{\text{IP}}^{\text{m}})^2 \varphi_1 \phi_1 N^{2\alpha-2}] \\ \cdot (2\varphi_2 N^{\beta} + \mu_{\text{IP}}^{\text{m}}\varphi_2 \phi_2 N^{\alpha+\beta-1}) \end{pmatrix}^{-1} \right)$$

$$(6.75)$$

式中：φ_1 和 φ_2 如式（6.19）中所示。同样，为了使得频谱效率随着天线数增长而不会衰减到零，则 α 和 β 需要满足如下条件：

$$\max\{\beta,\alpha-1,\alpha+\beta-2,\alpha+\beta-1,2\alpha+\beta-3,2\alpha+\beta-2,3\alpha+\beta-3\}\leqslant 0 \tag{6.76}$$

上述条件也等价为

$$\begin{cases} 0\leqslant\alpha\leqslant 1 \\ \beta=0 \end{cases} \tag{6.77}$$

从式(6.77)可以看到,在非理想 CSI 条件下,信源节点仍然可以获得最大为 N 倍的发射功率缩放增益,而中继节点无法获得发射功率缩放增益,同时,用户数也可以随天线数同比例增加。对比理想 CSI 条件下的功率缩放律式(6.27)可以看到,非理想条件下,依然可以获得与理想条件下相同的功率缩放律。

进一步,根据式(6.75)和式(6.77)可知,当 α 取不同值时,式(6.75)中的频谱效率 $\overline{S}_{\mathrm{IP},k}^{\mathrm{m}}$ 将随着 N 的增大而收敛到不同的极限值,即

$$\overline{S}_{\mathrm{IP},k}^{\mathrm{m}} \stackrel{N\to\infty}{=} \frac{1}{2}\log_2\left(1+\frac{(\mu_{\mathrm{IP}}^{\mathrm{m}})^2}{(2\mu_{\mathrm{IP}}^{\mathrm{m}}+1)+\varphi_2(\mu_{\mathrm{IP}}^{\mathrm{m}}+1)}\right), \quad 0\leqslant\alpha<1 \tag{6.78}$$

$$\overline{S}_{\mathrm{IP},k}^{\mathrm{m}} \stackrel{N\to\infty}{=} \frac{1}{2}\log_2\left(1+4(\mu_{\mathrm{IP}}^{\mathrm{m}})^2\left[\begin{array}{l} 4(2\mu_{\mathrm{IP}}^{\mathrm{m}}+1)+\phi_1\phi_2(\mu_{\mathrm{IP}}^{\mathrm{m}})^2 \\ +2\mu_{\mathrm{IP}}^{\mathrm{m}}(\mu_{\mathrm{IP}}^{\mathrm{m}}+1)(\phi_1+\phi_2) \\ +2\mu_{\mathrm{IP}}^{\mathrm{m}}(\mu_{\mathrm{IP}}^{\mathrm{m}}+1)(2\varphi_1+\mu_{\mathrm{IP}}^{\mathrm{m}}\varphi_1\phi_1) \\ +2(\mu_{\mathrm{IP}}^{\mathrm{m}}+1)(2\varphi_2+\mu_{\mathrm{IP}}^{\mathrm{m}}\varphi_2\phi_2) \\ +(2\varphi_1+\mu_{\mathrm{IP}}^{\mathrm{m}}\phi_1\varphi_1)\phi_2(\mu_{\mathrm{IP}}^{\mathrm{m}})^2 \\ +(2\mu_{\mathrm{IP}}^{\mathrm{m}}\varphi_1+(\mu_{\mathrm{IP}}^{\mathrm{m}})^2\varphi_1\phi_1) \\ \cdot(2\varphi_2+\mu_{\mathrm{IP}}^{\mathrm{m}}\varphi_2\phi_2) \end{array}\right]^{-1}\right), \alpha=1 \tag{6.79}$$

对比天线数增长用户数固定时的场景,可以发现当用户数随天线数等比例增长时,信源用户可以达到最大的发射功率缩放增益 N,而中继端则无法获得发射功率缩放增益。对于信源节点最大 N 倍的发射功率缩放增益可以从信道估计的角度来理解,由于导频信号的发射功率 $\rho_{\mathrm{p}}=\tau\rho_{\mathrm{s}}=2K\rho_{\mathrm{s}}$,当用户数随着天线数等比例增长时,导频长度也随用户数等比例增长,这使得信道估计阶段的导频总功率已经同比例放大,这与用户数固定的场景略有不同。从而信源用户在导频发送和数据传输两个阶段出现的功率平方被自然地"抵消"掉,这就使得信源发射功率可以获得最大限度的缩放增益。

从式(6.78)和式(6.79)中可以看到,随着天线数的增加,频谱效率也将收敛到稳定的极限值,且该极限值仅与系统参数 $\mu_{\mathrm{IP}}^{\mathrm{m}}$、$P_{\mathrm{s}}$ 和 P_{r} 有关。值得说明的是,式(6.78)中的频谱效率极限值与 $\mu_{\mathrm{IP}}^{\mathrm{m}}$ 是单调递增关系,而式(6.79)中的频谱效率极限值则关于 $\mu_{\mathrm{IP}}^{\mathrm{m}}$ 是先增后减的变化趋势(通过一阶求导可判断增减趋势)。

6.4　仿真结果与分析

　　本节给出数值仿真用以验证图 6.1 所示的 K 对用户大规模 MIMO 两跳中继系统的的理论分析结果。不失一般性,将系统中各阶段的加性白噪声功率归一化为 1,即 $\sigma_{n_k}^2 = \sigma_r^2 = \sigma^2 = 1$,此时的信源节点和中继节点的发送信噪比分别为 ρ_s 和 ρ_r。同时,各用户到中继的大尺度衰落因子均归一化,即 $\sigma_{h_k} = \sigma_{g_k} = 1$,信源用户和目的用户到中继节点的信道均为独立同分布的瑞利衰落信道。固定发射功率 $P_s = P_r = 20\mathrm{dB}$,且不随天线数 N 变化。对于理想 CSI 时,考虑 MRC/MRT 和 ZF/ZF 两种中继预编码方案,对于非理想 CSI 时,只考虑 MRC/MRT 中继预编码方案。仿真图中的蒙特卡洛数值仿真结果是在 5000 次独立的信道实现下取平均得到的蒙特卡洛数值仿真结果,解析表达式结果则是利用推导出来的频谱效率解析表达式所得到的理论推导值。

　　图 6.2 给出了理想 CSI 条件下,当用户对个数 $K = 8$ 且固定不变时,两种预编码方案在不同的功率缩放因子 (α, β) 取值下,系统的频谱效率随天线数的变化趋势。首先,从图中可以看到,定理 6.1 中所推导的频谱效率闭合表达式与蒙特卡洛仿真值具有非常好的近似特性,即便在中等天线数数量时($N \leqslant 100$),所提出的频谱效率解析表达式仍然能有较好的近似效果。当 $(\alpha, \beta) = (0, 0)$ 和 $(1/3, 2/3)$ 时,可以看到系统的频谱效率随天线数呈近似的对数线性增长趋势,并且会无限地增长下去。当 $(\alpha, \beta) = (1, 1)$ 时,系统的频谱效率随天线数增长而趋近于稳定的极限值,此时发射功率达到最大的缩放增益,即随着天线数增长,而呈 $\dfrac{1}{N}$ 倍的缩减。当 $(\alpha, \beta) = (1.5, 1.5)$ 时,可以看到系统的频谱效率随天线数增长而逐渐降低,这是由于发射功率的缩减倍数过高,而使得天线阵列增益无法对其进行等效的补偿,最终导致频谱效率趋近于零。对比两种预编码方案可以看到,当发射信噪比较高时,ZF/ZF 方案的性能明显优于 MRC/MRT 方案,但是当发射功率获得缩放增益时,即实际发射功率随天线数逐渐缩减时,ZF/ZF 方案的性能下降更为明显,这主要是由于随着信噪比的降低,ZF/ZF 方案的噪声放大效应逐渐凸现出来,从而影响了系统性能。对比 4 种功率缩放增益下的频谱效率可以看到,当 $(\alpha, \beta) = (0, 0)$ 时,频谱效率达到最高,但此时信源节点与中继节点均无法获得发射功率缩放增益;而当 $(\alpha, \beta) \neq (0, 0)$ 时,发射功率可以获得一定的缩放,但此时频谱效率性能下降。由此可以看到,功率缩放增益与频谱效率

增益之间存在一种折中,二者的增益均来自于大规模天线阵列的使用。
如果要获得功率缩放增益,就需要以牺牲频谱效率性能作为代价。

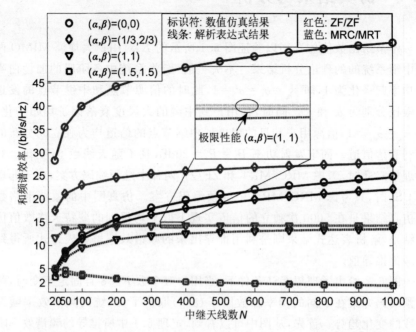

图6.2　理想信道信息下,不同功率缩放律时,总频谱效率随天线数 N 变化趋势($K=8$)

　　图6.3给出了当用户对个数随天线数以等比例 μ 增长时,且在发射功率缩放因子 $(\alpha,\beta)=(1,0)$ 时,每用户频谱效率随天线数的变化趋势。从图中可以看到,随着天线数 N 的增长,信源用户发射功率 ρ_s 随着 N 以最大限度逐渐降低。与此同时,系统可服务的用户对个数也在成比例增加。此时频谱效率趋近于一个稳定值。这表明,对于给定的 μ 值,大规模天线阵列的使用既可以使得信源发射功率成倍降低,也可以使得服务的用户对个数等比例增长,而同时又不影响系统的频谱效率值。从图中还可以看到,μ 值越大,系统的频谱效率极限值也越大。这是因为随着 μ 值的增加,服务于每对用户的天线数越多,也即每对用户可以获得更多的自由度用于提升其频谱效率。从图中还可以发现,随着 μ 的增加,频谱效率的提升幅度却在逐渐减小,这主要是由于在 $(\alpha,\beta)=(1,0)$ 时,用户同时获得了最大的发射功率缩放增益,因此,μ 持续增大,所带来的频谱效率增益将会趋于一个定值。如果取 $(\alpha,\beta)=(0.5,0)$ 时,就可以发现,随着 μ 的增加,平均每用户频谱效率将严格单调增加,且会无限增大下去。

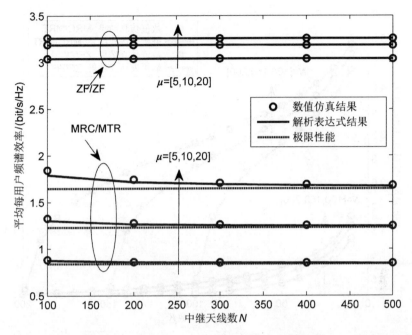

图 6.3　理想信道信息下，$(\alpha, \beta) = (1, 0)$ 时，平均每用户频谱效率随 μ 的变化趋势

图 6.4 和图 6.5 分别给出了在固定天线数情况下，中继获得理想信道信息时，系统的平均每用户频谱效率和总频谱效率随用户对个数的变化趋势。从图中可以看到，平均每用户频谱效率随用户对个数的增加而呈近似对数递减趋势，且在用户数较多的情况下，ZF/ZF 预编码方案的下降速率要更大一些。但是，在两种预编码方案下，系统的总频谱效率都随着用户对个数的增加呈现先增后减的变化趋势，即存在一个最优的服务用户数，来使得总频谱效率最大。这是由于当用户对个数较小时，多用户提供的复用增益占据主导优势，而当用户数过多时，用户间干扰成为系统性能的主要瓶颈，从而抑制了总频谱效率的提升。同时可以发现，随着中继天线数的增加，系统总频谱效率总是增大的，这也验证了使用更多的天线对于系统频谱效率的提升总是有益的。通过大量天线带来的丰富自由度，可以更好地消除用户间干扰。对比两种预编码方案，可以看到 ZF/ZF 的性能在大信噪比情况下，要明显优于 MRC/MRT 预编码方案，这是由于在理想 CSI 下，ZF/ZF 方案可以很好地消除用户间干扰项，从而使得系统性能整体提升。

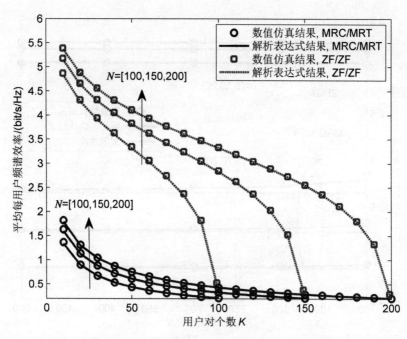

图 6.4 理想信道信息下，$(\alpha,\beta)=(0,0)$ 时，平均每用户频谱效率随用户对个数变化趋势

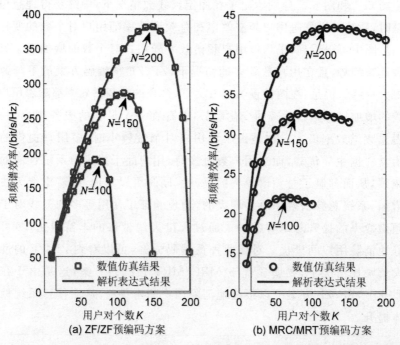

图 6.5 理想信道信息下，$(\alpha,\beta)=(0,0)$ 时，总频谱效率随用户对个数的变化趋势

图 6.6 给出了 MRC/MRT 预编码方案在功率缩放律 $(\alpha,\beta)=(0,0)$ 时，随着信道估计误差方差的不同变化，总频谱效率性能随天线数的变化趋势。从图中可以看到，定理 6.3 中所给出的非理想 CSI 条件下的频谱效率闭合表达式具有良好的紧致性，理论值与蒙特卡洛仿真值逼近十分精确。同时可以看到，估计误差方差对于系统频谱效率具有较大的影响，且随着误差方差的逐渐减小，频谱效率值将逐渐趋近于理想 CSI 下的频谱效率性能。为了便于观察，图 6.7 给出了当 $P_s=P_r=0$dB 时，在含有信道估计误差条件下，不同功率缩放条件对应的系统总频谱效率性能。对比图 6.2 就会发现，含有信道估计误差时，系统所能获得的功率缩放增益将会减少。比如，当 $(\alpha,\beta)=(1,1)$ 时，频谱效率会很快降低直至为 0，而在理想信道信息时，则频谱效率会趋近于一个常数值；当 $(\alpha,\beta)=(1/3,2/3)$ 时，频谱效率则会趋近于一个稳定的值，而在理想信道信息时，则频谱效率会持续无限增大。图 6.8 给出了非理想 CSI 条件下，当天线数与用户数以不同的比例值 μ_r^m 增长时，系统的平均每用户频谱效率性能随天线数的变化趋势。从图中可以看到，当 $(\alpha,\beta)=(0.5,0)$ 和 $(1,0)$ 时，频谱效率随着 N 的增加都将趋近于一个稳定的极限值，且后者的极限值要小于前者，这是由于后者获得了最大的功率缩放增益，从而损失了一定的频谱效率性能。

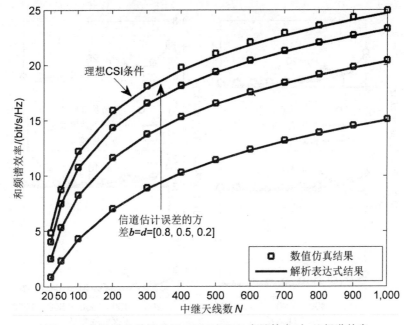

图 6.6　含信道估计误差下，MRC/MRT 中继转发时，总频谱效率随天线数 N 的变化趋势（$K=8$，$(\alpha,\beta)=(0,0)$）

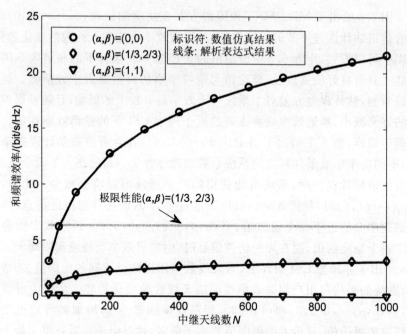

图 6.7　含信道估计误差下,MRC/MRT 中继转发时,不同功率缩放律的
总频谱效率随天线数 N 的变化趋势($K=8$)

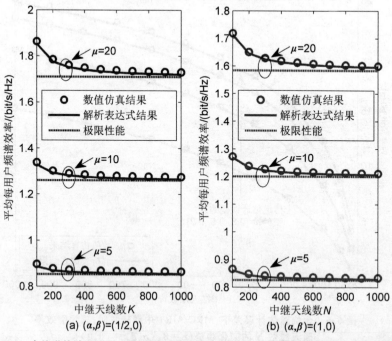

图 6.8　含信道估计误差下,MRC/MRT 中继转发时,平均每用户频谱效率随 μ 的变化趋势

6.5　本章小结

本章针对成对用户大规模 MIMO 中继系统,首先在中继已知理想信道信息的条件下,并采用 MRC/MRT 和 ZF/ZF 两种预编码方案时,分析了任意大但有限天线数条件下的频谱效率渐进性能和发射功率缩放增益。利用大数定律推导了包含天线数、用户对个数以及信源用户和中继发射功率的频谱效率解析表达式。基于此,定义发射功率缩放增益因子。通过分析可以得出,当中继天线数逐渐增大但用户个数固定时,系统频谱效率随着天线数将呈现出近似的对数线性增长趋势。同时,当信源用户与中继站发射功率以最大 $\frac{1}{N}$ 倍缩减时,系统的频谱效率可以维持在一个稳定的极限值,即系统可获得 N 倍的功率增益。更为重要的是,当用户数随天线数等比例增长时,通过设置比值范围,可以保证平均每用户频谱效率达到任意值。其次,当中继获取包含估计误差的信道信息时,推导了 MRC/MRT 预编码方案下的系统频谱效率解析表达式。通过分析发现,在非理想 CSI 条件下,信源用户和中继节点可同时获得的最大发射功率缩放增益为 $\frac{1}{\sqrt{N}}$。最后,通过数值仿真验证了本章所推导的频谱效率闭合表达式的精确性以及所有分析结论。

6.6　附　录

6.6.1　定理 6.1 证明

由于 $\boldsymbol{GH}^{\mathrm{H}} = \sum\limits_{j=1}^{K} \boldsymbol{g}_j \boldsymbol{h}_j^{\mathrm{H}}$,将其代入式中的分子和分母项,展开并整理可以得到

$$A_{\mathrm{P},k}^{\mathrm{m}} = \left| \sum_{j=1}^{K} \boldsymbol{g}_k^{\mathrm{H}} \boldsymbol{g}_j \boldsymbol{h}_j^{\mathrm{H}} \boldsymbol{h}_k \right|^2 \tag{6.80}$$

$$B_{\mathrm{P},k}^{\mathrm{m}} = \sum_{i=1,i\neq k}^{K} \left| \sum_{j=1}^{K} \boldsymbol{g}_k^{\mathrm{H}} \boldsymbol{g}_j \boldsymbol{h}_j^{\mathrm{H}} \boldsymbol{h}_i \right|^2 \tag{6.81}$$

$$C_{\mathrm{P},k}^{\mathrm{m}} = \frac{\sigma_{\mathrm{r}}^2}{\rho_{\mathrm{s}}} \sum_{j=1}^{K} \sum_{l=1}^{K} \boldsymbol{g}_k^{\mathrm{H}} \boldsymbol{g}_j \boldsymbol{h}_j^{\mathrm{H}} \boldsymbol{h}_l \boldsymbol{g}_l^{\mathrm{H}} \boldsymbol{g}_k \tag{6.82}$$

从式(6.80)～式(6.82)可以看出,它们是由若干独立同分布的复高斯随机向量相乘后再相加得到。为进一步简化上述表达式,使用概率论中的极限定理(具体来说,是一种强大数定律,可参见文献[83]中式(44)或文献[59]中引理 1),叙述如下:设 $p \sim \mathcal{CN}(\mathbf{0}, \sigma_p^2 \mathbf{I}_N)$ 和 $q \sim \mathcal{CN}(\mathbf{0}, \sigma_q^2 \mathbf{I}_N)$ 均为 $N \times 1$ 维 i.i.d. 复高斯随机向量,则有

$$\left| \frac{\boldsymbol{p}^{\mathrm{H}} \boldsymbol{q}}{N} \right|^n \xrightarrow[N \to \infty]{\text{a.s.}} \begin{cases} 0, & \text{当 } \boldsymbol{p} \neq \boldsymbol{q}, n = 1 \\ \dfrac{\sigma_p^2 \sigma_q^2}{N} & \text{当 } \boldsymbol{p} \neq \boldsymbol{q}, n = 2 \\ \sigma_p^2, & \text{当 } \boldsymbol{p} = \boldsymbol{q}, n \in \mathbb{Z}^+ \end{cases} \tag{6.83}$$

式(6.83)表明 N 趋于无穷大时,若 $\boldsymbol{p} = \boldsymbol{q}$,则 $\boldsymbol{p}^{\mathrm{H}} \boldsymbol{q}$ 的数量级为 $o(N)$;若 $\boldsymbol{p} \neq \boldsymbol{q}$,则 $\boldsymbol{p}^{\mathrm{H}} \boldsymbol{q}$ 将数量级为 $o(1)$,而 $|\boldsymbol{p}^{\mathrm{H}} \boldsymbol{q}|^2$ 的数量级则为 $o(N)$。因此,对于式(6.80)～式(6.82)中的求和乘积项,通过保留数量级较大的项并舍去数量级相对较小的交叉项可以得到相应的近似表达式,如下所示:

$$A_{\mathrm{P},k}^{\mathrm{m}} \approx \widetilde{A}_{\mathrm{P},k}^{\mathrm{m}} = \sum_{j=1}^{K} |\boldsymbol{g}_k^{\mathrm{H}} \boldsymbol{g}_j|^2 |\boldsymbol{h}_j^{\mathrm{H}} \boldsymbol{h}_k|^2 \tag{6.84}$$

$$B_{\mathrm{P},k}^{\mathrm{m}} \approx \widetilde{B}_{\mathrm{P},k}^{\mathrm{m}} = \sum_{i=1, i \neq k}^{K} \sum_{j=1}^{K} |\boldsymbol{g}_k^{\mathrm{H}} \boldsymbol{g}_j|^2 |\boldsymbol{h}_j^{\mathrm{H}} \boldsymbol{h}_i|^2 \tag{6.85}$$

$$C_{\mathrm{P},k}^{\mathrm{m}} \approx \widetilde{C}_{\mathrm{P},k}^{\mathrm{m}} = \frac{\sigma_r^2}{\rho_s} \sum_{j=1}^{K} |\boldsymbol{g}_k^{\mathrm{H}} \boldsymbol{g}_j|^2 \|\boldsymbol{h}_j\|^2 \tag{6.86}$$

采用类似的方法,可以得到式中 $\theta_{\mathrm{P}}^{\mathrm{m}}$ 的近似表达式为

$$\theta_{\mathrm{P}}^{\mathrm{m}} \approx \widetilde{\theta}_{\mathrm{P}}^{\mathrm{m}} = \mathbb{E} \left\{ \sum_{i=1}^{K} \left(\rho_s \sum_{j=1}^{K} |\boldsymbol{h}_i^{\mathrm{H}} \boldsymbol{h}_j|^2 + \sigma_r^2 \|\boldsymbol{h}_i\|^2 \right) \|\boldsymbol{g}_i\|^2 \right\} \tag{6.87}$$

进一步可以发现,式(6.84)～式(6.87)中各项均是由非负随机变量的和所构成,并且这些非负随机变量的个数与天线数和用户数有关。因此,根据引理 6.1(即文献[178]中引理 1),可以得到频谱效率的近似表达式为

$$S_{\mathrm{P},k}^{\mathrm{m}} \approx \bar{S}_{\mathrm{P},k}^{\mathrm{m}} = \frac{1}{2} \log_2 \left(1 + \frac{\mathbb{E}\{\widetilde{A}_{\mathrm{P},k}^{\mathrm{m}}\}}{\mathbb{E}\left\{ \widetilde{B}_{\mathrm{P},k}^{\mathrm{m}} + \widetilde{C}_{\mathrm{P},k}^{\mathrm{m}} + \dfrac{\widetilde{\theta}_{\mathrm{P}}^{\mathrm{m}} \sigma_n^2}{\rho_r \rho_s} \right\}} \right) \tag{6.88}$$

需要指出的是,根据文献[178]引理 1 的证明过程可知,该近似方法很适用于大规模 MIMO 系统,且随着系统维度增大,可保证近似值与真实值的误差越来越小。

最后,利用复高斯随机向量乘积以及 Gamma 分布随机变量的统计特性[104,179-180],直接计算便可以得到

$$\mathbb{E}\{\widetilde{A}_{\mathrm{P},k}^{\mathrm{m}}\} = (N^4 + 2N^3 + N^2) \sigma_{g_k}^4 \sigma_{h_k}^4 + N^2 \sum_{i=1, i \neq k}^{K} \sigma_{g_k}^2 \sigma_{g_i}^2 \sigma_{h_i}^2 \sigma_{h_k}^2 \tag{6.89}$$

$$\mathbb{E}\{\widetilde{B}_{\mathrm{P},k}^{\mathrm{m}}\} = \sum_{i=1,i\neq k}^{K}\Big[\,(N^3+N^2)\,(\sigma_{g_k}^4\sigma_{h_k}^2\sigma_{h_i}^2 + \sigma_{g_k}^2\sigma_{g_i}^2\sigma_{h_i}^4) + N^2\sum_{j=1,j\neq i,k}^{K}\sigma_{g_k}^2\sigma_{g_j}^2\sigma_{h_j}^2\sigma_{h_i}^2\,\Big]$$

$$(6.90)$$

$$\mathbb{E}\{\widetilde{C}_{\mathrm{P},k}^{\mathrm{m}}\} = \frac{\sigma_{\mathrm{r}}^2}{\rho_{\mathrm{s}}}\Big[\,(N^3+N^2)\sigma_{g_k}^4\sigma_{h_k}^2 + N^2\sum_{i=1,i\neq k}^{K}\sigma_{g_k}^2\sigma_{g_i}^2\sigma_{h_i}^2\,\Big] \qquad (6.91)$$

$$\mathbb{E}\Big\{\frac{\widetilde{\theta}_{\mathrm{P}}^{\mathrm{m}}\sigma_{\mathrm{n}}^2}{\rho_{\mathrm{r}}\rho_{\mathrm{s}}}\Big\} = \frac{\sigma_{\mathrm{n}}^2}{\rho_{\mathrm{r}}\rho_{\mathrm{s}}}\sum_{i=1}^{K}\Big\{\rho_{\mathrm{s}}\Big[\,(N^3+N^2)\sigma_{h_i}^4 + N^2\sum_{j=1,j\neq i}^{K}\sigma_{h_j}^2\sigma_{h_i}^2\,\Big] + N^2\sigma_{\mathrm{r}}^2\sigma_{h_i}^2\Big\}\sigma_{g_i}^2$$

$$(6.92)$$

再将式(6.89)~式(6.92)同时除以公共项 N^2,并依次以符号 $\overline{A}_{\mathrm{P},k}^{\mathrm{m}}$、$\overline{B}_{\mathrm{P},k}^{\mathrm{m}}$、$\overline{C}_{\mathrm{P},k}^{\mathrm{m}}$ 和 $\overline{F}_{\mathrm{P},k}^{\mathrm{m}}$ 表示这 4 个表达式。证毕。

6.6.2　定理 6.2 证明

从式中可知,要求得频谱效率下界的闭合表达式,关键在于求解 $\mathbb{E}\{[(\boldsymbol{H}^{\mathrm{H}}\boldsymbol{H})^{-1}]_{kk}\}$ 和式中的 θ_{P},而这两项因子主要涉及矩阵 $(\boldsymbol{H}^{\mathrm{H}}\boldsymbol{H})^{-1}$ 和 $(\boldsymbol{G}^{\mathrm{H}}\boldsymbol{G})^{-1}$ 的统计期望运算。

由于 $\boldsymbol{H}\sim\mathcal{CN}(\boldsymbol{0}_{N\times K},\boldsymbol{Q}^2\otimes\boldsymbol{I}_N)$ 且 $\boldsymbol{H}\sim\mathcal{CN}(\boldsymbol{0}_{N\times K},\boldsymbol{Q}^2\otimes\boldsymbol{I}_N)$,则 $\boldsymbol{H}^{\mathrm{H}}\boldsymbol{H}\sim\mathcal{CW}_K(N,\boldsymbol{Q}^2)$ 和 $\boldsymbol{G}^{\mathrm{H}}\boldsymbol{G}\sim\mathcal{CW}_K(N,\boldsymbol{W}^2)$,二者均为服从复 Wishart 分布的 $K\times K$ 维随机矩阵,自由度都为 N,对应的参数矩阵分别为 $\boldsymbol{Q}^2$ 和 $\boldsymbol{W}^2$。因此,维的复逆 Wishart 随机矩阵,具有自由度 N,参数矩阵为 $(\boldsymbol{Q}^2)^{-1}$ 和 $(\boldsymbol{W}^2)^{-1}$。由此,可以分别计算得到 $\mathbb{E}\{[(\boldsymbol{H}^{\mathrm{H}}\boldsymbol{H})^{-1}]_{kk}\}$ 和 θ_{P}^z 的解析表达式,如下所示:

$$\mathbb{E}\{[(\boldsymbol{H}^{\mathrm{H}}\boldsymbol{H})^{-1}]_{kk}\} \overset{(a)}{=} \mathbb{E}\Big\{\Big[\frac{(\boldsymbol{Q}^2)^{-1}}{N-K}\Big]_{kk}\Big\} = \frac{1}{(N-K)\sigma_{h_k}^2},\ N\geqslant K+1$$

$$(6.93)$$

式中:步骤(a)是根据文献[151,176-177]中关于复逆 Wishart 矩阵的各阶矩性质得到。

$$\theta_{\mathrm{P}}^z \overset{(a)}{=} \rho_{\mathrm{s}}\mathrm{Tr}(\mathbb{E}\{(\boldsymbol{G}^{\mathrm{H}}\boldsymbol{G})^{-1}\}) + \sigma_{\mathrm{r}}^2\mathrm{Tr}(\mathbb{E}\{(\boldsymbol{H}^{\mathrm{H}}\boldsymbol{H})^{-1}\}\mathbb{E}\{(\boldsymbol{G}^{\mathrm{H}}\boldsymbol{G})^{-1}\}) \overset{(b)}{=}$$

$$\rho_{\mathrm{s}}\mathrm{Tr}\Big(\frac{(\boldsymbol{W}^2)^{-1}}{N-K}\Big) + \sigma_{\mathrm{r}}^2\mathrm{Tr}\Big(\frac{(\boldsymbol{Q}^2)^{-1}(\boldsymbol{W}^2)^{-1}}{(N-K)^2}\Big) =$$

$$\frac{\rho_{\mathrm{s}}}{N-K}\sum_{k=1}^{K}\frac{1}{\sigma_{g_k}^2} + \frac{\sigma_{\mathrm{r}}^2}{(N-K)^2}\sum_{k=1}^{K}\frac{1}{\sigma_{h_k}^2\sigma_{g_k}^2} \qquad (6.94)$$

式中:式(6.94)中步骤(a)利用了矩阵期望运算的线性特,以及 $\boldsymbol{H}$ 和 $\boldsymbol{G}$ 互相独立的条件,步骤(b)是根据文献[151,176-177]中复逆 Wishart 矩阵的各阶矩统计特性得到。证毕。

6.6.3 定理 6.3 证明

采用类似于定理 6.1 的方法,先将 $GH^H = \sum\limits_{j=1}^{K} g_j h_j^H$ 代入的分子与分母各项,并利用大数定律对各项进行近似可以得到

$$A_{\text{IP},k}^m \approx \widetilde{A}_{\text{IP},k}^m = \sum_{j=1}^{K} |\hat{g}_k^H \hat{g}_j \hat{h}_j^H \hat{h}_k|^2$$

$$B_{\text{IP},k}^m \approx \widetilde{B}_{\text{IP},k}^m = \sum_{j=1}^{K} (b_k d_k \| \hat{g}_j \|^2 \| \hat{h}_j \|^2 + d_k |\hat{h}_k^H \hat{h}_j|^2 \| \hat{g}_j \|^2 +$$

$$b_k |\hat{g}_k^H \hat{g}_j|^2 \| \hat{h}_j \|^2) \tag{6.95}$$

$$C_{\text{IP},k}^m \approx \widetilde{C}_{\text{IP},k}^m = \sum_{i=1, i \neq k}^{K} \sum_{j=1}^{K} (|\hat{g}_k^H \hat{g}_j \hat{h}_j^H \hat{h}_i|^2 + b_i |\hat{g}_k^H \hat{g}_j|^2 \| \hat{h}_j \|^2 +$$

$$d_k |\hat{h}_i^H \hat{h}_j|^2 \| \hat{g}_j \|^2 + d_k b_i \| \hat{g}_j \|^2 \| \hat{h}_j \|^2)$$

$$D_{\text{IP},k}^m \approx \widetilde{D}_{\text{IP},k}^m = \frac{\sigma_r^2}{\rho_s} (\sum_{j=1}^{K} |\hat{g}_k^H \hat{g}_j|^2 \| \hat{h}_j \|^2 + d_k \| \hat{g}_j \|^2 \| \hat{h}_j \|^2)$$

对于式(6.57)归一化因子 θ_{IP}^m,可以化简得到

$$\theta_{\text{IP}}^m = \rho_s \text{Tr}(\mathbb{E}\{(\hat{H}^H \hat{H})^2\} \mathbb{E}\{\hat{G}^H \hat{G}\}) +$$

$$\rho_s \text{Tr}(\mathbb{E}\{\hat{H}^H \hat{H}\} \mathbb{E}\{\widetilde{H}^H \widetilde{H}\} \mathbb{E}\{\hat{G}^H \hat{G}\}) \tag{6.96}$$

$$+ \sigma_r^2 \text{Tr}(\mathbb{E}\{\hat{H}^H \hat{H}\} \mathbb{E}\{\hat{G}^H \hat{G}\})$$

再利用独立同分布复高斯随机向量乘积的统计特性[104],以及复 Wishart 矩阵的统计特性,对上述各项依次取期望,再代入频谱效率表达式,整理后便可得到定理 6.3 中所述形式。证毕。

6.6.4 重要引理

引理 6.1[178] 设 $P = \sum\limits_{n=1}^{N} P_n$ 和 $Q = \sum\limits_{m=1}^{M} Q_m$ 分别由非负随机变量 P_n 和 Q_m 的累加求和项所组成,由此可以得到如下近似表达式:

$$\mathbb{E}\left\{\log_2\left(1 + \frac{P}{Q}\right)\right\} \approx \log_2\left(1 + \frac{\mathbb{E}\{P\}}{\mathbb{E}\{Q\}}\right) \tag{6.97}$$

同时可以保证当非负随机变量个数 N 和 M 逐渐增大时,式(6.97)中的近似表达式的误差将逐渐缩小。

更为重要的是,式(6.97)中的随机变量 P 无需与 Q 满足统计独立性,且 P_n 之间和 $Q_m Q_n$ 之间各自也不需要满足统计独立性。

证明 参见文献[178]中引理 1 的证明过程。

第 7 章 能效最优的大规模 MIMO 中继系统资源分配方案设计

7.1 引 言

通过第 6 章中的分析可以看到,将大规模天线阵列部署于中继节点后,仅采用简单的线性预编码/接收方案即可较好地抑制用户间干扰。并且通过系统频谱效率闭合表达式可以发现,频谱效率将随着天线数呈现对数增长特性。与此同时,在天线数持续增大的情况下,也可以同时成比例地降低信源用户和中继端的发射功率,且不影响系统当前的频谱效率性能,这也说明可以相应地获得成倍的能效增益(频谱效率与发射功率之比)。然而,这种增益是在没有考虑电路功耗情况或者电路消耗的数量级远小于发射功率量级的情况下所呈现的。

值得注意的是,在引入大规模天线阵列之后,除了能够带来频谱效率性能提升和功率缩放增益,大规模天线阵列的射频链路所产生的固定电路功率消耗也是不容忽视的。尽管大规模天线阵列可以大幅度降低发射功率,为提升系统能效性能奠定了基础。但是,天线的巨量使用所产生的电路功耗,将会直接影响到系统总的能效性能。特别是近些年来,为满足用户多样化业务和高速率数据业务需求的高速增长,无线通信系统中的功耗也随之急剧上升,由此带来的大量温室气体排放以及对环境和经济的影响,越来越受到全社会的关注[111,112]。因此,传统以追求高频谱效率[113][114]为目标的系统设计逐渐转变为以追求高能效[120,129,131]为目标的绿色通信方案,并且绿色通信已成为未来无线通信系统的主流[121]。

然而,现有针对大规模 MIMO 中继系统的研究都将主要焦点放在了其频谱效率性能分析,以及大规模天线阵列所带来的发射功率缩放增益。但是,对于大维天线所产生的电路功耗,特别是对系统能效的影响目前尚未有研究。而这两者之间存在着明显的折中问题,即天线数越多,发射功率就可以节省越多,但此时的天线射频链路功耗却成倍增加。因此,在大规模 MIMO 中继系统中,以能效最大化为目标来联合设计中继天线数、源节点发射功率和中继发射功率具有重要的意义。但是,现有的针对大规模 MIMO 中继系统的研究却未有提及。

基于上述分析,本章针对成对用户大规模 MIMO 中继系统,将系统电路功耗考虑进来,以最大化能效为目标进行系统参数联合优化设计。在 MRC/MRT 和 ZF/ZF 两种预编码方案下,分别对系统天线数以及信源和中继发射功率进行联合优化。利用第 6 章所推导得出的频谱效率闭合表达式,以获得系统能效函数的近似解析表达式。在 MRC/MRT 方案下,首先利用目标函数的特性,证明了全局最优解的存在性和唯一性,并给出一种一维遍历搜索交替迭代算法。为了进一步降低算法复杂度,利用分式规划的性质以及目标函数的大信噪比近似,又提出了一种具有超线性收敛速率的交替迭代优化算法。对于 ZF/ZF 方案,利用目标函数的部分凸性,并结合分式规划的性质,提出一种快速收敛的交替迭代优化算法。对于 3 种算法的收敛性和复杂度,本章也分别进行了比较和分析。最后,通过仿真验证了所提算法的有效性。

本章内容安排如下:第 7.2 节简要回顾多用户大规模 MIMO 两跳中继系统模型;第 7.3 节针对两种不同中继转发处理方案,提出能效最大化的天线数与发射功率联合优化问题,并建立相应数学模型;第 7.4 节针对该能效最大化系统设计问题,提出相应的迭代优化算法,并进行收敛性和复杂度分析;第 7.5 节给出相应的数值仿真结果,并进行对比分析;第 7.6 节对本章进行总结;第 7.7 节给出了本章中定理和引理等内容的详细证明过程。

7.2 系统模型

考虑如图 7.1 所示的多对用户大规模 MIMO 中继系统。K 个单天线信源用户通过一个配置大规模天线阵列的中继与 K 个单天线目的用户进行通信,中继天线数为 N,并且在典型情况下,$N \gg K > 1^{[79,83]}$。假设每对用户之间相距较远,路径损耗较大,因而,两者之间不存在直达路径。整个传输过程通过两跳完成,K 对用户共享系统时频资源,且系统工作在 TDD 制式。

为了便于后续的分析讨论,针对本系统有以下两点假设:

(1)系统采用一定的调度方案,将具有相同或相近大尺度衰落系数的信源用户和目的用户分组进行通信,即满足式(6.16)。

(2)中继可以获取理想的两跳信道矩阵信息。

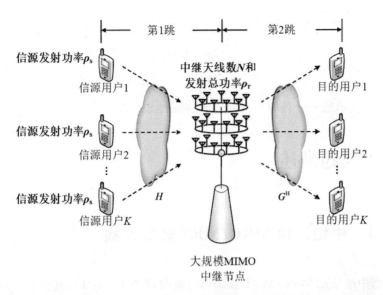

图 7.1　多对用户大规模 MIMO 两跳中继系统中各节点功率及中继天线资源配置示意图

由此,根据第 6 章所述的两跳中继系统转发过程,在目的用户端所接收到的信号向量可以表示为

$$y = \sqrt{\rho_s} \, G^H V H x + G^H V n_r + n \tag{7.1}$$

式中:$x = [x_1, x_2, \cdots, x_K]^T$,且 x 满足功率归一化条件,即 $\mathbb{E}\{xx^H\} = I_K$;ρ_s 表示每个源用户的平均发射功率;$H = [h_1, h_2, \cdots, h_K] \in \mathbb{C}^{N \times K}$,$h_k$ 表示第 k 个源用户到中继之间的信道向量,且 $h_k = \sigma_{h_k} \bar{h}_k$,$\sigma_{h_k}$ 表示信道的大尺度衰落因子,$\bar{h}_k \sim \mathcal{CN}(0, I_N)$ 则表示信道小尺度衰落系数,由于采用了用户调度策略,此时 $\sigma_{h_i} = \sigma_{h_k} = \sigma_h$,$\forall k, i$;$G^H = [g_1, g_2, \cdots, g_K]^H \in \mathbb{C}^{K \times N}$ 表示信道的大尺度衰落因子,且经过用户调度后满足 $\sigma_{g_i} \simeq \sigma_{g_k} = \sigma_g$,$\forall k, i$;$V \in \mathbb{C}^{N \times N}$ 表示中继处的线性预编码矩阵,其为信道矩阵 H 和 G 的函数,根据中继放大转发的策略不同,对应不同的形式,且 V 满足中继端的平均总发射功率约束 ρ_r;$n_r \sim \mathcal{CN}(0, \sigma_r^2 I_N)$ 表示第一跳时中继处的复加性高斯白噪声向量,σ_r^2 表示噪声功率;$n = [n_1, \cdots, n_k, \cdots, n_K]^T$ 表示目的用户端所受到的复加性高斯白噪声向量,且 $n_k \sim \mathcal{CN}(0, \sigma_n^2)$,$\sigma_n^2$ 表示噪声功率。

以第 k 个目的用户为研究目标,其接收信号为

$$y_k = \sqrt{\rho_s} \, g_k^H V h_k x_k + \sqrt{\rho_s} \sum_{i=1, i \neq k}^{K} g_k^H V h_i x_i + g_k^H V n_r + n_k \tag{7.2}$$

因此,可以得到第 k 对用户的平均频谱效率为

$$S_k = \mathbb{E}\left\{\frac{1}{2}\log_2\left(1+\gamma_k\right)\right\} =$$

$$\mathbb{E}\left\{\frac{1}{2}\log_2\left[1+\frac{\rho_s\left|\boldsymbol{g}_k^{\mathrm{H}}\boldsymbol{V}\boldsymbol{h}_k\right|^2}{\rho_s\sum_{i=1,i\neq k}^{K}\left|\boldsymbol{g}_k^{\mathrm{H}}\boldsymbol{V}\boldsymbol{h}_i\right|^2+\parallel\boldsymbol{g}_k^{\mathrm{H}}\boldsymbol{V}\parallel^2+\sigma_n^2}\right]\right\} \quad (7.3)$$

式中：γ_k 表示第 k 个目的用户的端到端瞬时 SINR。

7.3 问题描述

7.3.1 中继采用 MRC/MRT 转发方案

当中继采用 MRC/MRT 预编码方案时，即 $\boldsymbol{V}=\sqrt{\xi}\boldsymbol{G}\boldsymbol{H}^{\mathrm{H}}$，其中 $\xi=\dfrac{\rho_r}{\theta}$ 表示功率归一化因子，且

$$\theta=\mathbb{E}\{\mathrm{Tr}(\rho_s(\boldsymbol{H}^{\mathrm{H}}\boldsymbol{H})^2\boldsymbol{G}^{\mathrm{H}}\boldsymbol{G}+\sigma_r^2\boldsymbol{H}^{\mathrm{H}}\boldsymbol{H}\boldsymbol{G}^{\mathrm{H}}\boldsymbol{G})\} \quad (7.4)$$

基于式（7.3），并根据第 6 章定理 6.1 以及式（6.17），可以得到 MRC/MRT 方案下第 k 个目的用户的平均频谱效率近似解析表达式为

$$\overline{S}_k = \frac{1}{2}\log_2\left[1+\frac{\gamma_s\gamma_r(N^2+2N+K)}{(2N+K)(K-1)\gamma_s\gamma_r+(N+K)\gamma_r+K(N+K)\gamma_s+K}\right]$$

$$(7.5)$$

式中：$\gamma_r=\dfrac{\rho_r\sigma_g^2}{\sigma_n^2}$ 和 $\gamma_s=\dfrac{\rho_s\sigma_h^2}{\sigma_r^2}$ 分别表示信源用户和中继站的发射信噪比。

由于上述表达式过于复杂，不便于后续优化问题求解，甚至于无法判断出后续优化问题目标函数的凹凸特性。此处，利用大规模 MIMO 系统中的近似条件，即 $N\gg K>1$ 和 $N+K\approx N$，将式（7.5）进行化简，并将分子分母同除以 N，可以得到

$$\overline{S}_k \approx \frac{1}{2}\log_2\left[1+\frac{\gamma_r\gamma_s(N+2)}{2(K-1)\gamma_r\gamma_s+\gamma_r+K\gamma_s}\right] \quad (7.6)$$

此处，给出图 7.2 所示仿真结果，以对比简化后的频谱效率表达式式（7.6）与式（7.5）的近似程度。可以看到，随着用户对个数的增加，近似误差相对增加，但是依然较为精确。特别是当天线数增大时，近似效果就越好。

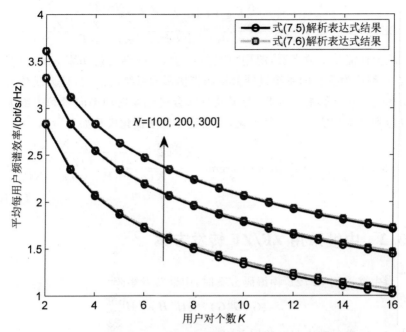

图 7.2　MRC/MRT 预编码方案下，大规模 MIMO 中继系统
频谱效率表达式的近似精确性 ($\rho_r = \rho_s = 20\text{dB}$)

由式(7.6)可以得到系统的总频谱效率为

$$\overline{S}(\boldsymbol{p}, N) = \sum_{k=1}^{K} \overline{S}_k = \frac{K}{2}\log_2\left[1 + \frac{\gamma_r\gamma_s(N+2)}{2(K-1)\gamma_r\gamma_s + \gamma_r + K\gamma_s}\right] \quad (7.7)$$

式中：$\boldsymbol{p} = [\rho_r, \rho_s]$ 表示信源用户和中继节点的发射功率组合向量。

　　系统的总功耗主要包括各信源节点和中继节点的发射功耗和电路功耗两部分[120,129,131,181-183]。发射功耗表示达到一定频谱效率所消耗的实际功率，电路功耗则表示维持系统正常运转时的各射频电路模块功耗，如 A/D 转换器、D/A 转换器、频率合成器、混频器以及功率放大器等模块的电能消耗，且电路总功耗与天线数成正比。

　　因此，该多用户中继系统的总功耗为

$$P(\boldsymbol{p}, N) = K(\mu_s\rho_s + P_s) + \mu_r\rho_r + NP_r \quad (7.8)$$

式中：$\mu_s \geqslant 1$ 表示源用户发射机功放的功率转换因子，P_s 表示源端用户每根天线上的电路功耗，$\mu_r \geqslant 1$ 表示中继站发射机功放的功率转换损失因子，P_r 则表示中继站每根天线上的固定电路功耗。

　　如何在传输过程中以最少的功率消耗来获得最大的频谱效率，这是绿色通信的主要目标。因此，定义能效函数为系统总平均频谱效率与平均功率消耗的比值[120,131]，如下：

$$EE(\boldsymbol{p},N)=\frac{\overline{S}(\boldsymbol{p},N)}{P(\boldsymbol{p},N)}=\frac{\dfrac{K}{2}\log_2\left[1+\dfrac{\gamma_s\gamma_r(N+2)}{2(K-1)\gamma_s\gamma_r+\gamma_r+K\gamma_s}\right]}{K(\mu_s\rho_s+P_s)+\mu_r\rho_r+NP_r} \qquad (7.9)$$

从上述能效函数来看,源用户发射功率 ρ_s、中继发射功率 ρ_r 和中继天线数 N 都作为重要的系统设计变量而直接影响系统总能效,且天线数与发射功率之间相互影响。因此,希望通过联合优化发射功率向量和中继天线数以达到系统的能效性能最大化,从而建立数学优化模型如下所示:

$$(\boldsymbol{p}^{\mathrm{opt}},N^{\mathrm{opt}})=\underset{\boldsymbol{p}>0,N\geqslant K}{\mathrm{argmax}}EE(\boldsymbol{p},N)=\underset{\boldsymbol{p}>0,N\geqslant K}{\mathrm{argmax}}\frac{\dfrac{K}{2}\log_2\left[1+\dfrac{\gamma_s\gamma_r(N+2)}{2(K-1)\gamma_s\gamma_r+\gamma_r+K\gamma_s}\right]}{K(\mu_s\rho_s+P_s)+\mu_r\rho_r+NP_r}$$

$$\qquad (7.10)$$

7.3.2 中继采用 ZF/ZF 转发方案

当中继采用 ZF/ZF 预编码方案时,中继转发矩阵

$$\boldsymbol{V}=\sqrt{\xi}\boldsymbol{G}(\boldsymbol{G}^{\mathrm{H}}\boldsymbol{G})^{-1}(\boldsymbol{H}^{\mathrm{H}}\boldsymbol{H})^{-1}\boldsymbol{H}^{\mathrm{H}}$$

式中:$\xi=\dfrac{\rho_r}{\theta}$ 表示功率归一化因子,且

$$\theta=\mathbb{E}\{\mathrm{Tr}(\rho_s(\boldsymbol{G}^{\mathrm{H}}\boldsymbol{G})^{-1}+\sigma_r^2(\boldsymbol{H}^{\mathrm{H}}\boldsymbol{H})^{-1}(\boldsymbol{G}^{\mathrm{H}}\boldsymbol{G})^{-1})\} \qquad (7.11)$$

基于式(6.3),并根据第 5 章定理 6.2 以及式(6.37),可以得到 ZF/ZF 方案下第 k 个目的用户的平均频谱效率的下界解析表达式为

$$\overline{S}_k=\frac{1}{2}\log_2\left(1+\frac{\gamma_s\gamma_r(N-K)^2}{(\gamma_r+\gamma_s K)(N-K)+K}\right) \qquad (7.12)$$

式(7.12)需要满足条件 $N\geqslant K+1$。

由于式(7.12)较为复杂,且分母中多出的一项影响到整个函数的凹凸性判断。因此,类似于 MRC/MRT 方案中的方法,利用大规模 MIMO 系统的近似条件,舍去式(7.12)中分母里的最后一项 K,并将分子分母同除以 $(N-K)$,可以化简得到

$$\overline{S}_k\approx\frac{1}{2}\log_2\left[1+\frac{\gamma_s\gamma_r(N-K)}{\gamma_r+\gamma_s K}\right] \qquad (7.13)$$

此处,给出图 7.3 对比简化后的频谱效率表达式式(7.13)与式(7.12)的近似误差程度。从图中可以看到,ZF/ZF 预编码方案下两式的近似程度相对于 MRC/MRT 方案中的近似性要更好一些。

由式(7.13)可以得到系统的总频谱效率为

$$\overline{S}(\boldsymbol{p},N)=\sum_{k=1}^{K}\overline{S}_k=\frac{K}{2}\log_2\left[1+\frac{\gamma_s\gamma_r(N-K)}{\gamma_r+\gamma_s K}\right] \qquad (7.14)$$

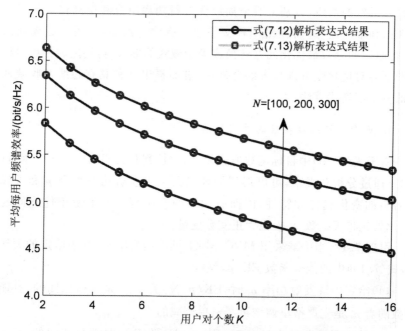

图 7.3　ZF/ZF 预编码方案下，大规模 MIMO 中继系统频谱效率表达式的近似精确性($\rho_r = \rho_s = 20\text{dB}$)

基于式(7.14)，可以得到 ZF/ZF 方案时，系统的能效函数下界为

$$\text{EE}(\boldsymbol{p}, N) = \frac{\bar{S}(\boldsymbol{p}, N)}{P(\boldsymbol{p}, N)} = \frac{\dfrac{K}{2}\log_2\left[1 + \dfrac{\gamma_s\gamma_r(N-K)}{\gamma_r + \gamma_s K}\right]}{K(\mu_s\rho_s + P_s) + \mu_r\rho_r + NP_r} \qquad (7.15)$$

为了获取系统能效最优，这里联合优化系统发射功率和中继天线数，以达到最优的系统能效性能，从而建立如下数学模型

$$(\boldsymbol{p}^{\text{opt}}, N^{\text{opt}}) = \underset{p>0, N\geqslant K+1}{\operatorname{argmax}} \text{EE}(\boldsymbol{p}, N) = \underset{p>0, N\geqslant K+1}{\operatorname{argmax}} \frac{\dfrac{K}{2}\log_2\left[1 + \dfrac{\gamma_s\gamma_r(N-K)}{\gamma_r + \gamma_s K}\right]}{K(\mu_s\rho_s + P_s) + \mu_r\rho_r + NP_r}$$

$$(7.16)$$

7.4　最优能效联合系统参数设计

7.4.1　中继采用 MRC/MRT 转发方案

式(7.10)中优化问题的能效目标函数是两个函数相除的形式，且涉及的变量具有耦合特性。因而，通常这种函数都是非凸的。因此，本节首先根

据目标函数的性质,分别证明全局最优发射功率组合和全局最优天线数的存在性和唯一性,进而提出一种交替迭代算法。然后,利用分数规划的性质,将原始的分数最优化问题转换成等价减式的形式,再利用转换后目标函数的下界对优化变量进行去耦合操作,进而提出一种具有超线性收敛速率的低复杂度迭代算法。

1. 基于目标函数特性的迭代算法

由于式(7.10)中目标函数形式复杂,直接判断其凹凸性是十分困难的。但是,通过分析和观察,可以得到能效函数关于发射功率组合 p 和天线数 N 各自的变化趋势和特性,因而有如下两个引理。为了便于优化问题求解,此处先将天线数 N 松弛为正实数变量。

引理 7.1 当中继采用 MRC/MRT 预编码方案时,对于给定的天线数 N,式(7.10)中的能效函数 $EE(p,N)$:

(1)给定中继发射功率 ρ_r 时,$EE(p,N)$关于 ρ_s 是严格拟凹的,且能效函数随着 ρ_s 是先严格单调增再严格单调减的。

(2)给定源端发射功率 ρ_s 时,$EE(p,N)$关于 ρ_r 是严格拟凹的,且能效函数随着 ρ_s 也是先严格单调增再严格单调减的。

证明 参见本章附录 7.7.1 节。

引理 7.2 对于给定的发射功率向量 p,式中的能效函数 $EE(p,N)$关于天线数 N 是严格拟凹的,且随着 N 是先严格单调增再严格单调减的。

证明 类似引理 7.1 的证明方法,可以直接证明得到上述结论。

上述两个引理表明,能效函数在任意两个变量固定的情况下,关于第三个单变量是严格拟凹的,且是严格先增后减的。进一步,利用引理 7.1 和引理 7.2,可以得到全局最优发射功率组合和全局最优天线数的存在性和唯一性定理如下。

定理 7.1 当中继采用 MRC/MRT 预编码方案时,对于式(7.10)中的能效函数 $EE(p,N)$:

(1)给定任意天线数 N 时,$EE(p,N)$关于发射功率向量 p 是联合严格拟凹的,并且存在唯一的全局最优发射功率。同时,最优信源发射功率与最优中继发射功率满足如下关系式:

$$\rho_s^{opt} = \sqrt{\frac{\mu_r \sigma_g^2 \sigma_r^2}{\mu_s \sigma_n^2 \sigma_h^2 K^2}} \rho_r^{opt} \tag{7.17}$$

(2)给定任意发射功率向量 p,存在唯一的全局最优天线数 N^{opt},且以解析形式给出如下:

$$N^{opt}=\underset{N>0}{\arg\max}EE(N)=\frac{e^{W[\frac{\alpha\beta-(2\alpha+1)P_r}{eP_r}]+1}-(2\alpha+1)}{\alpha} \qquad (7.18)$$

式中：α 和 β 具有如下表达式：

$$\alpha=\frac{\gamma_r\gamma_s}{2(K-1)\gamma_r\gamma_s+\gamma_r+K\gamma_s}, \quad \beta=K(\mu_s\rho_s+P_s)+\mu_r\rho_r$$

$W(\cdot)$ 表示 Lambert W 函数[184]。

证明　参见本章附录 7.7.2 节。

通过定理 7.1 可以看到，信源用户的最优发射功率与中继的最优发射功率仅存在一个常系数比，且该系数只与系统的统计特性和参量有关。上述定理中给出的最优天线数通常情况下是非整数值，然而根据能效值随天线数的变化趋势可知，只需取与最优天线数最接近的两个整数值，比较二者对应的能效值，取较大者输出即可。

尽管定理 7.1 给出了全局最优发射功率组合和全局最优天线数的结论，但是要直接联合求解最优天线数和发射功率却并非易事。然而，根据该定理中所描述的特性，可以通过迭代的方法求解该优化问题，即在发射功率的有效范围内遍历其取值，在每组取值下根据式（7.18）直接查表得出最优天线数，最后通过遍历比较，得到最优天线数与发射功率组合。具体的算法流程在算法 7.1 表格中给出。

算法 7.1　一维遍历搜索迭代算法

1.	初始化 $\rho_r=\rho_{r,0}\geqslant0$，$\rho_s=\rho_{s,0}\geqslant0$，$N=N_0$，$EE^{opt}=EE_0\geqslant0$，$\delta>1$
2.	While $EE(\rho_r,\rho_s,N)>EE^{opt}$ do
3.	$EE^{opt}\leftarrow EE(\rho_r,\rho_s,N)$
4.	遍历更新中继发射功率取值 $\rho_s=\delta\cdot\rho_r$
5.	根据式（7.17）和式（7.18）分别计算信源用户的发射功率 ρ_s 和中继天线数 N；
6.	End While
7.	输出（ρ_r^{opt}，ρ_s^{opt}，N^{opt}，EE^{opt}）

注意：对于上述一维遍历搜索迭代算法，实际上也可以通过遍历天线数的有效取值范围，再在每个天线数取值下，求解最优的发射功率向量。而对于最优发射功率的求解，根据引理 7.1 中所描述的能效值关于发射功率的先增后减变化趋势，可以利用文献[185]中的梯度辅助二分搜索（Gradient Assisted Binary Search，GABS）来求解最优发射功率，只需将 GABS 算法

中的目标函数换成本节的能效函数即可。然而，GABS 算法也是一种迭代搜索算法，虽然具有线性收敛速率，但是相比于算法 7.1 中利用 Lambert W 函数离线查表的方法，其收敛速度仍然较慢，所以此处采用遍历发射功率，求解最优天线数的迭代顺序。通过上述算法流程可以看到，该算法是通过逐渐增加发射功率来遍历搜索收敛到最优解的。同时，该算法所涉及的计算量并不高，且 Lambert W 函数值可以通过查表的方法离线获得。该算法的收敛性显然可以得到保证，此处不再赘述。

2. 基于分数规划的迭代优算法

可以看到，算法 7.1 的收敛速度和精度取决于发射功率变量的初始值以及变化步长，具有很大的波动性。因而，在本节中，利用分数规划的性质，提出一种具有超线性收敛速率的迭代优化算法，通过间接的方法获得一种局部的最优解。

此时，先利用式(7.17)中最优发射功率的关系式，将式(7.10)中原优化问题转化为关于(ρ_r, N)的两变量优化问题，即

$$\max_{\rho_r > 0, N \geqslant K} EE(\rho_r, N) = \frac{\frac{K}{2}\log_2\left[1 + \frac{\gamma_r \phi(N+2)}{2(K-1)\phi\gamma_r + 1 + K\phi}\right]}{K(\mu_s\varphi\rho_r + P_s) + \mu_r\rho_r + NP_r} \tag{7.19}$$

式中：

$$\varphi = \sqrt{\frac{\mu_r\sigma_g^2\sigma_r^2}{\mu_s\sigma_n^2\sigma_h^2 K^2}}, \quad \phi = \sqrt{\frac{\mu_r\sigma_n^2\sigma_h^2}{\mu_s\sigma_g^2\sigma_r^2 K^2}} \tag{7.20}$$

因此，利用分数规划性质[186]，可将式优化问题进一步转换为等价的减法形式。此处，先给出如下引理。

引理 7.3　设优化问题式(7.19)的最优能效值 $\eta^{opt} = \dfrac{\overline{S}(\rho_r^{opt}, N^{opt})}{P(\rho_r^{opt}, N^{opt})} = \underset{\rho_r \geqslant 0, N \geqslant K}{\operatorname{argmax}} \dfrac{\overline{S}(\rho_r, N)}{P(\rho_r, N)}$，则当且仅当如下优化问题满足时

$$\max_{\rho_r > 0, N \geqslant K} \overline{S}(\rho_r, N) - \eta^{opt}P(\rho_r, N) =$$

$$\overline{S}(\rho_r^{opt}, N^{opt}) - \eta^{opt}P(\rho_r^{opt}, N^{opt}) = 0 \tag{7.21}$$

可以获得原优化问题式(7.19)相同的最优功率 ρ_r^{opt} 和最优天线数 N^{opt} 以及最优能效值 η^{opt}。

利用引理 7.3，本节提出一种低复杂度且具有超线性收敛速率的迭代算法(又称 Dinkelbach 算法[129])，用以分层迭代求得最优能效值 η 以及最优发射功率和天线数，具体的算法流程在算法 7.2 表格中给出。

算法 7.2　基于大信噪比近似的分式规划交替迭代算法

1.	初始化 $\eta^{(0)} \geqslant 0, = 0, \varepsilon_1 > 0$
2.	Repeat
3.	给定 $\eta^{(m)}$，求解问题 $\max\limits_{\rho_r \geqslant 0, N \geqslant K} \overline{S}(\rho_r, N) - \eta^{(m)} P(\rho_r, N)$，获得最优解 $\rho_r^{(m)}$ 和 $N^{(m)}$
4.	$\eta^{(m+1)} = \dfrac{\overline{S}(\rho_r^{(m)}, N^{(m)})}{P(\rho_r^{(m)}, N^{(m)})}$
5.	$m = m + 1$
6.	Until $\left| \overline{S}(\rho_r^{(m-1)}, N^{(m-1)}) - \eta^{(m-1)} P(\rho_r^{(m-1)}, N^{(m-1)}) \right| \leqslant \varepsilon_1$
7.	输出 $(\rho_r^{\text{opt}}, \rho_s^{\text{opt}}, N^{\text{opt}}, \eta^{\text{opt}}) = (\varphi \rho_r^{(m)}, \rho_r^{(m)}, N^{(m)}, \eta^{(m)})$

上述 Dinkelbach 算法中关于 η 的收敛性证明，以及超线性收敛速率的证明可直接参见文献[129,186]采用类似方法直接得到。

至此，发射功率和天线数联合优化问题的关键在于给定 η，求解如下问题：

$$\max_{\rho_r > 0, N \geqslant K} \overline{S}(\rho_r, N) - \eta P(\rho_r, N) \tag{7.22}$$

然而，上述优化问题的目标函数中，由于 $\overline{S}(\rho_r, N)$ 中含有耦合变量，使得目标函数非凸，所以无法使用标准的凸优化方法进行求解。根据文献[129]，利用频谱效率的下界（此处也可认为是大信噪比下的近似结果），可以得到

$$\overline{S}(\rho_r, N) = \frac{K}{2} \log_2 \left(1 + \frac{\phi \gamma_r (N+2)}{2(K-1)\phi \gamma_r + 1 + K\phi} \right) >$$
$$\frac{K}{2} \log_2 \left(\frac{\phi \gamma_r (N+2)}{2(K-1)\phi \gamma_r + 1 + K\phi} \right) \tag{7.23}$$

将式(7.23)中的下界代入式(7.22)中，可以得到转换后的优化问题为

$$\max_{\rho_r > 0, N \geqslant K} \frac{K}{2} \log_2 \left[\frac{\phi \gamma_r (N+2)}{2(K-1)\phi \gamma_r + 1 + K\phi} \right] - \eta \left[K(\mu_s \varphi \rho_r + P_s) + \mu_r \rho_r + N P_r \right]$$
$$\tag{7.24}$$

值得注意的是，这里采用式(7.22)中目标函数的下界进行优化，最终求得的最优解对应于最优能效的下界。如果该能效下界与能效足够紧致，则所求出的最优解就近似等于最优能效值时的最优解。

通过上述变换，将目标函数中的变量进行了去耦合操作。关于式

(7.24)中目标函数的凹凸性，有如下定理。

定理 7.2 式（7.24）中优化问题的目标函数关于 (ρ_r, N) 是联合凹函数。

证明 不失一般性，定义函数 $g(\rho_r, N)$ 如下所示：

$$g(\rho_r, N) = \frac{K}{2}\log_2\left[\frac{\varphi\gamma_r(N+2)}{2(K-1)\varphi\gamma_r + 1 + K\varphi}\right] -$$
$$\eta[K(\mu_s\varphi\rho_r + P_s) + \mu_r\rho_r + NP_r] \qquad (7.25)$$

令 $g(\rho_r, N)$ 对 ρ_r 和 N 分别求二阶偏导数，可以得到

$$\left.\begin{aligned}
\frac{\partial^2 g}{\partial \rho_r^2} &= -\frac{K(1+K\varphi)[4(K-1)\vartheta\rho_r + 1 + K\varphi]}{2\ln2\{\rho_r[2(K-1)\varphi\gamma_r + 1 + K\varphi]\}^2} \\
\frac{\partial^2 g}{\partial N^2} &= -\frac{K}{2\ln2(N+2)}
\end{aligned}\right\} \qquad (7.26)$$

式中

$$\vartheta = \sqrt{\frac{\mu_r\sigma_g^2\sigma_h^2}{\mu_s\sigma_n^2\sigma_r^2 K^2}} \qquad (7.27)$$

同时，可以求得 $g(\rho_r, N)$ 对 ρ_r 和 N 的二阶混合偏导数均等于零，即

$$\frac{\partial^2 g}{\partial \rho_r \partial N} = \frac{\partial^2 g}{\partial N \partial \rho_r} = 0 \qquad (7.28)$$

由此可以得到 $g(\rho_r, N)$ 的海森矩阵，如下所示：

$$\nabla^2 g = \begin{bmatrix} -\dfrac{K(1+K\varphi)(4(K-1)\vartheta\rho_r + 1 + K\varphi)}{2\ln2(\rho_r(2(K-1)\varphi\gamma_r + 1 + K\varphi))^2} & 0 \\ 0 & -\dfrac{K}{2\ln2(N+2)} \end{bmatrix}$$

$$(7.29)$$

显然，$g(\rho_r, N)$ 的海森矩阵为负定阵，所以，式（7.25）优化问题中的目标函数是凹函数。证毕。

根据定理 7.2，利用标准的凸优化方法，令式（7.24）中的目标函数对 ρ_r 和 N 的一阶偏导数分别等于 0，即

$$\left.\begin{aligned}
\frac{K(1+K\phi)}{2\ln2\rho_r[2(K-1)\phi\gamma_r + 1 + K\phi]} - \eta(\mu_s\varphi K + \mu_r) &= 0 \\
\frac{K}{2\ln2(N+2)} - \eta P_r &= 0
\end{aligned}\right\} \qquad (7.30)$$

由此，可以求解得到最优发射功率和天线数的闭合形式解如下：

$$\left.\begin{aligned}
\rho_r^* &= \frac{\sqrt{(1+K\phi)^2 + \dfrac{4\vartheta K(K-1)(1+K\phi)}{\eta(\mu_s\varphi K + \mu_r)\ln2}} - (1+K\phi)}{4\vartheta(K-1)} \\
N^* &= \frac{K}{2\eta P_r\ln2} - 2
\end{aligned}\right\} \qquad (7.31)$$

注意:式(7.31)中所给出的最优天线数需要满足约束条件 $N \geqslant K$,当 N^* 不满足该条件时,根据引理 7.2 中的性质,只需取 $N^* = K$ 即可。

从式(7.31)可以看到,最优天线数与用户数呈线性增长关系,与中继节点的射频电路功耗呈单调递减趋势。从直观上理解,用户数越多,则为了消除用户间干扰,每个用户就需要更多的天线自由度,从而更好地消除用户间干扰,从而提升频谱效率和能效。而每根天线上的电路功耗增加时,系统总功耗随天线数线性增长,从而会成倍加大系统总功耗,因此对于系统总能效是不利的。

对于式(7.31)最优发射功率,表达式相对复杂。考虑当 $K \gg 1$ 时的情况,可以得到中继节点最优发射功率的简化表达式为

$$\rho_r^* \approx \frac{\sqrt{(1+\xi)^2 + \dfrac{4K\nu(1+\xi)}{\eta(\mu_s\omega+\mu_r)\ln2}} - (1+\xi)^2}{4\nu} \tag{7.32}$$

式中:

$$\xi = \sqrt{\frac{\mu_r\sigma_n^2\sigma_h^2}{\mu_s\sigma_g^2\sigma_r^2}}, \quad \omega = \sqrt{\frac{\mu_r\sigma_g^2\sigma_r^2}{\mu_s\sigma_n^2\sigma_h^2}}, \quad \nu = \sqrt{\frac{\mu_r\sigma_h^2\sigma_g^2}{\mu_s\sigma_r^2\sigma_n^2}} \tag{7.33}$$

以上这 3 个参数都是与发射机功放损耗因子、系统大尺度衰落因子和噪声功率等统计量有关的常数。从式(7.32)中可以看到,中继节点的最优发射功率随着用户数单调增加,考虑式(7.17)中信源用户的发射功率表达式,可以进一步发现其随着用户数的增加而逐渐降低。这主要是由于信源用户之间的功率会造成较大的干扰,而中继节点的功率加大后,可以提升终端用户的复用增益,从而最终增加系统的能效性能。

由以上分析可知,在多用户大规模 MIMO 中继系统中,只需要根据中继与用户间的大尺度统计信息,即可对信源和中继发射功率以及天线数进行联合优化,以达到系统的能效最优,从而大大降低了对于瞬时 CSI 每次都进行迭代优化的复杂过程。并且,所提算法只需要简单的标量计算,不需要任何求导运算,计算复杂度较低。

7.4.2　中继采用 ZF/ZF 转发方案

当中继采用 ZF/ZF 预编码方案时,可以有效地消除用户间干扰项,使得优化问题式(7.16)的目标函数相对于 MRC/MRT 方案下的目标函数式(7.10)相对简洁。然而,式(7.16)中的目标函数由于依然存在耦合变量而无法直接使用凸优化方法予以求解。

本节将采用分数规划的方法,并结合目标函数的部分凸性,来求解该优

化问题。首先,对于能效函数关于发射功率向量和天线数变量的各自变化特性,给出如下引理。

定理 7.3 当中继采用 ZF/ZF 预编码方案时,对于式(7.16)中的能效函数 $EE(\pmb{p},N)$:

(1)给定天线数 N 时,$EE(\pmb{p},N)$ 关于发射功率向量 $\pmb{p}$ 是联合严格拟凹的,并且存在唯一的全局最优发射功率 $\pmb{p}^{\text{opt}}=[\rho_r^{\text{opt}},\rho_s^{\text{opt}}]$ 使得能效达到最大。同时,最优信源发射功率与最优中继发射功率满足如下关系式:

$$\rho_s^{\text{opt}}=\sqrt{\frac{\mu_r\sigma_g^2\sigma_r^2}{\mu_s\sigma_n^2\sigma_h^2K^2}}\,\rho_r^{\text{opt}} \tag{7.34}$$

(2)给定发射功率向量 $\pmb{p}$,$EE(\pmb{p},N)$ 关于天线数 N 是严格拟凹的,且 $EE(\pmb{p},N)$ 随着 N 是先严格单调增再严格单调减的,并存在唯一的全局最优天线数使得能效达到最大。

证明 参见本章附录 7.7.3 节。

由上述定理可以看到,在 ZF/ZF 预编码方案下,最优信源用户和中继节点发射功率所满足的关系式与 MRC/MRT 预编码方案是一致的。因此,将式(7.34)代入式(7.16)中的能效目标函数,将其转化为只关于中继发射功率与中继天线数的两变量联合优化问题,即

$$\max_{\rho_r>0,N\geqslant K+1}EE(\rho_r,N)=\frac{\frac{K}{2}\log_2\left[1+\frac{\vartheta\rho_r(N-K)}{1+\phi K}\right]}{K(\mu_s\varphi\rho_r+P_s)+\mu_r\rho_r+NP_r} \tag{7.35}$$

式中:φ 和 ϕ 定义于式(7.20),ϑ 定义于式(7.27)。

根据分数规划的性质以及本书引理 7.3,可将式(7.35)中的分式优化问题等价地转换为带参数的减法形式优化问题,如下所示:

$$\max_{\rho_r>0,N\geqslant K+1}\frac{K}{2}\log_2\left[1+\frac{\vartheta\rho_r(N-K)}{1+\varphi K}\right]-\eta^{\text{opt}}\left[K(\mu_s\varphi\rho_r+P_s)+\mu_r\rho_r+NP_r\right]$$

$$\tag{7.36}$$

式中

$$\eta^{\text{opt}}=\frac{\frac{K}{2}\log_2\left[1+\frac{\vartheta\rho_r^{\text{opt}}(N^{\text{opt}}-K)}{1+\phi K}\right]}{K(\mu_s\varphi\rho_r^{\text{opt}}+P_s)+\mu_r\rho_r^{\text{opt}}+NP_r}=\max_{\rho_r>0,N\geqslant K+1}\frac{\frac{K}{2}\log_2\left[1+\frac{\vartheta\rho_r(N-K)}{1+\phi K}\right]}{K(\mu_s\varphi\rho_r+P_s)+\mu_r\rho_r+NP_r}$$

对于式(7.36)中的优化问题,尽管无法事先已知 η^{opt},但是可以通过分层迭代的方法予以解决,也即采用算法 7.2 中的方法迭代求解外层最优 η 值,而对于每一次迭代时的 η 则通过内层子问题求解得出最优发射功率和天线数后进行交替更新。因而,只需要在给定 η 的情况下,解决如下所示的子问题。

$$\max_{\rho_r>0,N\geqslant K+1} \frac{K}{2}\log_2\left[1+\frac{\vartheta\rho_r(N-K)}{1+\phi K}\right]-\eta\left[K(\mu_s\varphi\rho_r+P_s)+\mu_r\rho_r+NP_r\right]$$

$$(7.37)$$

对于式(7.37)优化问题中目标函数的凹凸性判断,有如下定理。

定理 7.4　式(7.37)优化问题中的目标函数关于(ρ_r,N)是非凹的。但是,当满足如下条件时,

$$(N-K)\rho_r\geqslant\frac{(1+\xi)K}{\nu}$$

$$(7.38)$$

目标函数关于(ρ_r,N)为凹函数。其中,常数ξ和ν定义于式(7.33)。

证明　不失一般性,定义函数$h(\rho_r,N)$如下:

$$h(\rho_r,N)=\frac{K}{2}\log_2\left(1+\frac{\vartheta\rho_r(N-K)}{1+\phi K}\right)-\eta\left[K(\mu_s\varphi\rho_r+P_s)+\mu_r\rho_r+NP_r\right]$$

$$(7.39)$$

将$h(\rho_r,N)$对两个变量分别求二阶偏导数和二阶混合偏导数,得到其海森矩阵为

$$\nabla^2 h=\begin{bmatrix}-\dfrac{K\vartheta^2(N-K)^2}{2\ln 2(1+\phi K+\vartheta\rho_r(N-K))^2} & \dfrac{\vartheta K(1+\varphi K)}{2\ln 2(1+\phi K+\vartheta\rho_r(N-K))^2}\\[2ex]\dfrac{\vartheta K(1+\varphi K)}{2\ln 2(1+\phi K+\vartheta\rho_r(N-K))^2} & -\dfrac{K\rho_r^2\vartheta^2}{2\ln 2(1+\phi K+\vartheta\rho_r(N-K))^2}\end{bmatrix}$$

$$(7.40)$$

进一步可以到海森矩阵$\nabla^2 h$的行列式为

$$\det(\nabla^2 h)=\frac{(N-K)^2\rho_r^2K^2\vartheta^4-[\vartheta K(1+\varphi K)]^2}{\{2\ln 2[1+\varphi K+\vartheta\rho_r(N-K)]^2\}^2}$$

$$(7.41)$$

从式(7.41)中可以看到,海森矩阵的行列式并不总是正的。因而,函数$h(\rho_r,N)$不是凹的,所以无法直接使用凸优化的方法获得最优解。然而,当令式(7.41)中的分子大于等于 0 时[化简后即可得到式(7.38)所示的形式],可以验证海森矩阵为半负定阵。此时,$h(\rho_r,N)$关于(ρ_r,N)为凹函数,从而可利用凸优化的标准方法求最优解。证毕。

因此,利用定理 7.4 中关于目标函数的部分凸性,在满足式(7.38)条件时,求解局部最优解。根据标准的凸优化理论,将目标函数$h(\rho_r,N)$对ρ_r和N分别求一阶偏导数,并令其为 0,即

$$\begin{cases}\dfrac{\partial h}{\partial\rho_r}=\dfrac{\vartheta K(N-K)}{2\ln 2(1+\phi K+\vartheta\rho_r(N-K))}-\eta(K\mu_s\varphi+\mu_r)=0\\[2ex]\dfrac{\partial h}{\partial N}=\dfrac{\rho_r K\vartheta}{2\ln 2[1+\phi K+\vartheta\rho_r(N-K)]}-\eta P_r=0\end{cases}$$

$$(7.42)$$

求解式(7.42)中的联立方程组,可以得到中继的最优发射功率和最优

天线数闭合形式解为

$$\rho_r^* = \frac{\nu + \sqrt{\nu^2 - 16(\ln 2)^2 \eta^2 \nu P_r (1+\xi)(\mu_s \omega + \mu_r)/K}}{4\ln 2 \nu \eta (\mu_s \omega + \mu_r)/K} \tag{7.43}$$

$$N^* = \frac{\nu + \sqrt{\nu^2 - 16(\ln 2)^2 \eta^2 \nu P_r (1+\xi)(\mu_s \omega + \mu_r)/K}}{4\ln 2 \nu \eta P_r/K} + K \tag{7.44}$$

式中:常数 ξ、ω 和 ν 定义于式(7.33)。

最终,将本节所提出的算法流程总结在算法 7.3 表格中。

观察式(7.43)和式(7.44)可以发现,随着 η 值逐渐增大,上述算法是通过逐渐减小发射功率和中继天线数收敛到最优解的

算法 7.3　基于目标函数部分凸性的交替迭代算法

1.	初始化 $\eta^{(0)} \geqslant 0, m=0, \varepsilon_1 > 0$
2.	Repeat
3.	利用 $\eta^{(m)}$,并根据式(7.43)和式(7.44)分别求解中继发射功率 $\rho_r^{(m)}$ 和天线数 $N^{(m)}$
4.	$\cdot \ \eta^{(m+1)} = \dfrac{\dfrac{K}{2}\log_2\left[1 + \dfrac{\rho_r^{(m)}\vartheta(N^{(m)}-K)}{1+\varphi K}\right]}{K(\mu_s\varphi\rho_r^{(m)}+P_s)+\mu_r\rho_r + N^{(m)}P_r}$
5.	$m=m+1$
6.	Until $\left\| \dfrac{K}{2}\log_2\left(1+\dfrac{\rho_r^{(m-1)}\vartheta(N^{(m-1)}-K)}{1+\varphi K}\right) - \eta^{(m-1)}\left[K(\mu_s\varphi\rho_r^{(m-1)}+P_s)+\mu_r\rho_r + N^{(m-1)}P_r\right] \right\| \leqslant \varepsilon_1$
7.	输出 $(\rho_r^{opt}, \rho_s^{opt}, N^{opt}, \eta^{opt}) = (\varphi\rho_r^{(m)}, \rho_r^{(m)}, N^{(m)}, \eta^{(m)})$

7.5　仿真结果与分析

本节将针对图 7.1 所示的 K 对单天线用户大规模 MIMO 中继系统,给出两种预编码方案下的最优能效系统参数联合设计算法的性能结果,并对其进行对比和分析。为不失一般性,假设大尺度衰落因子归一化为 1,系统各阶段所受到的加性高斯白噪声功率归一化为 1W,射频功放的功率损耗因子 $\mu_r = \mu_s = 1$。仿真中以及图示中所表示出的"dB"均表示与白噪声功率比。对于 MRC/MRT 预编码方案而言,一维遍历搜索迭代算法对应于算法 7.1,基于大信噪比近似的分式规划的迭代算法对应算法 7.2。实际

上,此处的算法 7.1 就是最优算法,但是二维遍历搜索算法的收敛速度要相对更快一些。对于算法 7.1,仿真中设置的迭代步长为 $\delta=1.01$,对于算法 7.2,仿真中设置的迭代终止精度为 10^{-5}。

　　图 7.4 给出了两种算法在不同的每天线电路功耗情况下最优能效性能随着用户对个数的变化趋势。从图中可以看出,能效性能随着用户数的增加呈现出增加的趋势,这是由于随着用户数的增加,系统多用户分集特性更加明显,从而使能效性能大大增加,使得系统的能效性能明显提升。同时可以看到,当每天线电路功耗从 -20dB 上升至 -15dB 时,系统能效随着用户对个数的增加显著下降,最大下降约 60%。此外,发现算法 7.2 与算法 7.1之间存在一定的间隙,这主要是由于算法 7.2 所得到的最优发射功率和最优天线数相对于大信噪比近似的要求相差较大,从而使得该近似不够精确所导致的。

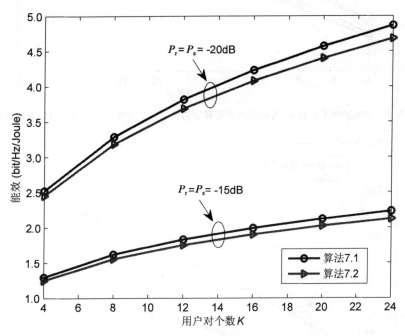

图 7.4　MRC/MRT 方案下,两种迭代优化算法的能效性能随用户对个数的变化趋势

　　图 7.5 给出了算法 7.1 与算法 7.2 两种算法下所对应的频谱效率性能。可以看到算法 7.2 的频谱效率要高于算法 7.1,这主要是由于大信噪比近似后,可支持更多的频谱效率增益,同时就会对能效性能产生过大的影响。图 7.6 给出达到系统最优能效时的最优天线数随用户对数的变化趋势。可以看到,随着用户对个数的增加,所需最优天线数也逐渐增加。这是因为,更多的用户需要更多的天线来构造丰富的自由度,用以准确的空间对

准或者说干扰消除,从而消除用户间干扰对能效所产生的影响。

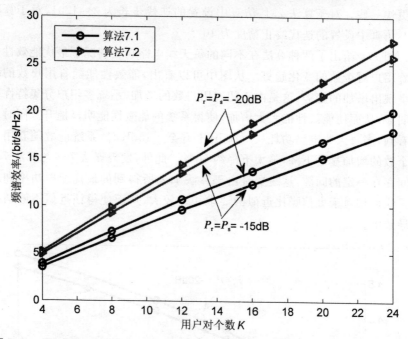

图 7.5 MRC/MRT 方案下,两种迭代优化算法的频谱效率性能随用户对个数的变化趋势

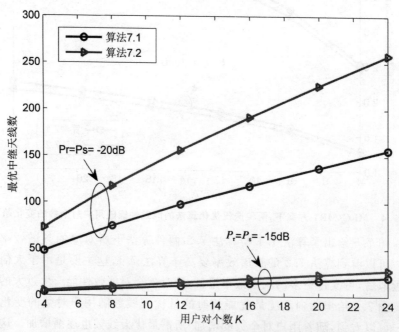

图 7.6 MRC/MRT 方案下,两种迭代优化算法的最优天线数随用户对个数的变化趋势

　　图 7.7 给出了当用户对个数为 24 时,算法 7.2 的收敛轨迹。从图中可以看出,算法 7.2 的能效值在迭代到第 6 次时,便达到了最优能效值的 90%。因此,从图中可以看出在较少的迭代次数情况下能够实现最大化系统的能效。再来看 ZF/ZF 方案下的基于目标函数部分凸性的迭代优化算法能效性能。为了便于对比,此处给出二维遍历搜索算法,所提出的基于目标函数与部分凸性的迭代算法对应于算法 7.3,其在迭代时的终止精度设置为 10^{-5}。

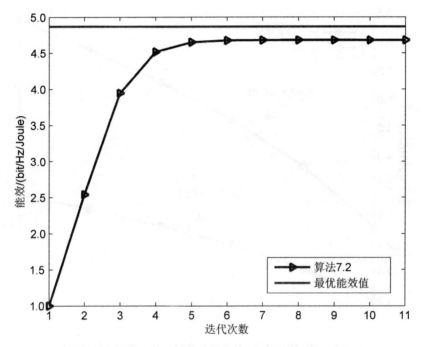

图 7.7　MRC/MRT 方案下,大信噪比区间近似的分数规划
迭代算法收敛轨迹($K=24$, $P_r = P_s = -20\text{dB}$)

　　图 7.8 给出了不同的每天线电路功耗下,算法 7.3 与遍历搜索算法的性能比较。从图中可以明显看到,所提出的迭代算法与遍历搜索算法具有几乎完全一样的能效性能,这也说明了基于目标函数的部分凸性进行最优能效求解是有效的。同时可以看到,能效性能随着用户对个数的增加而大为增加(相对于 MRC/MRT 的增长幅度而言),这主要得益于 ZF/ZF 方案下,用户间干扰可以有效地消除。随着电路功耗的上升,整个系统的能效性能衰减较大。

　　图 7.9 给出了不同电路功耗下,最优能效对应的频谱效率性能。可以从图中看到,随着用户对个数的增加,系统的频谱效率性能也逐渐增加。并

且随着电路功耗的增加,系统频谱效率反而下降,这主要是由于设计目标是最小化系统能效,因此为了达到能效最优,需要牺牲频谱效率的增益。图 7.10 给出了不同的电路功耗下,最优能效对应的最优天线数随着用户对个数的变化趋势。从中可以看出,随着用户对个数的增加,所需要的最优天线数也呈大规模的增加趋势。由于用户间干扰的消除状况良好,所以在相同的电路功耗下,ZF 方案可以支持更多的天线数用于系统获得分集增益和自由度。

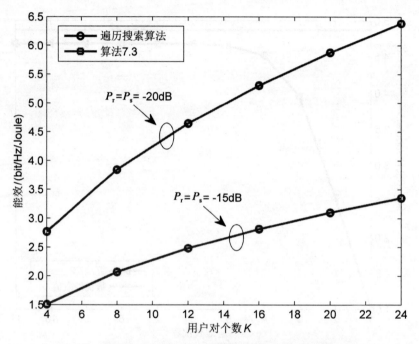

图 7.8　ZF/ZF 方案下,基于部分凸性的分式规划迭代算法的能效性能随用户对个数的变化趋势

图 7.11 中给出了算法 7.3 在 $K=24$、$P_r=P_s=-20\mathrm{dB}$ 时的迭代收敛速率,可以很清楚地看到,在迭代 6 次后,所提算法便可以收敛到最优能效值,具有十分高效的收敛速率。

对比 MRC/MRT 和 ZF/ZF 两种方案下的性能,可以清楚地看到,ZF/ZF 方案具有较为明显的性能优势,这主要得益于在理想 CSI 时 ZF 方案可以较好地消除用户间干扰,从而使得发射功率和天线数在同等条件下获得更明显的分集和复用增益。

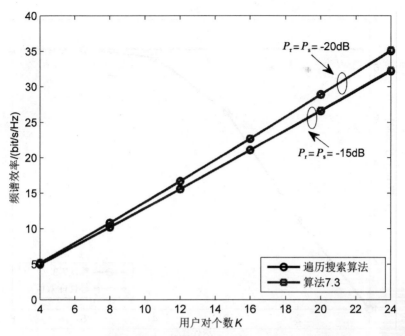

图 7.9　ZF/ZF 方案下,基于部分凸性的分式规划迭代算法的
频谱效率性能随用户对个数的变化趋势

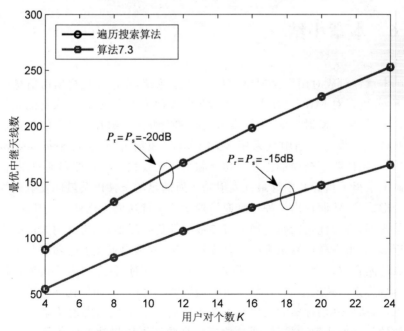

图 7.10　ZF/ZF 方案下,最优天线数随用户对个数的变化趋势

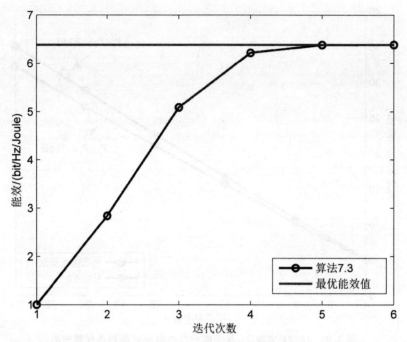

图 7.11　ZF/ZF 方案下,部分凸性分式规划迭代算法的收敛轨迹($K=24, P_r=P_s=-20dB$)

7.6　本章小结

　　本章针对成对用户大规模 MIMO 中继系统,在已知理想信道信息的条件下,分别针对 MRC/MRT 和 ZF/ZF 两种预编码方案,以最大化能效为目标,对包括用户发射功率、中继发射功率和中继天线数在内的系统参数进行了联合优化设计。当中继采用 MRC/MRT 发射方案,首先根据能效函数性质,分别证明了全局最优发射功率和最优天线数的存在性和唯一性,在此基础上求得了信源和中继最优发射功率所满足的条件以及最优发射天线的闭合形式解,从而提出一种一维遍历搜索的交替迭代优化算法。其次,利用分数规划,将原优化问题转换为带参数的等价减法形式,再利用大信噪比下的近似,提出一种低复杂度的联合优化算法,并求得最优发射功率和发射天线数的闭合解。当中继采用 ZF/ZF 预编码方案时,首先利用分式规划将目标函数转换为减式形式,再利用目标函数的部分凸性,即优化变量满足一定的条件,从而利用标准的凸优化方法求解得到了最优的发射功率和最优天线数的闭合形式解。最后,通过数值仿真验证了所提功率优化算法的有效性,并观察分析了算法的收敛速率。

7.7　附　录

7.7.1　引理 7.1 证明

此处，先给出固定 ρ_s 时，能效函数 $\mathrm{EE}(\rho_r,\rho_s)$ 关于 ρ_r 的性质。为符号简便，将式(7.9)重新整理后得到

$$\mathrm{EE}=\frac{\log_2\left(1+\dfrac{a\rho_r}{b\rho_r+c}\right)}{2\mu_r(\rho_r+d)/K} \tag{7.45}$$

式中：$a=\dfrac{\gamma_s(N+2)}{\sigma_n^2}$；$b=\dfrac{[2(K-1)\gamma_s+1]}{\sigma_n^2}$；$c=K\gamma_s$；$d=\dfrac{K(\mu_s\rho_s+P_s)+NP_r}{\mu_r}$。

显然，这些参数都为正数。

然后，将能效函数 $\mathrm{EE}(\rho_r,\rho_s)$ 对 ρ_r 求一阶偏导数得到

$$\frac{\partial \mathrm{EE}}{\partial \rho_r}=\frac{\dfrac{ac(\rho_r+d)}{\ln2(a\rho_r+b\rho_r+c)(b\rho_r+c)}-\log_2\left(1+\dfrac{a\rho_r}{b\rho_r+c}\right)}{2\mu_r(\rho_r+d)^2/K} \tag{7.46}$$

由于式(7.46)右侧的分母项为正，因而，$\dfrac{\partial \mathrm{EE}}{\partial \rho_r}$ 的正负符号只与分子项有关。定义函数 $f(\rho_r)$，如下所示：

$$f(\rho_r)=\frac{ac(\rho_r+d)}{\ln2(a\rho_r+b\rho_r+c)(b\rho_r+c)}-\log_2\left(1+\frac{a\rho_r}{b\rho_r+c}\right) \tag{7.47}$$

对 $f(\rho_r)$ 求一阶导数，可以得到

$$\frac{\partial f(\rho_r)}{\partial \rho_r}=-\frac{ac(\rho_r+d)[(a+b)(b\rho_r+c)+b(a\rho_r+b\rho_r+c)]}{\ln2[(a\rho_r+b\rho_r+c)(b\rho_r+c)]^2}<0 \tag{7.48}$$

上式表明，$f(\rho_r)$ 是关于 ρ_r 是严格的单调递减函数。因此，可知 $f(+\infty)<f(\rho_r)<f(0)$。根据洛必达求导法则，可以得到

$$\lim_{\rho_r\to 0}f(\rho_r)>0,\quad \lim_{\rho_r\to+\infty}f(\rho_r)<0 \tag{7.49}$$

综上可知，$f(\rho_r)=0$ 有且仅有一个零点 ρ_r^*，且当 $\rho_r<\rho_r^*$ 时，$f(\rho_r)>0$；当 $\rho_r>\rho_r^*$ 时，$f(\rho_r)<0$。因此，可以判断能效函数 $\mathrm{EE}(\rho_r,\rho_s)$ 关于 ρ_r 是先严格单调增再严格单调减。再根据文献[120]引理 2 中单变量函数拟凹性条件可知，$\mathrm{EE}(\rho_r,\rho_s)$ 关于 ρ_r 是严格拟凹的。

同理可证，当给定 ρ_r 时，能效函数 $\mathrm{EE}(\rho_r,\rho_s)$ 关于 ρ_s 有类似结论。

证毕。

7.7.2　定理 7.1 证明

（1）先来证明在给定天线数 N 时，式（7.10）中能效函数关于发射功率向量的联合拟凹性，以及全局最优发射功率向量的存在性和唯一性。

定义能效函数 $\mathrm{EE}(\rho_\mathrm{r},\rho_\mathrm{s})$ 的上水平集 Γ_α 如下所示：

$$\Gamma_\alpha=\{\rho_\mathrm{r},\rho_\mathrm{s}\geqslant0\mid\mathrm{EE}(\rho_\mathrm{r},\rho_\mathrm{s})\geqslant\alpha\} \tag{7.50}$$

根据文献［185］中引理 1，对于任意实数 α，当且仅当 $\mathrm{EE}(\rho_\mathrm{r},\rho_\mathrm{s})$ 的上水平集 Γ_α 是严格凸时，能效函数 $\mathrm{EE}(\rho_\mathrm{r},\rho_\mathrm{s})$ 关于 $(\rho_\mathrm{r},\rho_\mathrm{s})$ 是严格拟凹的。下面，对 α 在不同的情况下讨论 $\mathrm{EE}(\rho_\mathrm{r},\rho_\mathrm{s})$ 凹凸性。

当 $\alpha<0$ 时，不存在满足 $\mathrm{EE}(\rho_\mathrm{r},\rho_\mathrm{s})=\alpha$ 的点。当 $\alpha=0$ 时，只有 $(\rho_\mathrm{r},\rho_\mathrm{s})=(0,0)$ 时可以满足 $\mathrm{EE}(\rho_\mathrm{r},\rho_\mathrm{s})=\alpha$。因此，对于 $\alpha\leqslant0$ 的情况，$\mathrm{EE}(\rho_\mathrm{r},\rho_\mathrm{s})$ 是严格凸的。当 $\alpha>0$ 时，上水平集 Γ_α 表示为如下等价形式：

$$\Gamma_\alpha=\{\rho_\mathrm{r},\rho_\mathrm{s}\geqslant0\mid\alpha P(\rho_\mathrm{r},\rho_\mathrm{s})-\bar{S}(\rho_\mathrm{r},\rho_\mathrm{s})\leqslant0\} \tag{7.51}$$

显然，式（7.51）中的 $P(\rho_\mathrm{r},\rho_\mathrm{s})$ 是凸的。再通过计算 $\bar{S}(\rho_\mathrm{r},\rho_\mathrm{s})$ 的海森矩阵 $\mathcal{H}(\bar{S}(\rho_\mathrm{r},\rho_\mathrm{s}))$，即

$$\nabla^2\bar{S}(\rho_\mathrm{r},\rho_\mathrm{s})=\begin{bmatrix}\dfrac{\partial^2\bar{S}}{\partial^2\rho_\mathrm{s}}&\dfrac{\partial^2\bar{S}}{\partial\rho_\mathrm{r}\partial\rho_\mathrm{s}}\\[3mm]\dfrac{\partial^2\bar{S}}{\partial\rho_\mathrm{s}\partial\rho_\mathrm{r}}&\dfrac{\partial^2\bar{S}}{\partial^2\rho_\mathrm{r}}\end{bmatrix} \tag{7.52}$$

并验证其各阶主子式，可知海森矩阵 $\nabla^2\bar{S}(\rho_\mathrm{r},\rho_\mathrm{s})$ 为负定阵，即 $\bar{S}(\rho_\mathrm{r},\rho_\mathrm{s})$ 为凹函数，则 $-\bar{S}(\rho_\mathrm{r},\rho_\mathrm{s})$ 为凸函数。最终，可以得到 Γ_α 为严格凸的。因此，能效函数 $\mathrm{EE}(\rho_\mathrm{r},\rho_\mathrm{s})$ 关于两个功率变量 $(\rho_\mathrm{r},\rho_\mathrm{s})$ 为联合拟凹函数。

对于严格拟凹函数，如果存在一个局部最优解，则该局部最优解即为全局最优解[185]。下面来证明该最优解的唯一性与存在性。假设存在最优发射功率向量 $(\rho_\mathrm{r}^\mathrm{opt},\rho_\mathrm{s}^\mathrm{opt})$，则根据引理 7.1，该最优功率满足如下关系式

$$\left.\frac{\partial\mathrm{EE}}{\partial\rho_\mathrm{r}}\right|_{(\rho_\mathrm{r}^\mathrm{opt},\rho_\mathrm{s}^\mathrm{opt})}=\left.\frac{P\dfrac{\partial\bar{S}}{\partial\rho_\mathrm{r}}-\bar{S}\dfrac{\partial P}{\partial\rho_\mathrm{r}}}{P^2}\right|_{(\rho_\mathrm{r}^\mathrm{opt},\rho_\mathrm{s}^\mathrm{opt})}=0 \tag{7.53}$$

$$\left.\frac{\partial\mathrm{EE}}{\partial\rho_\mathrm{s}}\right|_{(\rho_\mathrm{r}^\mathrm{opt},\rho_\mathrm{s}^\mathrm{opt})}=\left.\frac{P\dfrac{\partial\bar{S}}{\partial\rho_\mathrm{s}}-\bar{S}\dfrac{\partial P}{\partial\rho_\mathrm{s}}}{P^2}\right|_{(\rho_\mathrm{r}^\mathrm{opt},\rho_\mathrm{s}^\mathrm{opt})}=0 \tag{7.54}$$

观察式（7.53）和式（7.54），可以看出二者的分母项必然大于零。因此，只需使得上述两式的分子为零，即

$$\left.P\frac{\partial\bar{S}}{\partial\rho_\mathrm{r}}\right|_{(\rho_\mathrm{r}^\mathrm{opt},\rho_\mathrm{s}^\mathrm{opt})}=\left.\bar{S}\frac{\partial P}{\partial\rho_\mathrm{r}}\right|_{(\rho_\mathrm{r}^\mathrm{opt},\rho_\mathrm{s}^\mathrm{opt})} \tag{7.55}$$

$$P\left.\frac{\partial \overline{S}}{\partial \rho_{s}}\right|_{(\rho_{r}^{opt}, \rho_{s}^{opt})} = \overline{S}\left.\frac{\partial P}{\partial \rho_{s}}\right|_{(\rho_{r}^{opt}, \rho_{s}^{opt})} \tag{7.56}$$

将式(7.55)与式(7.56)左右两端相除,并代入$\left.\dfrac{\partial \overline{S}}{\partial \rho_{r}}\right|_{(\rho_{r}^{opt}, \rho_{s}^{opt})}$、$\left.\dfrac{\partial \overline{S}}{\partial \rho_{s}}\right|_{(\rho_{r}^{opt}, \rho_{s}^{opt})}$、

$\left.\dfrac{\partial P}{\partial \rho_{s}}\right|_{(\rho_{r}^{opt}, \rho_{s}^{opt})}$和$\left.\dfrac{\partial P}{\partial \rho_{r}}\right|_{(\rho_{r}^{opt}, \rho_{s}^{opt})}$的具体表达式,化简合并后即可得到

$$\rho_{s}^{opt} = \sqrt{\frac{\mu_{r}\sigma_{g}^{2}\sigma_{r}^{2}}{\mu_{s}\sigma_{n}^{2}\sigma_{h}^{2}K^{2}}} \rho_{r}^{opt} \tag{7.57}$$

将式(7.57)对应的最优功率向量关系式代入能效函数 $EE(\rho_{r}, \rho_{s})$,转化为关于单变量 ρ_{r}^{opt} 的形式,

$$EE(\rho_{r}^{opt}) = \frac{\dfrac{K}{2}\log_{2}\left[1 + \dfrac{\varphi\gamma_{r}^{opt}(N+2)}{2\phi(K-1)\gamma_{r}^{opt}+1+K\phi}\right]}{K(\mu_{s}\varphi\rho_{r}^{opt}+P_{s})+\mu_{r}\rho_{r}^{opt}+NP_{r}} \tag{7.58}$$

根据本章引理 7.1 的证明方法可以得到,能效函数 $EE(\rho_{r}^{opt})$ 式中关于 ρ_{r}^{opt} 是先严格单调增再严格单调减的,因此,一定存在且仅有一个全局最优解 ρ_{r}^{opt} 使得能效函数达到最大值。

(2)再来证明在给定任意发射功率向量 **p** 时,全局最优天线数的存在性和唯一性,以及此时的闭合形式解。

根据引理 7.2,可以直接得出存在唯一的最优天线数 N^{opt},使得当 $N < N^{opt}$ 时,能效函数 $EE(N)$ 随 N 严格单调增加;当 $N > N^{opt}$ 时,能效函数随 N 严格单调减小。并且根据能效函数 $EE(N)$ 关于天线数 N 的严格拟凹特性可知,该最优天线数 N^{opt} 是全局最优解。

为了求得最优天线数的闭合形式解,先将 N 松弛为连续型变量,再将 $EE(N)$ 对 N 求一阶导数,并令其等于 0 以求得最优天线数。

为了便于推导,先将能效目标函数整理化简后得到

$$EE(N) = \frac{\dfrac{K}{2}\log_{2}(a+bN)}{c+NP_{r}} \tag{7.59}$$

式中:

$$a = \frac{2K\gamma_{r}\gamma_{s}+\gamma_{r}+K\gamma_{s}}{2(K-1)\gamma_{r}\gamma_{s}+\gamma_{r}+K\gamma_{s}}$$

$$b = \frac{\gamma_{r}\gamma_{s}}{2(K-1)\gamma_{r}\gamma_{s}+\gamma_{r}+K\gamma_{s}}$$

$$c = K(\mu_{s}\rho_{s}+P_{s})+\mu_{r}\rho_{r}$$

进一步化简合并后,可以得到

$$\frac{\partial EE}{\partial N} = 0 \Leftrightarrow \frac{b(c+P_{r}N)}{\ln 2(a+bN)} - P_{r}\log_{2}(a+bN) = 0 \tag{7.60}$$

对式(7.60)进行整理变换后,可以得到

$$\frac{bc-aP_r}{a+bN}=P_r[\ln(a+bN)-1] \tag{7.61}$$

令 $x=\ln(a+bN)-1$,并将其代入上式可以得到 $\frac{bc-aP_r}{P_re}=xe^x$。从而利用 Lambert W 函数,可以获得 x 的闭合形式解为 $x=W\left(\frac{bc-aP_r}{P_re}\right)$。最终,最优天线数的闭合解为

$$N^{opt}=\frac{e^{x+1}-a}{b} \tag{7.62}$$

证毕。

7.7.3 定理 7.3 证明

(1)当天线数 N 任意给定时,式(7.16)中优化问题的能效函数 EE 关于发射功率向量的联合拟凹特性、关于单个变量的增减变化趋势以及全局最优发射功率存在性和唯一性结论,可根据引理 7.1 和定理 7.1 中的证明方法类似得到。此处,给出信源最优发射功率与中继最优发射功率的关系表达式推导过程。

根据式(7.55)与式(7.56),只需求得式(7.16)中的总频谱效率 $\bar{S}$ 和总功耗 P 关于 ρ_r 和 ρ_s 的一阶偏导数即可,

$$\begin{cases} \dfrac{\partial \bar{S}}{\partial \rho_r}=\dfrac{\gamma_s^2\sigma_g^2K^2(N-K)}{2\sigma_n^2\ln2(\gamma_r+\gamma_sK+\gamma_s\gamma_r(N-K))(\gamma_r+\gamma_sK)} \\[3mm] \dfrac{\partial \bar{S}}{\partial \rho_s}=\dfrac{\gamma_r^2\sigma_h^2K(N-K)}{2\sigma_r^2\ln2[\gamma_r+\gamma_sK+\gamma_s\gamma_r(N-K)](\gamma_r+\gamma_sK)} \end{cases} \tag{7.63}$$

$$\frac{\partial P}{\partial \rho_r}=\mu_r, \quad \frac{\partial P}{\partial \rho_s}=K\mu_s$$

将式(7.63)中的各表达式分别代入式(7.55)与式(7.55),并将两式左右两端相除,化简后即可得到最优信源发射功率与最优中继发射功率的关系式,如下:

$$\rho_s^{opt}=\sqrt{\frac{\mu_r\sigma_g^2\sigma_r^2}{\mu_s\sigma_n^2\sigma_h^2K^2}}\rho_r^{opt} \tag{7.64}$$

由此得到最优发射功率的简洁关系表达式。

(2)当给定发射功率 p 时,能效函数关于 N 的拟凹特性、增减变化趋势以及全局最优解的存在性和唯一性结论,可根据引理 7.1 的证明方法类似得到。证毕。

第8章 分布式大规模 MIMO 系统的频谱效率性能分析

8.1 引 言

近几年来，大规模 MIMO 技术吸引了工业界和学术界越来越多的目光[23,38,45]。最早提出的大规模 MIMO 方案是通过在基站部署比现有系统中天线数高若干数量级的天线阵列，来同时服务多个用户。由此可以在降低发射功耗、消除用户间干扰、信道硬化（Channel Hardening）等方面带来许多与传统 MIMO 系统完全不同的特性优势[47-48,178]，从而大幅提升系统性能。

对于大规模 MIMO 技术的早期研究大都关注于集中式天线排布[23,48,58,131]，即在基站端集中地放置大规模天线阵列来服务小区内的多个用户。然而，文献[91-93]中的研究结果表明，将配备单根或多根天线的多个远端射频单元（Remote Radio Unit，RRU）部署在小区不同的位置，再通过光纤等高速链路将各 RRU 连接至中央处理单元（Central Unit，CU），形成所谓的分布式多天线系统，即分布式 MIMO。通过将各个 RRU 接收到的信号传送至 CU 处进行联合处理，可以在小区覆盖范围、边缘用户吞吐量、系统可达速率、室内盲区消除等方面获得较集中式 MIMO 系统更多的性能优势。但是，近些年针对分布式天线系统的研究大多针对较少的基站天线数量配置，并未考虑大规模阵列的使用，且分布式多天线系统最早被提出用于覆盖室内无线通信的盲点[187]，然后才扩展至蜂窝系统来提高小区覆盖[89,188]。通过将用户和 RRU 间的信道视为每条路径具有不同大尺度衰落的广义 MIMO 信道，可以将针对 MIMO 的技术应用到分布式天线系统中。另一方面，作为大规模 MIMO 技术的有益拓展和探索，基于 CRAN 架构的分布式大规模 MIMO 技术也受到了越来越多的关注[95]，特别是毫米波技术的推广，使得部署更多 RRU 以及在 RRU 部署更多天线成为可能。

基于上述分布式天线系统的优势，国内外各学术研究机构对于大规模

MIMO 技术应用于分布式天线系统这一想法给予了越来越多的关注[97]。文献[100]在 5G 框架下对集中式大规模 MIMO 和分布式大规模 MIMO 两种传输方案从区域平均频谱效率和能效指标进行了分析比较,结果也表明,分布式大规模 MIMO 系统可以提供更好的性能增益。文献[103]考虑了理想信道信息下 RRU 之间存在有限的数据共享约束下,RRU 与用户的配对优化问题。文献[104]和文献[105]分别研究了单小区场景下和多小区相关瑞利衰落信道下的分布式大规模 MIMO 系统的可达速率渐进性能。文献[106]在分布式天线呈圆形拓扑结构下,推导了系统和速率的闭合表达式,并基于此给出了最优的圆形拓扑半径。文献[107]分析了包括相位噪声、失真噪声和噪声放大在内的收发信机硬件损伤对分布式大规模 MIMO 下行链路的频谱效率性能影响。在系统采用 MRT 预编码方案时,推导出了频谱效率闭合表达式,并给出了当天线数趋于无穷大时的频谱效率渐进性能。研究表明,加性失真噪声对于分布式大规模 MIMO 的系统性能几乎无影响,而相位噪声却成为制约系统性能的主要因素。同时可以发现,在每根天线上使用独立的晶振器将有益于系统性能提升。文献[108]在理想信道信息下,以系统能效最大化为目标,对天线选择、预编码设计和功率分配进行了联合优化设计。该文献通过一种基于信道增益的天线选择方案和基于干扰量的用户分组方法,将原优化问题分成若干子问题加以解决。研究结果表明,当电路功耗量级较大且不可忽略时,系统使用全部天线进行 ZF 预编码可获得最优能效。

值得注意的是,现有针对分布式大规模 MIMO 系统的研究,都是基于理想信道信息或是只考虑了信道估计误差或导频污染对系统进行优化设计和性能分析,而对于实际系统中重要的信道时变性因素却未曾考虑。众所周知,由于用户的相对移动性,信道会出现多普勒频移,这使得信道遭受时间选择性衰落,信道系数随着时间推移将会发生不同程度的变化(即信道时间相关性)。再考虑到系统本身的信号处理延时等因素,会导致当前时刻所估计出的 CSI,用于后续时刻的预编码发射或检测接收时,已经与真实的信道信息产生偏差,这种现象也称为信道信息过期(Outdated CSI)或信道老化(Channel Aging)[59]。因此,信道老化对于系统性能的影响也受到越来越多的关注。文献[59-60]针对集中式大规模 MIMO 系统,研究了移动场景下时变信道特性对于系统和速率的影响以及此时可以获得的发射功率缩放律。而对于分布式大规模 MIMO 系统在时变信道下的性能分析却未有提及。特别是,由于分布式大规模 MIMO 系统的结构特性和信道组成不同,不能直接套用集中式大规模 MIMO 系统的分析方法,需要进一步分析和讨论。

　　因此,研究信道的时间相关性对分布式大规模 MIMO 系统的整体性能会产生什么样的影响以及对于系统的设计有怎样的指导作用具有十分重要的意义。基于上述分析,本章首先针对单小区多用户分布式大规模 MIMO 系统,研究其在时间相关性信道下,当采用 MRC 接收和 MRT 发射时的上下行频谱效率性能。在考虑信道估计误差的同时,通过引入一阶高斯马尔科夫过程来对信道时变特性进行建模,用时间相关性系数表征信道的时变程度。利用确定性等价定理及 Gamma 分布随机变量的性质,推导出了包含有信道时间相关系数的上下行频谱效率闭合表达式,并定量地分析时间相关性系数对频谱效率所带来的影响和变化趋势。同时,给出了当基站总发射天线与用户数之比趋于无穷大时,上下行频谱效率的极限表达式,以及此时所能获得的发射功率增益。进而,将系统扩展至蜂窝多小区多用户分布式大规模天线系统中,将导频污染与信道时变因素同时考虑进来,推导出了多小区系统上行频谱效率的闭合表达式,得到了频谱效率关于时间相关性系数的准确数学关系式。此外,得出了当总天线数趋于无穷大时频谱效率的极限形式。与单小区中不同的是,由于多小区导频污染现象的存在,小区间使用相同导频的用户所产生干扰项成为制约系统性能的主导因素,这也最终导致了频谱效率极限值与时间相关性系数无关这一现象的出现。最后,通过数值仿真验证了所推导的频谱效率闭合表达式的有效性和精确性,并将分布式大规模 MIMO 系统和集式大规模 MIMO 系统的频谱性能在不同场景下进行比较。

　　本章内容安排如下:第 8.2 节给出了单小区分布式大规模 MIMO 系统模型,并对含有信道估计误差的时变信道进行建模,进而分析单小区系统在 MRC 接收和 MRT 发送时的上行和下行频谱效率渐进性能和功率缩放律;第 8.3 节在多小区分布式大规模 MIMO 系统中,针对带有导频污染的信道时变特性,对上行 MRC 接收时的频谱效率渐进性能和功率缩放律进行了分析;第 8.4 节对本章内容进行总结;第 8.5 节给出了本章中定理和引理等内容的详细证明过程。

8.2　单小区分布式大规模 MIMO 系统频谱效率分析

8.2.1　系统模型

　　考虑如图 8.1 所示的多用户分布式大规模 MIMO 系统。该系统由 K 个移动用户(Mobile Unit,MU),M 个 RRU 以及一个 CU 所组成,且每个用户配置单天线,每个 RRU 配置 N 根天线。用户和 RRU 均匀随机分布在小区不同的位置,各 RRU 则通过光纤回程链路与 CU 连接。假设整个系统工作在 TDD 制式下,此时,系统的上下行信道满足互易性。

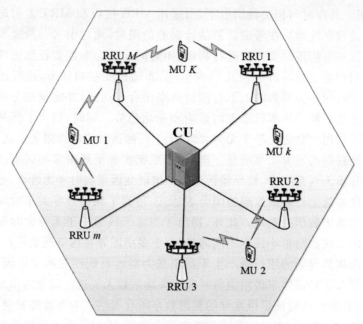

图 8.1　单小区分布式大规模 MIMO 系统模型

假设信道服从平坦瑞利衰落特性,即信道系数在一个符号时间内保持准静止不变,随着符号时间长度逐渐变化。因此,在第 t 个符号内,第 k 个用户到所有 RRU 的 $NM \times 1$ 维上行信道向量可建模为

$$\boldsymbol{h}_k[t] = \boldsymbol{D}_k^{1/2} \boldsymbol{g}_k[t] \tag{8.1}$$

式中:

$$\boldsymbol{D}_k = \mathrm{diag}([\beta_{1,k}, \cdots, \beta_{m,k}, \cdots, \beta_{M,k}]) \bigotimes \boldsymbol{I}_N \tag{8.2}$$

$$\beta_{m,k} = r \zeta_{m,k}^{-\varepsilon} \lambda_{m,k} \tag{8.3}$$

$$\boldsymbol{g}_k[t] = [\boldsymbol{g}_{1,k}^{\mathrm{T}}[t], \cdots, \boldsymbol{g}_{m,k}^{\mathrm{T}}[t], \cdots, \boldsymbol{g}_{M,k}^{\mathrm{T}}[t]]^{\mathrm{T}} \tag{8.4}$$

式中:$\beta_{m,k}$ 表示第 k 个用户到第 m 个 RRU 之间的大尺度衰落系数[104,189-191];ε 表示路径损耗的指数衰减因子;$\zeta_{m,k}$ 表示第 k 个用户到第 m 个 RRU 之间的距离;r 表示在参考距离 $\zeta_{m,k} = 1\mathrm{km}$ 时的平均路径增益;$\lambda_{m,k}$ 表示对数正态阴影衰落系数,一般而言,大尺度衰落系数在相对较长的时间内是保持近似不变的[60,67];$\boldsymbol{g}_{m,k}[t] \in \mathbb{C}^{N \times 1} \sim \mathcal{CN}(0, \boldsymbol{I}_N)$ 用以描述第 k 个用户到第 m 个 RRU 之间的小尺度衰落系数。

因此,可以得到系统在上行链路中的输入输出关系式,即 CU 端收到的

所有用户的信号向量为

$$\boldsymbol{y}[t] = \sqrt{p_{\mathrm{ul}}}\boldsymbol{H}[t]\boldsymbol{x}[t] + \boldsymbol{z}[t] \tag{8.5}$$

式中：$\boldsymbol{x}[t] = [x_1[t], x_2[t], \cdots, x_K[t]]^{\mathrm{T}}$ 表示所有 K 个用户在 t 时刻发射的信号向量，且 $\boldsymbol{x}[t]$ 具有归一化发射功率，即 $\mathbb{E}\{\boldsymbol{x}[t](\boldsymbol{x}[t])^{\mathrm{H}}\} = \boldsymbol{I}_K$；$p_{\mathrm{ul}}$ 表示每个用户的平均上行发射功率[104]；$\boldsymbol{H}[t] = [\boldsymbol{h}_1[t], \cdots, \boldsymbol{h}_k[t], \cdots, \boldsymbol{h}_K[t]] \in \mathbb{C}^{NM \times K}$ 表示所有用户到 CU 的上行信道矩阵；$\boldsymbol{z}[t] \sim \mathcal{CN}(\boldsymbol{0}, \boldsymbol{I}_{NM})$ 表示具有零均值单位方差的复加性高斯噪声向量。由于用户之间地理位置的分散性，所以不同用户之间的信道向量是相互统计独立的。

8.2.2　信道估计与信道时变特性建模

1. 上行信道估计

在分布式大规模 MIMO TDD 系统中，为了使得 CU 可以获得 CSI 用于下行预编码和上行接收检测，则可利用信道互易性，通过用户发送上行导频信号或训练序列来辅助 CU 在本地进行信道估计。假设 K 个用户在信道估计阶段使用前 L 个符号长度用于发送上行正交导频序列（$L \geqslant K$），则 $L \times K$ 维的正交导频矩阵 $\boldsymbol{\Phi}$ 满足功率归一化条件，即 $\boldsymbol{\Phi}^{\mathrm{H}}\boldsymbol{\Phi} = \boldsymbol{I}_K$。为了便于分析，假设信道估计阶段的信道是不变的，在实际中由于信道变化所带来的信道估计误差忽略不计[59-60]。因此，CU 接收到的导频信号为

$$\boldsymbol{Y}_{\mathrm{p}}[t] = \sqrt{p_{\mathrm{p}}}\boldsymbol{H}[t]\boldsymbol{\Phi}^{\mathrm{H}} + \boldsymbol{Z}_{\mathrm{p}}[t] \tag{8.6}$$

式中：p_{p} 表示导频序列的平均发射功率，且 $p_{\mathrm{p}} = Lp_{\mathrm{ul}}$；$\boldsymbol{Z}_{\mathrm{p}}[t]$ 表示所受到的 $NM \times L$ 维零均值单位方差的复加性高斯白噪声矩阵。CU 首先将接收信号进行去相关操作，即对式等号两侧乘以导频矩阵的共轭转置，由此得到观察信号

$$\overline{\boldsymbol{Y}}_{\mathrm{p}}[t] = \boldsymbol{Y}_{\mathrm{p}}[t]\boldsymbol{\Phi} = \sqrt{p_{\mathrm{p}}}\boldsymbol{H}[t] + \overline{\boldsymbol{Z}}_{\mathrm{p}}[t] \tag{8.7}$$

式中：$\overline{\boldsymbol{Z}}_{\mathrm{p}}[t] = \boldsymbol{Z}_{\mathrm{p}}[t]\boldsymbol{\Phi} = [\overline{\boldsymbol{z}}_{\mathrm{p},1}[t], \cdots, \overline{\boldsymbol{z}}_{\mathrm{p},k}[t], \cdots, \overline{\boldsymbol{z}}_{\mathrm{p},K}[t]]$。由于导频矩阵具有列正交特性，因此，$\overline{\boldsymbol{z}}_{\mathrm{p},k}[t]$ 仍然服从零均值单位方差的复高斯分布。此时，第 k 个用户到 CU 的信道向量可以从如下表达式中估计得出：

$$\overline{\boldsymbol{y}}_{\mathrm{p},k}[t] = \sqrt{p_{\mathrm{p}}}\boldsymbol{h}_k[t] + \overline{\boldsymbol{z}}_{\mathrm{p},k}[t] \tag{8.8}$$

此处，CU 采用 MMSE 准则对信道向量 $\boldsymbol{h}_k[t]$ 进行估计，则根据标准的估计理论和推导方法[192]，可以得到 $\boldsymbol{h}_k[t]$ 的估计向量 $\hat{\boldsymbol{h}}_k[t]$ 为

$$\hat{\boldsymbol{h}}_k[t] = \mathbb{E}\{\boldsymbol{h}_k[t] | \overline{\boldsymbol{y}}_{\mathrm{p},k}[t]\} =$$

$$\mathbb{E}\{\boldsymbol{h}_k[t]\overline{\boldsymbol{y}}_{\mathrm{p},k}^{\mathrm{H}}[t]\}(\mathbb{E}\{\overline{\boldsymbol{y}}_{\mathrm{p},k}[t](\overline{\boldsymbol{y}}_{\mathrm{p},k}[t])^{\mathrm{H}}\})^{-1}\overline{\boldsymbol{y}}_{\mathrm{p},k}[t]=$$

$$\sqrt{p_{\mathrm{p}}}\,\boldsymbol{D}_k(p_{\mathrm{p}}\boldsymbol{D}_k+\boldsymbol{I}_{\mathrm{MN}})^{-1}\,\overline{\boldsymbol{y}}_{\mathrm{p},k}[t] \tag{8.9}$$

进一步可以得到，$\hat{\boldsymbol{h}}_k[t]\sim\mathcal{CN}(\boldsymbol{0},\boldsymbol{D}_k(\boldsymbol{D}_k+p_{\mathrm{p}}^{-1}\boldsymbol{I}_{\mathrm{MN}})^{-1}\boldsymbol{D}_k)$。符号简洁，定义参数 $\alpha_{m,k}$，如下所示：

$$\alpha_{m,k}^2=\frac{\beta_{m,k}^2 p_{\mathrm{p}}}{1+\beta_{m,k}p_{\mathrm{p}}} \tag{8.10}$$

此时，可以将信道估计向量 $\hat{\boldsymbol{h}}_k[t]$ 表示为

$$\hat{\boldsymbol{h}}_k[t]=\boldsymbol{D}_k(\boldsymbol{D}_k+p_{\mathrm{p}}^{-1}\boldsymbol{I}_{\mathrm{MN}})^{-1/2}\,\hat{\boldsymbol{g}}_k[t][\alpha_{1,k}\,\hat{\boldsymbol{g}}_{1,k}^{\mathrm{T}}[t],\cdots,$$

$$\alpha_{m,k}\,\hat{\boldsymbol{g}}_{m,k}^{\mathrm{T}}[t],\cdots,\alpha_{M,k}\,\hat{\boldsymbol{g}}_{M,k}^{\mathrm{T}}[t]]^{\mathrm{T}} \tag{8.11}$$

式中：$\hat{\boldsymbol{g}}_{m,k}[t]\sim\mathcal{CN}(\boldsymbol{0},\boldsymbol{I}_{\mathrm{N}})$。根据 MMSE 估计的正交性原理[147]，可以将信道向量 $\boldsymbol{h}_k[t]$ 分解为如下所示形式：

$$\boldsymbol{h}_k[t]=\hat{\boldsymbol{h}}_k[t]+\tilde{\boldsymbol{h}}_k[t] \tag{8.12}$$

式中：$\tilde{\boldsymbol{h}}_k[t]$ 表示信道估计误差向量，且 $\tilde{\boldsymbol{h}}_k[t]$ 和 $\hat{\boldsymbol{h}}_k[t]$ 是相互统计独立的[58]。

2. 信道时变描述

在实际系统中，由于用户移动性等因素的影响，信道是随时间变化的。因而，系统在当前时刻估计出来的信道信息用于后面时刻预编码或者检测接收时，实际的信道系数已经发生了变化。为了研究信道时变性对于系统性能的影响，此处采用高斯马尔科夫过程，即一阶自回归模型，对时变信道进行建模[59-60,193-196]。由于大尺度衰落系数通常在较长时间内近似不变，而小尺度衰落因子随每个符号长度发生变化，且前后符号存在时间相关性，则第 $t+1$ 个符号时刻内的信道向量可建模为

$$\boldsymbol{h}_k[t+1]=\eta\boldsymbol{h}_k[t]+\boldsymbol{e}_k[t+1] \tag{8.13}$$

式中：$\boldsymbol{e}_k[t+1]$ 表示 $t+1$ 时刻所引入的与 $\boldsymbol{h}_k[t]$ 不相关的高斯更新过程，且 $\boldsymbol{e}_k[t+1]\sim\mathcal{CN}(\boldsymbol{0},(1-\eta^2)\boldsymbol{D}_k)$；$\eta$ 表示信道的时间相关系数，用以表征相邻两个符号内信道向量的时间相关性强弱程度。此处，考虑 Jakes 衰落模型用以获取时间相关系数[197]，即

$$\eta=J_0(2\pi f_{\mathrm{d}}T_{\mathrm{s}}) \tag{8.14}$$

式中：$J_0(\cdot)$ 表示第一类零阶贝塞尔函数；T_{s} 表示信道采样时间间隔；f_{d} 表示由用户移动所产生的最大多普勒频偏，且 $f_{\mathrm{d}}=\dfrac{vf_{\mathrm{c}}}{c}$，$v$、$f_{\mathrm{c}}$ 和 c 分别表示用户的相对速度、载波频率和光速。根据贝塞尔函数的性质[60]，可以得到 $0\leqslant|\eta|\leqslant1$，且 $|\eta|$ 数值越小，表明信道时变越严重，也就是说当前时刻的信

道系数与下一时刻信道系数的相关性越小,两者在相邻时刻内的变化更剧烈。当 $\eta=1$ 时,则表明信道无时变性影响。从直观上理解,如果后一时刻的信道系数变化较大,则当前时刻估计出的信道系数就会与之发生严重的背离,从而导致严重的检测失真或者预编码波束向量与信道向量不匹配。结合式(8.12)所示的信道估计误差模型以及式(8.13)所示的信道时变模型,最终可将 $t+1$ 时刻内的信道向量表示为

$$h_k[t+1]=\eta h_k[t]+e_k[t+1]=\eta \hat{h}_k[t]+\underbrace{\eta \tilde{h}_k[t]+e_k[t+1]}_{\tilde{e}_k[t+1]} \qquad (8.15)$$

式中:$\tilde{e}_k[t+1]$ 表示由估计误差和信道时变所带来的信道失配量。由于 $e_k[t+1]$、$\tilde{h}_k[t]$ 和 $\hat{h}_k[t]$ 之间是相互统计独立的,所以 $\tilde{e}_k[t+1]$ 与 $\hat{h}_k[t]$ 也是相互独立的。同时,因为上述 3 个向量均为零均值复高斯随机向量,因此,$\tilde{e}_k[t+1]$ 也为零均值复高斯分布随机向量,且其协方差矩阵如下:

$$\mathbb{E}\{\tilde{e}_k[t+1]\tilde{e}_k^H[t+1]\}=D_k-\eta^2 D_k(D_k+p_p^{-1}I_{MN})^{-1}D_k \qquad (8.16)$$

基于上述模型,下一节将定量地分析时间相关性系数 η 对于系统上下行频谱效率所带来的变化和影响。

8.2.3　上行和下行链路频谱效率和功率缩放律

1. 上行链路

根据式(8.5),CU 所接收到的 $t+1$ 时刻的上行数据信号向量可以表示为

$$y_{ul}[t+1]=\sqrt{p_{ul}}H[t+1]x_{ul}[t+1]+z_{ul}[t+1] \qquad (8.17)$$

式中:$x_{ul}[t+1]$ 表示具有功率归一化的用户数据向量;$z_{ul}[t+1]$ 表示 CU 在上行数据发送阶段所受到的零均值单位方差复高斯分布随机噪声向量。假设信道的大尺度衰落信息以及时间相关性系数都在 CU 处已知[60]。因此,CU 可使用的关于 $t+1$ 时刻的信道状态信息为

$$\bar{h}_k[t+1]=\eta \hat{h}_k[t] \qquad (8.18)$$

当 CU 采用 MRC 线性检测接收机时,接收检测矩阵表示为

$$F[t+1]=\bar{H}^H[t+1]=[\bar{h}_1[t+1],\cdots,\bar{h}_k[t+1],\cdots,\bar{h}_K[t+1]]^H$$
$$(8.19)$$

因此,将式(8.17)所示接收信号向量乘以接收检测矩阵 $F[t+1]$ 可以得到

$$r[t+1]=\bar{H}^H[t+1]y_{ul}[t+1]=$$

$$\sqrt{p_{ul}}\ \overline{\boldsymbol{H}}^{H}[t+1]\boldsymbol{H}[t+1]\boldsymbol{x}_{ul}[t+1]+\overline{\boldsymbol{H}}^{H}[t+1]\boldsymbol{z}_{ul}[t+1]$$

$$(8.20)$$

从而,CU 所检测得到的对应第 k 个用户的数据为

$$r_{k}[t+1]=\underbrace{\sqrt{p_{ul}}\ \overline{\boldsymbol{h}}_{k}^{H}[t+1]\overline{\boldsymbol{h}}_{k}[t+1]x_{ul,k}[t+1]}_{\text{有用信号项}}+$$

$$\underbrace{\sqrt{p_{ul}}\sum_{i=1,i\neq k}^{K}\overline{\boldsymbol{h}}_{k}^{H}[t+1]\overline{\boldsymbol{h}}_{i}[t+1]x_{ul,i}[t+1]}_{\text{用户间干扰项}}+$$

$$\underbrace{\sqrt{p_{ul}}\sum_{i=1}^{K}\overline{\boldsymbol{h}}_{k}^{H}[t+1]\widetilde{\boldsymbol{e}}_{i}[t+1]x_{ul,i}[t+1]}_{\text{信道估计与信道时变导致的误差项}}+$$

$$\underbrace{\overline{\boldsymbol{h}}_{k}^{H}[t+1]\boldsymbol{z}_{ul}[t+1]}_{\text{加性白噪声项}} \qquad (8.21)$$

根据最坏情况不相干加性噪声理论[58,149],由式(8.21)可以得到第 k 个用户的上行频谱效率为

$$R_{ul,k}=\mathbb{E}\{\log_{2}(1+\gamma_{ul,k})\} \qquad (8.22)$$

式中:$\gamma_{ul,k}$ 表示 CU 接收到的第 k 个用户的 SINR,具有如下表达式:

$$\gamma_{ul,k}=\frac{\|\overline{\boldsymbol{h}}_{k}[t+1]\|^{2}}{\mathbb{E}\left[\left(\sum_{i\neq k}^{K}|\overline{\boldsymbol{h}}_{k}^{H}[t+1]\overline{\boldsymbol{h}}_{i}[t+1]|^{2}+\sum_{i=1}^{K}|\overline{\boldsymbol{h}}_{k}^{H}[t+1]\widetilde{\boldsymbol{e}}_{i}[t+1]|^{2}+\frac{\|\overline{\boldsymbol{h}}_{k}[t+1]\|^{2}}{p_{ul}}\right)\Big|\overline{\boldsymbol{H}}[t+1]\right]}$$

$$(8.23)$$

此处,$\gamma_{ul,k}$ 是将式(8.21)中的所有干扰项、误差项以及加性噪声项统一看作是与有用信号项不相关的等效"白噪声",且该"白噪声"具有与这些干扰项叠加后的相同功率,由此可以计算得到式(8.23)所示的等效信干噪比表达式。

式(8.22)中的频谱效率解析表达式通常是难于精确求解的,此处利用 Jensen 不等式对其放缩,并借助于大维矩阵理论中的确定性等价原理以及 Gamma 分布随机变量的统计特性,对式(8.22)进行简化求解,有如下定理。

定理 8.1 当 CU 利用存在估计误差和信道时变影响的信道信息对接收信号进行 MRC 检测时,第 k 个用户的上行频谱效率的下界闭合表达式为

$$R_{ul,k}=\log_{2}\left[1+\frac{p_{ul}\eta^{2}\vartheta_{k}^{2}(\mu_{k}-1)(\mu_{k}-2)}{Np_{ul}\left(\sum_{i=1}^{K}\sum_{m=1}^{M}\alpha_{m,k}^{2}\beta_{m,i}-\sum_{m=1}^{M}\eta^{2}\alpha_{m,k}^{4}\right)+\vartheta_{k}(\mu_{k}-2)}\right]$$

$$(8.24)$$

式中：

$$\mu_k = \frac{N\left(\sum\limits_{m=1}^{M}\alpha_{m,k}^2\right)^2}{\sum\limits_{m=1}^{M}\alpha_{m,k}^4}, \quad \vartheta_k = \frac{\sum\limits_{m=1}^{M}\alpha_{m,k}^4}{\sum\limits_{m=1}^{M}\alpha_{m,k}^2} \tag{8.25}$$

证明　参见本章附录 8.5.1 节。

通过后续章节仿真可以看到，式（8.24）中的频谱效率闭合表达式是一种紧致近似，对频谱效率真实值具有良好的逼近特性。通过式（8.24）也不难看出，上行频谱效率随时间相关系数是单调增加的。这与之前的直观理解一致，即信道时变越严重，上行频谱效率则越低。接下来，考虑当 CU 的天线总数 NM 趋于无穷大时且用户数 K 固定时，系统的频谱效率渐进性能以及此时可获得的发射功率增益，则有如下推论。

推论 8.1　假设每个用户的上行平均发射功率与总天线数满足关系 $p_{\mathrm{ul}} = \dfrac{E_{\mathrm{ul}}}{\sqrt{NM}}$，其中 E_{ul} 和 M 固定。当 $NM \to \infty$ 时 $\left(\text{此时}\dfrac{NM}{K}\text{也趋于无穷大}\right)$，第 k 个用户的上行频谱效率极限为

$$R_{\mathrm{ul},k} \overset{NM \to \infty}{\approx} \log_2\left(1 + \frac{\eta^2 L E_{\mathrm{ul}}^2}{M}\sum_{m=1}^{M}\beta_{m,k}^2\right) \tag{8.26}$$

证明　参见本章附录 8.5.2 节。

从推论 8.2 中可以看到，当天线数趋于无穷大时，频谱效率将达到一个稳定的极限值，且该极限值是由 RRU 个数、导频长度、信道时间相关性系数以及用户 k 到各 RRU 的大尺度衰落系数所决定的。这表明，随着每个 RRU 的天线数 N 的增大，用户的实际发射功率可以呈 $\dfrac{1}{\sqrt{NM}}$ 倍线性减小，同时系统可以逐渐达到恒定的上行频谱效率值，这也意味着系统可以获得 $\sqrt{NM}$ 倍的功率效率增益。当 $\eta = 1$ 时，信道仅有估计误差而无时变性，从式（8.26）可以看到，发射功率也同样可以随天线数降低 $\dfrac{1}{\sqrt{NM}}$ 倍，同时达到了最大的频谱效率极限值。这表明信道时变性只会使得系统频谱效率下降，而对于发射功率的缩放律并未有影响。与此同时，容易分析得出，当发射功率不进行缩放时，随着总天线数的增加，式（8.24）所示的频谱效率将趋于无穷大。

2. 下行链路

考虑 CU 在 $t+1$ 时刻采用线性预编码对发射信号进行处理并将其发送至 K 个用户，则所有用户的接收信号向量可以表示为

$$y_{dl}[t+1] = \sqrt{p_{dl}\theta} \boldsymbol{H}^H[t+1]\boldsymbol{W}[t+1]\boldsymbol{x}_{dl}[t+1] + \boldsymbol{z}_{dl}[t+1] \quad (8.27)$$

式中：p_{dl} 表示 CU 的平均发射总功率；$\boldsymbol{H}^H[t+1]$ 表示下行信道矩阵；$\boldsymbol{W}[t+1]$ 表示预编码矩阵；$\boldsymbol{x}_{dl}[t+1]$ 表示具有功率归一化的数据信号向量；θ 表示 CU 的功率归一化因子，以满足对每个用户的平均发射总功率归一，即

$$\mathbb{E}\left\{ \frac{\|\sqrt{\theta}\boldsymbol{W}[t+1]\boldsymbol{x}_{dl}[t+1]\|^2}{K} \right\} = 1 \quad (8.28)$$

$\boldsymbol{z}_{dl}[t+1]$ 表示具有零均值单位方差的复高斯随机向量。

当 CU 采用 MRT 预编码时，则预编码矩阵 $\boldsymbol{W}[t+1]$ 可以表示为

$$\boldsymbol{W}[t+1] = \overline{\boldsymbol{H}}[t+1] = [\overline{\boldsymbol{h}}_1[t+1], \cdots, \overline{\boldsymbol{h}}_k[t+1], \cdots, \overline{\boldsymbol{h}}_K[t+1]]$$
$$(8.29)$$

从而，由式(8.28)可以得到功率归一化因子 θ 为

$$\theta = \frac{K}{\mathbb{E}\left\{\sum_{k=1}^{K} \overline{\boldsymbol{h}}_k^H[t+1]\overline{\boldsymbol{h}}_k[t+1]\right\}} = \frac{K}{N\eta^2 \sum_{k=1}^{K}\sum_{m=1}^{K} \alpha_{m,k}^2} \quad (8.30)$$

式(8.30)的计算过程利用了 $\hat{\boldsymbol{g}}_{m,k} \sim \mathcal{CN}(\boldsymbol{0}, \boldsymbol{I}_N)$ 的分布特性，以及如下计算过程：

$$\mathbb{E}\{\overline{\boldsymbol{h}}_k^H[t+1]\overline{\boldsymbol{h}}_k[t+1]\} = \eta^2\ \mathbb{E}\left\{\sum_{m=1}^{M} \alpha_{m,k}^2\ \hat{\boldsymbol{g}}_{m,k}^H[t]\hat{\boldsymbol{g}}_{m,k}[t]\right\} \quad (8.31)$$

$$\mathbb{E}\{\hat{\boldsymbol{g}}_{m,k}^H[t]\hat{\boldsymbol{g}}_{m,k}[t]\} = N \quad (8.32)$$

由于 TDD 制式下，CU 通常不发送下行训练序列[58]，因而用户无法获取瞬时信道信息用于接收信号检测。此处，根据文献[44,57]中所提供的方法，假设用户可以获取到信道的统计信息用于检测，则第 k 个用户所接收到的信号可表示为

$$y_{dl,k}[t+1] = \sqrt{p_{dl}\theta}\boldsymbol{h}_k^H[t+1]\overline{\boldsymbol{h}}_k[t+1]x_{dl,k}[t+1] +$$
$$\sqrt{p_{dl}\theta}\sum_{i=1,i\neq k}^{K}\boldsymbol{h}_k^H[t+1]\overline{\boldsymbol{h}}_i[t+1]x_{dl,i}[t+1] + z_{dl,k}[t+1] =$$
$$\sqrt{p_{dl}\theta}\ \mathbb{E}\{\boldsymbol{h}_k^H[t+1]\overline{\boldsymbol{h}}_k[t+1]\}x_{dl,k}[t+1] + z'_{dl,k}[t+1]$$
$$(8.33)$$

式中：$z'_{ul,k}[t+1]$ 为等效噪声项，具有如下表达式：

$$z'_{dl,k}[t+1] = \sqrt{p_{dl}\theta}(\boldsymbol{h}_k^H[t+1]\overline{\boldsymbol{h}}_k[t+1] - \mathbb{E}\{\boldsymbol{h}_k^H[t+1]\overline{\boldsymbol{h}}_k[t+1]\})x_{dl,k}[t+1] +$$
$$\sqrt{p_{dl}\theta}\sum_{i=1,i\neq k}^{K}\boldsymbol{h}_k^H[t+1]\overline{\boldsymbol{h}}_i[t+1]x_{dl,i}[t+1] + z_{dl,k}[t+1]$$
$$(8.34)$$

进一步，可以获得等效的点对点接收信号模型为

$$y_{\mathrm{dl},k}[t+1] = \sqrt{p_{\mathrm{dl}}\theta}\,\mathbb{E}\{\boldsymbol{h}_k^{\mathrm{H}}[t+1]\overline{\boldsymbol{h}}_k[t+1]\}x_{\mathrm{dl},k}[t+1] + z'_{\mathrm{dl},k}[t+1] \tag{8.35}$$

因此,用户利用信道统计信息 $\mathbb{E}\{\boldsymbol{h}_k^{\mathrm{H}}[t+1]\overline{\boldsymbol{h}}_k[t+1]\}$ 对信号检测后,则此时的第 k 个用户的下行频谱效率如下所示:

$$R_{\mathrm{dl},k} = \mathbb{E}\left\{\log_2\left(1 + \frac{|\mathbb{E}\{\boldsymbol{h}_k^{\mathrm{H}}[t+1]\overline{\boldsymbol{h}}_k[t+1]\}|^2}{\mathrm{Var}\{\boldsymbol{h}_k^{\mathrm{H}}[t+1]\overline{\boldsymbol{h}}_k[t+1]\} + \displaystyle\sum_{i\neq k}^{K}\mathbb{E}\{|\boldsymbol{h}_k^{\mathrm{H}}[t+1]\overline{\boldsymbol{h}}_i[t+1]|^2\} + \dfrac{1}{p_{\mathrm{dl}}\theta}}\right)\right\} \tag{8.36}$$

对于上式的求解同样需要用到 Gamma 分布随机变量的特性,则有如下定理。

定理 8.2　当 CU 利用存在信道估计误差和时间相关性影响的信道信息时,并对接收信号进行 MRC 检测接收,则第 k 个用户的下行频谱效率闭合表达式为

$$R_{\mathrm{dl},k} = \log_2\left(1 + \frac{\eta^2 N\left(\displaystyle\sum_{m=1}^{M}\alpha_{m,k}^2\right)^2}{\displaystyle\sum_{i=1}^{K}\sum_{m=1}^{M}\alpha_{m,i}^2\left(\beta_{m,k} + \dfrac{1}{Kp_{\mathrm{dl}}}\right)}\right) \tag{8.37}$$

证明　参见本章附录 8.5.3 节。

从式(8.37)也可以看到,下行频谱效率也是随着时间相关系数 η 单调增加的。这也意味着,信道时变程度越严重,下行频谱效率则越小。进一步,考虑当 CU 总天线数 NM 趋于无穷大且用户数 K 固定时,系统的下行频谱效率极限以及可获得的发射功率增益,则有如下推论。

推论 8.2　假设 CU 针对每个用户的平均发射功率与天线数满足关系 $p_{\mathrm{dl}} = \dfrac{E_{\mathrm{dl}}}{\sqrt{NM}}$,其中 E_{dl} 和 M 固定。当 $NM \to \infty$ 时,第 k 个用户的下行频谱效率极限值为

$$R_{\mathrm{dl},k} \overset{NM\to\infty}{\approx} \log_2\left(1 + \frac{\eta^2 KLE_{\mathrm{dl}}^2\left(\displaystyle\sum_{m=1}^{M}\beta_{m,k}^2\right)^2}{M\displaystyle\sum_{i=1}^{K}\sum_{m=1}^{K}\beta_{m,i}^2}\right) \tag{8.38}$$

证明　参见本章附录 8.5.4 节。

从推论 8.4 中可以看到,当天线数趋于无穷大时,下行频谱效率极限值由导频长度、用户数、信道时间相关性系数以及所有用户到各 RRU 的大尺度衰落系数所决定。与上行频谱效率极限值不同的是,此处的等效信噪比项上多了用户间的干扰项,这也说明了在下行检测接收时,由于只是用了信道的统计信息,因而其检测效果相比于使用瞬时信道信息的效果要略差。

对于下行发射功率的增益与能效增益,与上行链路具有类似的结论,即随着天线数 N 的增大,发射功率 p_{dl} 将以 $\dfrac{1}{\sqrt{NM}}$ 倍线性降低,同时可以逐渐达到平稳的下行频谱效率极限值。

8.2.4 仿真结果与分析

本节将利用蒙特卡洛数值仿真对图 8.1 中的单小区分布式大规模 MIMO 系统在时变信道下的频谱效率和功率缩放律分析结果进行验证。此处,考虑圆形小区且半径归一化为 1,小区内部署 RRU 个数 $M=7$,用户数 $K=4$。为了便于仿真且不失一般性,借鉴文献[105]的设置,7 个 RRU 到小区中心的半径分别为:$r_1=0, r_2=\cdots=r_7=\dfrac{3-\sqrt{3}}{2}$,各 RRU 到小区中心的角度分别为 $\varphi_1=0, \varphi_2=\dfrac{\pi}{3}, \varphi_3=\dfrac{2\pi}{3}, \varphi_4=\pi, \varphi_5=\dfrac{4\pi}{3}, \varphi_6=\dfrac{5\pi}{3}$ 和 $\varphi_7=2\pi$,用户随机均匀分布在小区内,且每个用户到 RRU 的距离不小于 0.01。假设路径损耗指数因子 $\varepsilon=3.7$,阴影衰落系数归一化为 1,为了简化分析,考虑基于距离的路径损耗模型,且不考虑阴影衰落。系统各阶段所受到的加性高斯白噪声功率都归一化为 1,上行信道估计所使用的导频长度 $L=K$,即满足最小所需的导频长度。对于信道时间相关性系数,以载波频率 $f_c=$ 2.5GHz 和信道采样间隔 $T_s=5$ms 为例,当用户速率 $v=3$km/h 时,对应相关系数 $\eta=0.9881$;当用户速 $v=250$km/h 时,对应 $\eta=0.0204$。用户移动速度越快则表示多普勒频偏越严重,信道的时变特性也就越强,前后时刻的信道时间相关性越弱。因此,仿真中采用分别设置典型值 $\eta=[0.2,0.5,0.8]$ 用以涵盖从低速到中高速的移动场景。为了对比分析,以文献[194]中的集中式大规模 MIMO 系统的上下行频谱效率性能作为参照,且集中式大规模 MIMO 仅有一个位于小区中心的基站,其天线数与分布式大规模 MIMO 系统的总天线数相等。仿真中所涉及的蒙特卡洛仿真都基于 5000 次的独立信道取平均。仿真中的 C-MIMO 表示集中式大规模 MIMO 系统(Centralized Massive MIMO),D-MIMO 则表示分布式大规模 MIMO 系统(Distributed Massive MIMO)。仿真中关于单小区集中式大规模 MIMO 系统在信道时变下的性能根据文献[60]中相应结论得到。

图 8.2 和图 8.3 分别验证了定理 8.1 和定理 8.3 给出的分布式大规模 MIMO 系统中的上行和下行频谱效率闭合表达式的精确性。从图中可以看到随着总天线数的增加,上行频谱效率的下界表达式几乎与数值仿真完

全重合,这表明该下界具有良好的紧致性,而且下行频谱效率的闭合表达式也具有良好的逼近特性。对比上下行频谱效率可以发现,上行频谱效率具有更好的性能。这是因为下行数据发送阶段,在用户端接收时,没有瞬时信道信息可供用于检测,而是使用信道统计信息。因此,其下行频谱效率性能要略差于上行频谱效率。再来观察分布式和集中式两种系统的上下行频谱效率性能,很显然前者无论在上行还是下行链路中都获得了明显好于后者的性能。这是因为,小区内部分布多个 RRU,拉近了天线与各用户之间的距离,从而降低了较大路径损耗对用户性能的影响,也凸显了大规模天线阵列所带来的分集增益。

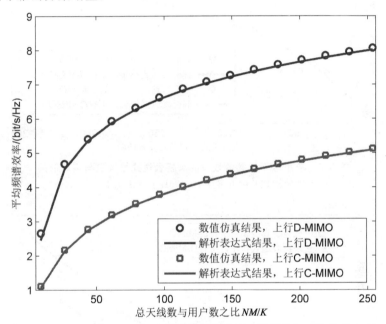

图 8.2 单小区上行频谱效率的解析表达式推导值与实际值的
性能比较($\eta = 0.8$, $p_{ul} = 10\text{dB}$, $p_p = Kp_{ul}$)

图 8.4 和图 8.5 给出了随信道时间相关性系数 η 的变化,系统上行和下行频谱效率的变化趋势。从中可以看到,随着 η 的增加,即信道时变性减弱,系统频谱效率性能逐渐上升。这是因为前后时刻信道系数相关性越强,当前时刻的信道估计系数用于下一时刻的预编码或检测时,其与真实信道系数的偏差将会越小。从图中也可以看到,上行频谱效率随时间相关性系数 η 的增长速率要略大于下行频谱效率。对于这一现象,可以从式(8.24)和式(8.37)中的频谱效率闭合表达式中加以分析。对于上行频谱效率而言,其等效接收信噪比的分子关于 η 单调递增,分母关于 η 单调递减,而下行频谱效率闭合表达式中:等效接收信噪比中只有分子项随 η 单调增加。

因而,当 η 变大时,上行频谱效率的增长速率要略大于下行频谱效率。

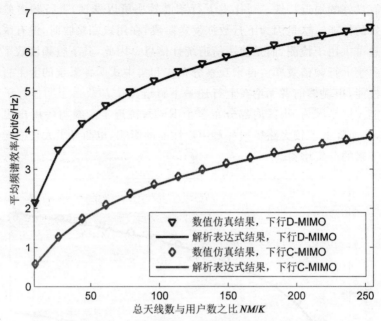

图 8.3　单小区下行频谱效率的解析表达式推导值与实际值的
性能比较($\eta = 0.8, p_{dl} = 10\text{dB}, p_p = Kp_{dl}$)

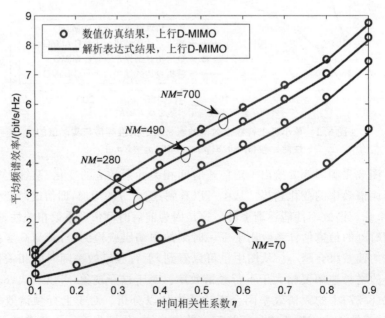

图 8.4　单小区上行频谱效率随时间相关性系数
η 的变化趋势($p_{ul} = 10\text{dB}, p_p = Kp_{ul}$)

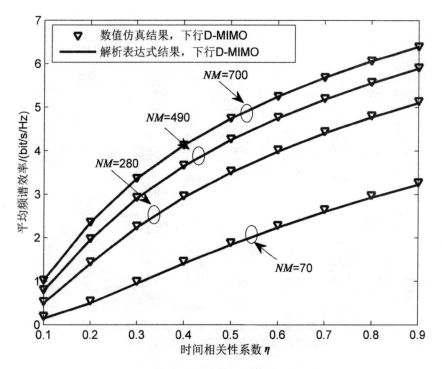

图 8.5　单小区下行频谱效率随时间相关性系数
η 的变化趋势（$p_{\text{dl}}=10\text{dB}$, $p_{\text{p}}=Kp_{\text{dl}}$）

图 8.6 和图 8.7 分别给出当系统总天线数与用户数比值逐渐增大时，上下行频谱效率的极限值。其中，上行发射功率 $p_{\text{ul}}=\dfrac{E_{\text{ul}}}{\sqrt{NM}}$，下行发射功率 $p_{\text{dl}}=\dfrac{E_{\text{dl}}}{\sqrt{NM}}$，$E_{\text{ul}}=E_{\text{dl}}=20\text{dB}$ 固定不变。从图中可以看到，随着天线数的逐渐增大，频谱效率都逐渐趋近于对应的极限值。这说明了随着总天线数的增长，实际的发射功率越来越低，但频谱效率最终会保持稳定值，这对于系统能效的提升是很有益的，从而验证了推论 8.1 和推论 8.2 中的结论。

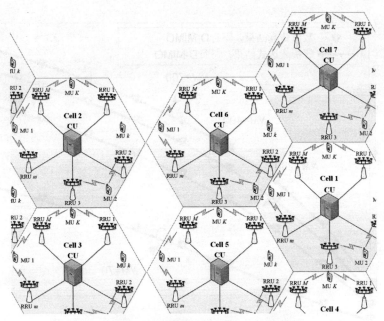

图 8.6 考虑发射功率缩放律时,单小区上行链路频谱效率在
不同时间相关性系数下的极限值($p_p = K p_{ul}$)

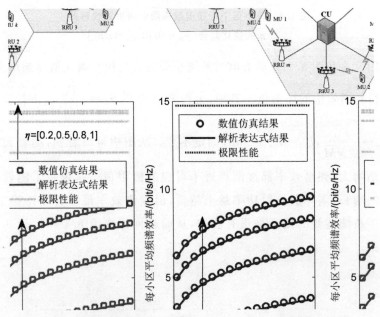

图 8.7 考虑发射功率缩放律时,单小区下行链路频谱效率在
不同时间相关性系数下的极限值($p_p = K p_{dl}$)

8.3　多小区含有导频污染时的频谱效率分析

本节将考虑蜂窝多小区分布式大规模 MIMO 系统的上行频谱效率性能。由于多小区中存在频率复用以及导频复用的情况,除了信道时变特性外,所考虑的信道信息获取情况则更为复杂,下面将进行具体分析。对于下行频谱效率,则类似于单小区下行频谱效率的方法进行扩展求解即可。

8.3.1　系统模型

考虑如图 8.8 所示的多小区多用户分布式大规模 MIMO 系统。该系统是由 S 个正六边形小区所组成的蜂窝系统,每个小区中有 K 个 MU,M 个 RRU 以及一个 CU 所组成,且每个用户配置单天线,每个 RRU 配置 N 根天线。用户和 RRU 均匀随机分布在小区不同位置,各 RRU 则通过光纤回程链路与 CU 连接。所有用户共享同一时频资源,整个系统工作在 TDD 制式下。

假设信道服从平坦瑞利衰落特性,也即信道系数在一个符号时间内保持准静止不变,随着符号长度逐渐变化。因此,在第 t 个符号内,第 i 个小区中的第 k 个用户到第 j 个小区内所有 RRU 的 $NM \times 1$ 维信道上行向量可以建模为

$$\boldsymbol{h}_{j,i,k}[t] = \boldsymbol{D}_{j,i,k}^{1/2} \boldsymbol{g}_{j,i,k}[t] \tag{8.39}$$

式中:

$$\boldsymbol{D}_{j,i,k} = \mathrm{diag}([\beta_{j,1,i,k}, \cdots, \beta_{j,m,i,k}, \cdots, \beta_{j,M,i,k}]) \otimes \boldsymbol{I}_N$$

$$\beta_{j,m,i,k} = r\zeta_{j,m,i,k}^{-\varepsilon}\lambda_{j,m,i,k}$$

$$\boldsymbol{g}_{j,i,k}[t] = [\boldsymbol{g}_{j,1,i,k}^{\mathrm{T}}[t], \cdots, \boldsymbol{g}_{j,m,i,k}^{\mathrm{T}}[t], \cdots, \boldsymbol{g}_{j,M,i,k}^{\mathrm{T}}[t]]^{\mathrm{T}}$$

$\beta_{j,m,i,k}$ 表示第 i 个小区中的第 k 个用户到第 j 个小区内第 m 个 RRU 之间的大尺度衰落系数[105];$\zeta_{j,m,i,k}$ 表示第 i 个小区中的第 k 个用户到第 j 个小区内第 m 个 RRU 之间的距离;r 表示在参考距离 $\zeta_{j,m,i,k} = 1\mathrm{km}$ 时的路径损耗值;$\lambda_{j,m,i,k}$ 表示服从对数正态分布的阴影衰落变量系数,大尺度衰落系数在相对较长的时间内是保持恒定不变的;$\boldsymbol{g}_{j,m,i,k}^{\mathrm{T}}[t] \sim \mathcal{CN}(\boldsymbol{0}, \boldsymbol{I}_N)$ 用以描述第 i 个小区中的第 k 个用户到第 j 个小区内第 m 个 RRU 之间的小尺度衰落系数。

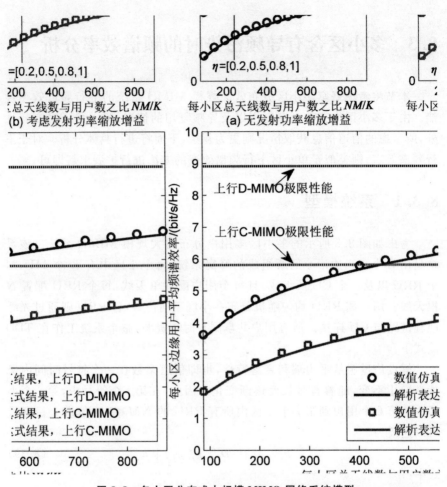

图 8.8　多小区分布式大规模 MIMO 网络系统模型

8.3.2　考虑导频污染时的时变信道建模

在 TDD 系统中,利用信道互易性,本小区的用户通过发送上行导频信号或训练序列来辅助 CU 进行信道估计,此时所需要的正交导频序列长度与用户数有关,而不再与天线数有关。但是,与单小区场景不同的是,在多小区蜂窝系统中,用户数会大量增加,在保证同一小区内用户的导频正交情况下,很难再有多余的正交导频资源用于保证小区间用户导频正交。因而,这里为了降低导频开销,考虑最差的导频复用场景,即小区内的用户采用正交导频组,但是所有小区复用同一组正交导频。因此,在上行信道估计阶段,会受到其他小区的导频污染现象。

假设各小区中 K 个用户在信道估计阶段使用 L 个符号长度用于发送上行正交导频序列（$L \geqslant K$），则 $L \times K$ 维的正交导频矩阵 $\boldsymbol{\Phi}$ 满足条件 $\boldsymbol{\Phi}^{\mathrm{H}} \boldsymbol{\Phi} = \boldsymbol{I}_K$。为了便于分析，假设在信道估计阶段信道是不变的，在实际中由于信道变化所带来的信道估计误差忽略不计[59-60]。因此，第 j 个小区内的 CU 接收到的导频信号可以表示为

$$\boldsymbol{Y}_{\mathrm{p},j}[t] = \sqrt{p_{\mathrm{p}}} \boldsymbol{H}_{j,j}[t] \boldsymbol{\Phi}^{\mathrm{H}} + \sqrt{p_{\mathrm{p}}} \sum_{i \neq j}^{S} \boldsymbol{H}_{j,i}[t] \boldsymbol{\Phi}^{\mathrm{H}} + \boldsymbol{Z}_{\mathrm{p},j}[t] \qquad (8.40)$$

式中：p_{p} 表示导频序列的平均发射功率；$\boldsymbol{H}_{j,i}[t] = [\boldsymbol{h}_{j,i,1}[t], \cdots, \boldsymbol{h}_{j,i,k}[t], \cdots,$ $\boldsymbol{h}_{j,i,K}] \in \mathbb{C}^{N \times K}$ 表示第 i 小区所有用户到第 j 小区的所有 RRU 的 $NM \times K$ 维上行信道矩阵；$\boldsymbol{Z}_{\mathrm{p},j}[t]$ 表示所受到的 $NM \times L$ 维零均值单位方差的 AWGN 矩阵。CU 首先将接收信号进行去相关操作，即对式等号两侧乘以导频矩阵的共轭转置，由此得到信号 $\overline{\boldsymbol{Y}}_{\mathrm{p},j}[t]$

$$\overline{\boldsymbol{Y}}_{\mathrm{p},j}[t] = \boldsymbol{Y}_{\mathrm{p},j}[t] \frac{\boldsymbol{\Phi}}{\sqrt{p_{\mathrm{p}}}} = \boldsymbol{H}_{j,j}[t] + \sum_{i \neq j}^{S} \boldsymbol{H}_{j,i}[t] + \overline{\boldsymbol{Z}}_{\mathrm{p},j}[t] \qquad (8.41)$$

式中：$\overline{\boldsymbol{Z}}_{\mathrm{p},j}[t] = \boldsymbol{Z}_{\mathrm{p},j}[t] \dfrac{\boldsymbol{\Phi}}{\sqrt{p_{\mathrm{p}}}} = [\overline{\boldsymbol{z}}_{\mathrm{p},j,1}[t], \cdots, \overline{\boldsymbol{z}}_{\mathrm{p},j,k}[t], \cdots, \overline{\boldsymbol{z}}_{\mathrm{p},j,K}[t]]$。由于导频矩阵具有列正交特性，因此，$\overline{\boldsymbol{z}}_{\mathrm{p},j,k}[t]$ 仍然服从零均值复高斯分布且具有方差 p_{p}^{-1}。因此，第 j 小区的 CU 基于式中的信号，对本小区内的第 k 个用户的信道向量进行估计

$$\overline{\boldsymbol{y}}_{\mathrm{p},j,k}[t] = \boldsymbol{h}_{j,j,k}[t] + \sum_{i \neq j}^{S} \boldsymbol{h}_{j,i,k}[t] + \overline{\boldsymbol{z}}_{\mathrm{p},j,k}[t] \qquad (8.42)$$

此处，CU 采用 MMSE 准则对信道向量 $\boldsymbol{h}_{j,j,k}[t]$ 进行估计，则根据标准的估计理论和推导方法[192]，可以得到其估计向量 $\hat{\boldsymbol{h}}_{j,j,k}[t]$ 为

$$\hat{\boldsymbol{h}}_{j,j,k}[t] = \mathbb{E}\{\boldsymbol{h}_{j,j,k}[t] \mid \overline{\boldsymbol{y}}_{\mathrm{p},j,k}[t]\} =$$
$$\mathbb{E}\{\boldsymbol{h}_{j,j,k}[t]\} + \mathbb{E}\{\boldsymbol{h}_{j,j,k}[t] \overline{\boldsymbol{y}}_{\mathrm{p},j,k}^{\mathrm{H}}[t]\} \cdot$$
$$(\mathbb{E}\{\overline{\boldsymbol{y}}_{\mathrm{p},j,k}[t] \overline{\boldsymbol{y}}_{\mathrm{p},j,k}^{\mathrm{H}}[t]\})^{-1} (\overline{\boldsymbol{y}}_{\mathrm{p},j,k}[t] - \mathbb{E}\{\overline{\boldsymbol{y}}_{\mathrm{p},j,k}[t]\}) \qquad (8.43)$$

因为，$\mathbb{E}\{\boldsymbol{h}_{j,j,k}[t]\} = 0$ 且 $\mathbb{E}\{\boldsymbol{h}_{j,j,k}[t] \boldsymbol{h}_{j,j,k}^{\mathrm{H}}[t]\} = \boldsymbol{D}_{j,j,k}$，从而可以得到信道向量的 MMSE 估计为

$$\hat{\boldsymbol{h}}_{j,j,k}[t] = \boldsymbol{D}_{j,j,k} \boldsymbol{U}_{j,k}^{-1} \overline{\boldsymbol{y}}_{\mathrm{p},j,k}[t] \qquad (8.44)$$

式中：$\boldsymbol{U}_{j,k} = \mathbb{E}\{\overline{\boldsymbol{y}}_{\mathrm{p},j,k}[t] \overline{\boldsymbol{y}}_{\mathrm{p},j,k}^{\mathrm{H}}[t]\} = \sum_{i=1}^{S} \boldsymbol{D}_{j,i,k} + p_{\mathrm{p}}^{-1} \boldsymbol{I}_{MN}$。进一步可以得到

$$\hat{\boldsymbol{h}}_{j,j,k}[t] \sim \mathcal{CN}(\boldsymbol{0}, \boldsymbol{D}_{j,j,k} \boldsymbol{U}_{j,k}^{-1} \boldsymbol{D}_{j,j,k}) \qquad (8.45)$$

令 $\hat{\boldsymbol{g}}_{j,k}[t] = \boldsymbol{U}_{j,k}^{-1/2} \overline{\boldsymbol{y}}_{\mathrm{p},j,k}[t]$，则可以发现 $\hat{\boldsymbol{g}}_{j,k}[t] \sim \mathcal{CN}(\boldsymbol{0}, \boldsymbol{I}_{MN})$。为了后续分析与推导时符号简洁，定义参数 $\alpha_{j,m,j,k}$ 如下所示：

$$\alpha_{j,m,j,k}^2 = \beta_{j,m,j,k}^2 \Big(\sum_{i=1}^{S} \beta_{j,m,i,k} + p_{\mathrm{p}}^{-1} \Big)^{-1} \tag{8.46}$$

此时,可以将信道估计向量 $\hat{\boldsymbol{h}}_{j,j,k}[t]$ 表示为

$$\hat{\boldsymbol{h}}_{j,j,k}[t] = \boldsymbol{D}_{j,j,k}\boldsymbol{U}_{j,k}^{-1/2}\hat{\boldsymbol{g}}_{j,k}[t] = [\alpha_{j,1,j,k}\hat{\boldsymbol{g}}_{j,k1}^{\mathrm{T}}[t], \cdots,$$
$$\alpha_{j,m,j,k}\hat{\boldsymbol{g}}_{j,k,m}^{\mathrm{T}}[t], \cdots, \alpha_{j,M,j,k}\hat{\boldsymbol{g}}_{j,k,M}^{\mathrm{T}}[t]]^{\mathrm{T}} \tag{8.47}$$

式中:$\alpha_{j,m,j,k}$ 可以等价为第 j 个小区内的第 k 个用户到第 j 个小区内第 m 个 RRU 之间的等价大尺度衰落;$\hat{\boldsymbol{g}}_{j,k}[t] \in \mathbb{C}^{MN \times 1} \sim \mathcal{CN}(\boldsymbol{0}, \boldsymbol{I}_{MN})$ 可以看作是等效的瑞利衰落系数,上述式中的信道估计等价模型将在后续的理论分析中带来有效的简化。

再次利用 MMSE 估计的正交性原理[147],可以将信道向量 $\boldsymbol{h}_{j,j,k}[t]$ 分解为

$$\boldsymbol{h}_{j,j,k}[t] = \hat{\boldsymbol{h}}_{j,j,k}[t] + \tilde{\boldsymbol{h}}_{j,j,k}[t] \tag{8.48}$$

式中:$\tilde{\boldsymbol{h}}_{j,j,k}[t] \sim \mathcal{CN}(\boldsymbol{0}, \boldsymbol{D}_{j,j,k} - \boldsymbol{D}_{j,j,k}\boldsymbol{U}_{j,k}^{-1}\boldsymbol{D}_{j,j,k})$ 表示信道估计误差向量,且 $\tilde{\boldsymbol{h}}_{j,j,k}[t]$ 和 $\hat{\boldsymbol{h}}_{j,j,k}[t]$ 是相互统计独立的[58]。

下面来分析导频污染对于信道估计所产生的影响。由式可知,信道估计向量 $\hat{\boldsymbol{h}}_{j,j,k}[t]$ 和 $\hat{\boldsymbol{h}}_{j,i,k}[t]$ 具有如下相关特性:

$$\mathbb{E}\{\bar{\boldsymbol{h}}_{j,j,k}[t]\bar{\boldsymbol{h}}_{j,i,k}^{\mathrm{H}}[t]\} = \mathbb{E}\{\boldsymbol{D}_{j,j,k}\boldsymbol{U}_{j,k}^{-1}\bar{\boldsymbol{y}}_{\mathrm{p},j,k}[t]\bar{\boldsymbol{y}}_{\mathrm{p},j,k}^{\mathrm{H}}[t]\boldsymbol{U}_{j,k}^{-1}\boldsymbol{D}_{j,i,k}\} = \boldsymbol{D}_{j,j,k}\boldsymbol{U}_{j,k}^{-1}\boldsymbol{D}_{j,i,k}$$
$$\tag{8.49}$$

式中:$\hat{\boldsymbol{h}}_{j,i,k}[t] = \boldsymbol{D}_{j,i,k}\boldsymbol{U}_{j,k}^{-1}\bar{\boldsymbol{y}}_{\mathrm{p},j,k}[t]$。进一步可以发现,各用户的信道估计误差向量具有如下相关特性:

$$\mathbb{E}\{\tilde{\boldsymbol{h}}_{j,j,k}[t]\tilde{\boldsymbol{h}}_{j,i,k}^{\mathrm{H}}[t]\} = -\boldsymbol{D}_{j,j,k}\boldsymbol{U}_{j,k}^{-1}\boldsymbol{D}_{j,i,k}, \quad i \neq j \tag{8.50}$$

$$\mathbb{E}\{\tilde{\boldsymbol{h}}_{j,j,k}[t]\tilde{\boldsymbol{h}}_{j,i,k}^{\mathrm{H}}[t]\} = \boldsymbol{D}_{j,j,k} - \boldsymbol{D}_{j,j,k}\boldsymbol{U}_{j,k}^{-1}\boldsymbol{D}_{j,j,k}, i = j \tag{8.51}$$

从式(8.47)、式(8.49)、式(8.50)和式(8.51)可以看到,导频污染对于信道估计所产生的影响与单小区多用户正交导频情况是不同的,主要反映在以下 3 点:

(1)使用相同导频的用户到同一基站的信道估计向量的等效瑞利衰落系数是相同的,即 $\hat{\boldsymbol{h}}_{j,j,k}[t]$ 和 $\hat{\boldsymbol{h}}_{j,i,k}[t]$ 在式(8.47)中的等效瑞利衰落系数相同。

(2)使用相同导频的用户到同一基站的信道估计向量具有相关性,即 $\hat{\boldsymbol{h}}_{j,j,k}[t]$ 和 $\hat{\boldsymbol{h}}_{j,i,k}[t]$ 具有统计相关性。

(3)使用相同导频的用户到同一基站的信道估计的误差向量具有相关性,即 $\tilde{\boldsymbol{h}}_{j,j,k}[t]$ 和 $\tilde{\boldsymbol{h}}_{j,i,k}[t]$ 具有统计相关性。

　　假设各小区的 CU 通过骨干网相互连接,小区之间可以共享各个用户的大尺度衰落信息,因而,对于第 j 个小区而言,除了可以估计得出本小区第 k 个用户的信道向量外,也可以得到其他小区中使用相同导频序列的用户到第 j 小区的上行信道系数,即第 j 个小区基站得到第 i 小区第 k 各用户到其的信道估计向量 $\hat{\boldsymbol{h}}_{j,i,k}[t]$。

　　在实际系统中,由于用户移动性等因素的影响,信道是随时间变化的。因而,系统在当前时刻估计出来的信道信息用于后一时刻预编码或者检测接收时,实际的信道系数已经发生了变化。在传统的研究中大多认为信道在相干时间内是准静止不变的,且在该相干时间内,只进行有限的信道估计,而并非频繁地发送导频信号用于信道估计。但实际中,为了研究信道时变性对于系统性能的影响,此处采用一阶高斯马尔科夫过程来对时变信道进行建模[59-60,194-196]。由于大尺度衰落系数通常在较长时间内近似不变,而小尺度衰落因子随每个符号长度发生变化,且前后符号存在时间相关性,则第 $t+1$ 个符号时刻内的信道向量可以建模为

$$\boldsymbol{h}_{j,i,k}[t+1]=\eta\boldsymbol{h}_{j,i,k}[t]+\boldsymbol{e}_{j,i,k}[t+1] \tag{8.52}$$

式中 : $\boldsymbol{e}_{j,i,k}[t+1]$ 表示 $t+1$ 时刻所引入的与 $\boldsymbol{h}_{j,i,k}[t]$ 不相关的高斯更新过程,且 $\boldsymbol{e}_{j,i,k}[t+1]\sim\mathcal{CN}(\boldsymbol{0},(1-\eta^2)\boldsymbol{D}_{j,i,k})$; η 表示信道的时间相关系数,用以表征相邻两个符号内信道向量的时间相关性强弱程度。

　　结合式(8.48)所示的信道估计误差模型以及式(8.52)所示的信道时变模型,最终可将 $t+1$ 时刻内的信道向量表示为

$$\boldsymbol{h}_{j,i,k}[t+1]=\eta\boldsymbol{h}_{j,i,k}[t]+\boldsymbol{e}_{j,i,k}[t+1]=\eta\hat{\boldsymbol{h}}_{j,i,k}[t]+\underbrace{\eta\tilde{\boldsymbol{h}}_{j,i,k}[t]+\boldsymbol{e}_{j,i,k}[t+1]}_{\bar{\boldsymbol{e}}_{j,i,k}[t+1]}$$
$$\tag{8.53}$$

式中 : $\bar{\boldsymbol{e}}_{j,i,k}[t+1]$ 表示由估计误差和信道时变所带来的信道失配量。由于 $\boldsymbol{e}_{j,i,k}[t+1]$、$\tilde{\boldsymbol{h}}_{j,i,k}[t]$ 和 $\hat{\boldsymbol{h}}_{j,i,k}[t]$ 之间是相互统计独立的,所以 $\bar{\boldsymbol{e}}_{j,i,k}[t+1]$ 与 $\hat{\boldsymbol{h}}_{j,i,k}[t]$ 也是相互独立的。

　　同时,因为上述 3 个向量均为零均值复高斯随机向量,因此 , $\bar{\boldsymbol{e}}_{j,i,k}[t+1]$ 也为服从零均值的复高斯分布随机向量,且其协方差矩阵为

$$\mathbb{E}\{\bar{\boldsymbol{e}}_{j,i,k}[t+1]\bar{\boldsymbol{e}}_{j,i,k}^{\mathrm{H}}[t+1]\}=\boldsymbol{D}_{j,i,k}-\eta^2\boldsymbol{D}_{j,i,k}\boldsymbol{U}_{j,k}^{-1}\boldsymbol{D}_{j,i,k} \tag{8.54}$$

　　基于上述模型,下一节将定量地分析时间相关性系数 η 对于多小区分布式大规模 MIMO 系统的上行频谱效率所带来的变化和影响。

8.3.3　多小区上行频谱效率和功率缩放律

　　小区 CU 在完成第 t 时刻的信道估计之后,用户发送上行有效数据信

号。以第 j 个小区为研究目标，CU 接收到的第 $t+1$ 时刻的上行数据信号向量可以表示为

$$y_{\text{ul},j}[t+1] = \sqrt{p_{\text{ul}}} \sum_{i=1}^{S} H_{j,i}[t+1] x_{\text{ul},i}[t+1] + z_{\text{ul},j}[t+1] \quad (8.55)$$

式中：$x_{\text{ul},i}[t] = [x_{\text{ul},i,1}[t], x_{\text{ul},i,2}[t], \cdots, x_{\text{ul},i,K}[t]]^{\text{T}}$ 表示第 i 小区的所有 K 个用户的发送数据向量，且满足功率归一化条件，即 $\mathbb{E}\{(x_{\text{ul},i}[t])(x_{\text{ul},i}[t])^{\text{H}}\} = I_K$；$p_{\text{ul}}$ 表示各小区各用户的上行数据发送功率；$z_{\text{ul},j}[t+1]$ 表示第 j 小区的 CU 在上行数据发送阶段 $t+1$ 时刻所受到的零均值单位方差复高斯分布随机噪声向量。

假设信道的大尺度衰落信息以及时间相关性系数都在 CU 处已知[60,194]。因此，第 j 个小区内的 CU 可使用的关于 $t+1$ 时刻的信道状态信息为

$$\bar{h}_{j,j,k}[t+1] = \eta \hat{h}_{j,j,k}[t] \quad (8.56)$$

当第 j 小区内的 CU 采用 MRC 线性检测接收机时，则接收检测矩阵为

$$F_j[t+1] = \bar{H}_{j,j}^{\text{H}}[t+1] = [\bar{h}_{j,j,1}[t+1], \cdots, \bar{h}_{j,j,k}[t+1], \cdots, \bar{h}_{j,j,K}[t+1]]^{\text{H}}$$
$$(8.57)$$

因此，将式(8.55)所示接收信号向量乘以接收检测矩阵 $F_j[t+1]$ 可以得到

$$r_j[t+1] = \bar{H}_{j,j}^{\text{H}}[t+1] y_{\text{ul},j}[t+1] =$$
$$\sqrt{p_{\text{ul}}} \, \bar{H}_{j,j}^{\text{H}}[t+1] H_{j,j}[t+1] x_{\text{ul},j}[t+1] +$$
$$\sqrt{p_{\text{ul}}} \sum_{i \neq j}^{S} \bar{H}_{j,j}^{\text{H}}[t+1] H_{j,i}[t+1] x_{\text{ul},i}[t+1] +$$
$$\bar{H}_{j,j}^{\text{H}}[t+1] z_{\text{ul},j}[t+1] \quad (8.58)$$

从而，第 j 个小区的 CU 所检测得到的本小区的第 k 个用户的数据为

$$r_{j,k}[t+1] = \underbrace{\sqrt{p_{\text{ul}}} \, \bar{h}_{j,j,k}^{\text{H}}[t+1] \bar{h}_{j,j,k}[t+1] x_{\text{ul},j,k}[t+1]}_{\text{有用信号项}} +$$
$$\underbrace{\sqrt{p_{\text{ul}}} \sum_{(i,n) \neq (j,k)} \bar{h}_{j,j,k}^{\text{H}}[t+1] \bar{h}_{j,i,n}[t+1] x_{\text{ul},i,n}[t+1]}_{\text{小区内和小区间多用户干扰项}} +$$
$$\underbrace{\sqrt{p_{\text{ul}}} \sum_{i,n} \bar{h}_{j,j,k}^{\text{H}}[t+1] \bar{e}_{j,i,n}[t+1] x_{\text{ul},i,n}[t+1]}_{\text{信道估计误差和信道时变引起的干扰项}} +$$
$$\underbrace{\bar{h}_{j,j,k}^{\text{H}}[t+1] z_{\text{ul}}[t+1]}_{\text{加性白噪声项}} \quad (8.59)$$

根据最坏情况不相干加性噪声理论[58,149]，从式(8.59)可以得到第 k 个用户的上行频谱效率为

$$R_{\text{ul},j,k} = \mathbb{E}\{\log_2(1 + \gamma_{\text{ul},j,k})\} \quad (8.60)$$

式中：$\gamma_{\mathrm{ul},j,k}$ 表示第 j 小区第 k 个用户的上行接收等效信干噪比，具有如下形式：

$$\gamma_{\mathrm{ul},j,k} = \frac{\| \bar{\boldsymbol{h}}_{j,j,k}[t+1] \|^4}{\mathbb{E}\left\{ \left[\begin{array}{c} \sum\limits_{(i,n)\neq(j,k)} |\bar{\boldsymbol{h}}_{j,j,k}^{\mathrm{H}}[t+1]\bar{\boldsymbol{h}}_{j,i,n}[t+1]|^2 \\ + \sum\limits_{i,n} |\bar{\boldsymbol{h}}_{j,j,k}^{\mathrm{H}}[t+1]\tilde{\boldsymbol{e}}_{j,i,n}[t+1]|^2 + \frac{\| \bar{\boldsymbol{h}}_{j,j,k}[t+1] \|^2}{p_{\mathrm{ul}}} \end{array} \right] \middle| \overline{\boldsymbol{H}}_{j,j}[t+1] \right\}}$$

(8.61)

此处，$\gamma_{\mathrm{ul},j,k}$ 是将式中的所有干扰项和加性噪声项统一看作与有效信号项不相关的等效"白噪声"，且该"白噪声"具有与这些干扰项叠加后的相同功率，由此可以计算得到式(8.61)所示的等效信干噪比表达式。

对于式(8.62)中频谱效率闭合表达式的求解，这里仍然利用 Jensen 不等式对其放缩，并借助于大维矩阵理论中的确定性等价原理以及 Gamma 分布随机变量的统计特性，对式(8.61)进行简化求解，从而有如下定理。

定理 8.3　在多小区分布式大规模 MIMO 系统中，当第 j 个小区中的 CU 利用存在估计误差和信道时变影响的信道信息对接收信号进行 MRC 检测时，第 j 小区第 k 个用户的上行频谱效率的闭合表达式为

$$R_{\mathrm{ul},j,k} = \log_2\left[1 + \frac{p_{\mathrm{ul}}\eta^2 \vartheta_{j,k}^2 (\mu_{j,k}-1)(\mu_{j,k}-2)}{p_{\mathrm{ul}}\bar{\omega}_{j,k} + \vartheta_{j,k}(\mu_{j,k}-2)} \right]$$

(8.62)

式中：

$$\bar{\omega}_{j,k} = \sum_{i\neq j}\eta^2 N^2 \Big(\sum_{m=1}^{M}\alpha_{j,m,j,k}\alpha_{j,m,i,k}\Big)^2 + N\sum_{i,n}\sum_{m=1}^{M}\beta_{j,m,i,n}\alpha_{j,m,j,k}^2 - \eta^2 N\sum_{m=1}^{M}\alpha_{j,m,j,k}^4$$

$$\mu_{j,k} = \frac{N\Big(\sum\limits_{m=1}^{M}\alpha_{j,m,j,k}^2\Big)^2}{\sum\limits_{m=1}^{M}\alpha_{j,m,j,k}^4}, \quad \vartheta_{j,k} = \frac{\sum\limits_{m=1}^{M}\alpha_{j,m,j,k}^4}{\sum\limits_{m=1}^{M}\alpha_{j,m,j,k}^2}$$

证明　参见本章附录 8.5.5 节。

通过后续章节仿真可以看到，式(8.62)中的频谱效率下界闭合表达式是一种紧致下界，对频谱效率真实值具有良好的逼近特性。通过式(8.62)也不难看出，上行频谱效率随时间相关系数是单调增加的。这与之前的直观理解一致，即信道时变越严重，上行频谱效率则越低。接下来，考虑当 CU 的天线总数 NM 趋于无穷大且用户数 K 固定时，系统的频谱效率渐进性能，有如下推论。

推论 8.3　当每个小区的基站总天线数与各小区用户数之比趋于无穷大时，即，第 j 小区第 k 个用户的上行频谱效率极限值可以表示为

$$R_{\text{ul},j,k}^{\infty} \xrightarrow{\frac{NM}{K} \to \infty} \log_2 \left(1 + \frac{\left(\sum\limits_{m=1}^{M} \alpha_{j,m,j,k}^2 \right)^2}{\sum\limits_{i \neq j} \left(\sum\limits_{m=1}^{M} \alpha_{j,m,j,k} \alpha_{j,m,i,k} \right)^2} \right) \qquad (8.63)$$

证明 参见本章附录 8.5.6 节。

结合式(8.46)和式(8.63)可以看到,在多小区分布式大规模 MIMO 系统中,当总天线数与用户数之比趋于无穷大时,上行可达速率极限值将只由信道大尺度衰落系数和导频功率所决定,数据发送功率将不再起作用。进一步,令导频功率 p_p 趋于无穷大,可以发现,可达速率的极限值将只与用户的大尺度衰落因子有关,即只由导频污染项所决定,而不再受到导频功率的影响,这也再次印证了多小区大规模 MIMO 系统中导频污染现象对于系统性能的制约影响。同时,时变信道的影响也最终消失了,即 $R_{\text{ul},j,k}^{\infty}$ 中不再包含有信道时变系数 η。从另一角度来理解,大规模天线阵列的使用可有效对抗信道的信道时变性,从而可以使其较好地应用于高速移动等场景中,而避免时变信道的影响。其主要原因在于,多小区系统中的导频污染现象使得本小区基站对本小区用户的 CSI 估计值中始终含有其他小区使用相同导频的用户信道信息干扰,即式(8.63)中的分母项正是导频污染所带来的干扰。因此,导频污染带来的小区间用户干扰成为了制约分布式大规模 MIMO 上行可达速率的主要因素,从而使得信道的时变特性不再成为主导因素,而这是与单小区场景中所不同的。在单小区中,其可达速率极限值将随天线总数的增加持续增加,并且可达速率极限值受到信道时变系数 η 的影响[45]。

随着小区内总天线数的增加,不单会对系统的可达速率产生影响,也会影响上行用户的发射功率增益。下面将考虑时变信道条件下,多小区多用户分布式大规模 MIMO 系统中发射功率缩放增益变化情况,类似单小区的功率缩放增益,令 $p_{\text{ul}} = \dfrac{E_{\text{ul}}}{\sqrt{NM}}$,则多小区上行频谱效率也将趋于一个极限值,且该极限值仍然受到信道时变系数 η 的影响,有如下推论。

推论 8.4 假设多小区系统中每个用户的上行平均发射功率与总天线数满足缩放律 $p_{\text{ul}} = \dfrac{E_{\text{ul}}}{\sqrt{NM}}$,其中 E_{ul} 和 M 固定。当 $NM \to \infty$ 时(此时 $\dfrac{NM}{K}$ 也趋于无穷大),第 j 小区第 k 个用户的上行频谱效率极限值可以表示为

$$R_{\mathrm{ul},j,k} \overset{NM\to\infty}{\approx} \log_2\left(1 + \frac{\eta^2\left(\sum\limits_{m=1}^{M} E_{\mathrm{ul}}L\beta_{j,m,j,k}^2\right)^2}{\eta^2 \sum\limits_{i\neq j}\left(\sum\limits_{m=1}^{M} E_{\mathrm{ul}}L\beta_{j,m,j,k}\beta_{j,m,i,k}\right)^2 + M\sum\limits_{m=1}^{M}L\beta_{j,m,j,k}^2}\right)$$

$$(8.64)$$

证明　参见本章附录 8.5.7 节。

从推论 8.7 中可以看到,在多小区场景同时存在导频污染和信道时变性影响时,系统的上行发射功率依然可以获得 $\dfrac{1}{\sqrt{NM}}$ 倍的缩放增益,同时保证频谱效率趋近于一个稳定值,而且此时该频谱效率极限值与时间相关性系数 η 呈单调递增关系。

8.3.4　仿真结果与分析

本节将利用蒙特卡洛数值仿真对图 8.8 所示的多小区分布式大规模 MIMO 系统在时变信道下的频谱效率性能进行验证。此处,考虑正六边形小区个数 $S=7$,小区半径(六边形中心到顶点距离)归一化为 1,每小区内部署 RRU 个数 $M=7$,用户数 $K=4$。为了便于仿真且不失一般性,借鉴文献[92,104]中的仿真设置,7 个 RRU 到小区中心的半径分别为 $r_1=0$ 和 $r_2=\cdots=r_7=\dfrac{3-\sqrt{3}}{2}$,各 RRU 到小区中心的角度分别为 $\varphi_1=0$,$\varphi_2=\dfrac{\pi}{3}$,$\varphi_3=\dfrac{2\pi}{3}$,$\varphi_4=\pi$,$\varphi_5=\dfrac{4\pi}{3}$,$\varphi_6=\dfrac{5\pi}{3}$ 和 $\varphi_7=2\pi$,用户随机均匀分布在小区内,且每个用户到 RRU 的距离不小于 0.01。假设路径损耗指数因子 $\varepsilon=3.7$,阴影衰落系数归一化为 1,为了简化分析,考虑基于距离的路径损耗模型,且不考虑阴影衰落。系统各阶段所受到的加性高斯白噪声功率都归一化为 1,上行信道估计所使用的导频长度 $L=K$,即满足最小所需的导频长度[47,198]。信道时间相关性系数设置典型值 $\eta=[0.2,0.5,0.8]$ 用以涵盖从低速到中高速的移动场景,对于系统其他参数,如载波频率和采样时间间隔都与第 8.2.4 节中的设置一样。仿真中所涉及的蒙特卡洛仿真都基于 5000 次的独立信道取平均。在仿真中,不考虑导频分配策略,采用随机的方法给本小区内各用户分配正交导频。仿真中关于集中式大规模 MIMO 系统在信道时变下的性能根据文献[60]中的相关结论得到。

图 8.9 给出了多小区多用户存在导频污染时,在有功率缩放和无功率

缩放两种条件下,上行频谱效率性能随总天线数与用户数比值的变化趋势。首先从图 8.9(a)和图 8.9(b)中都可以看到,定理 8.3 中所给出的多小区上行频谱效率解析形式与数值仿真结果具有较好的近似特性,特别是随着总天线数的增加,其近似程度也越来越精确。从图 8.9(a)所示的无发射功率缩放的性能中看到,随着时间相关性系数 η 的增加,频谱效率是逐渐增加的,这与之前的分析结果类似,即 η 增加信道时变性越弱,前后两个时刻的信道系数误差就越小,从而性能越好。同时,从 8.9(a)图中也可以看到,在多小区场景下,由于导频污染现象的存在,随着总天线数趋近于无穷大,信道的时间相关性影响将不再存在。在不同的 η 取值下,最终的频谱效率都将趋近于同一个极限值,这主要是由于导频污染是影响接收信干噪比的主要因素,使得时间相关性的影响趋于消失。同时可以看到,多小区与单小区场景的不同在于,当总天线数趋于无穷大时,单小区的上行频谱效率将无限制地增加,而多小区的上行频谱效率将趋于一个定值,该定值则是由导频污染所决定的。从图 8.9(b)中则可以看到,当发射功率存在 $p_{ul}=\dfrac{E_{ul}}{\sqrt{NM}}$ 的缩放律时,随着时间相关性系数 η 的变化,频谱效率将收敛到不同的极限值,这与推论 8.4 中的结论是一致的。同时,对比图 8.9(a)和图 8.9(b)可以发现,存在发射功率缩放时的频谱效率性能要稍低于无发射,也印证了在发射功率与频谱效率之间的性能折中,即天线数的增加,空间资源既可以选择用于提升系统可达速率,也可以选择用来降低发射功率。

最后,考察小区边缘用户场景下分布式大规模 MIMO 和集中式大规模 MIMO 的在同时考虑导频污染和信道时变条件下的频谱有效性。此处,定义小区边缘为正六边形的内切圆[105]。假设 $K=4$ 个用户随机均匀分布在小区边界上。图 8.10 显示了小区边界用户的平均频谱效率在总天线数与用户数之比等于不同值时的变化关系,其中信道时变系数 $\eta=0.8$。从图中可以发现,分布式大规模 MIMO 和集中式大规模 MIMO 都趋近于干扰受限,即受到导频污染的影响,频谱效率趋近于饱和值。此外,也可以发现,即使在信道存在时变特性下,分布式大规模 MIMO 系统相较集中式大规模 MIMO 系统在边缘用户处仍然获得了较好的性能增益。

图 8.9　多小区上行链路频谱效率在不同时间相关性系数下随总天线数的变化趋势及极限值

$$\left[(a)\,p_{ul}=10\text{dB},p_p=Kp_{ul}\,;\ (b)\,p_{ul}=\frac{E_{ul}}{\sqrt{NM}},E_{ul}=10\text{dB},p_p=Kp_{ul}\right]$$

图 8.10　多小区分布式大规模 MIMO 与集中式大规模 MIMO 系统边缘
用户的上行频谱效率性能比较($p_{ul}=10\text{dB},p_p=Kp_{ul},\eta=0.8$)

8.4　本章小结

本章首先针对单小区多用户分布式大规模 MIMO 系统，研究了其在时间相关性信道中的频谱效率性能。在考虑信道估计误差的同时，利用一阶马尔科夫过程来建模信道时变特性，以时间相关性系数表征信道的时变强弱。在系统采用 MRC 检测和 MRT 预编码的情况下，利用随机矩阵理论及 Gamma 分布随机变量的性质，推导出了包含有信道时变系数的上下行频谱效率闭合表达式，从中可以看到，频谱效率随时间相关系数呈单调递增趋势。同时，给出了当基站总发送天线与用户个数之比趋于无穷大时，上下行频谱效率的极限表达式，以及此时所能获得的发射功率增益。通过该极限表达式，可以看到时间相关性系数会降低系统的有效频谱效率，但是不会对原有的发射功率增益产生影响。在此基础中，扩展到多小区场景下，考虑了导频污染下的时变信道特性。推导了多小区上行频谱效率闭合表达式，并给出了随着天线数趋于无穷大时，频谱效率的渐进性能。通过推导可以看到，由于导频污染的存在，信道的时变性最终不再对系统的频谱效率极限性能产生影响，且不会影响系统的发射功率缩放增益。最后，通过仿真验证和对比，表明了所推导的理论结果的正确性，并对比了集中式大规模 MIMO 系统在相同条件下的性能。

8.5　附　录

8.5.1　定理 8.1 证明

对于式(8.22)中的上行频谱效率，其解析闭合表达式通常是难于求解的。此处，利用函数 $\log_2\left(1+\dfrac{1}{x}\right)$ 的凸性，并借助 Jensen 不等式[47]，可以得到上行频谱效率的下界为

$$R_{\mathrm{ul},k}=\mathbb{E}\{\log_2(1+\gamma_{\mathrm{ul},k})\}\geqslant\bar{R}_{\mathrm{ul},k}=\log_2\left[1+(\mathbb{E}\{\gamma_{\mathrm{ul},k}^{-1}\})^{-1}\right]\quad(8.65)$$

式中：

$$\mathbb{E}\left\{\gamma_{\mathrm{ul},k}^{-1}\right\} = \mathbb{E}\left\{\frac{\sum_{i\neq k}^{K}|\bar{\boldsymbol{h}}_k^{\mathrm{H}}[t+1]\bar{\boldsymbol{h}}_i[t+1]|^2 + \sum_{i=1}^{K}\sum_{m=1}^{M}\eta^2 a_{m,k}^2 \nu_{m,i}\|\hat{\bar{\boldsymbol{g}}}_{m,k}[t]\|^2 + \dfrac{\|\bar{\boldsymbol{h}}_k[t+1]\|^2}{p_{\mathrm{ul}}}}{\|\bar{\boldsymbol{h}}_k[t+1]\|^4}\right\}$$

(8.66)

式中：$\nu_{m,i}$ 定义如下：

$$\nu_{m,i} = \frac{\beta_{m,i}+(1-\eta^2)\beta_{m,i}^2 p_{\mathrm{p}}}{1+\beta_{m,i}p_{\mathrm{p}}}$$

(8.67)

由式(8.67)可以看到，频谱效率的下界表达式主要在于求解以下 3 项

$$\mathbb{E}\left\{\left(\sum_{i=1,i\neq k}^{K}|\bar{\boldsymbol{h}}_k^{\mathrm{H}}[t+1]\bar{\boldsymbol{h}}_i[t+1]|^2\right)\|\bar{\boldsymbol{h}}_k[t+1]\|^{-4}\right\}$$

(8.68)

$$\mathbb{E}\left\{\left(\sum_{i=1}^{K}\sum_{m=1}^{M}\eta^2 a_{m,k}^2 \nu_{m,i}\|\hat{\boldsymbol{g}}_{m,k}[t]\|^2\right)\bar{\boldsymbol{h}}_k[t+1]^{-4}\right\}$$

(8.69)

$$\mathbb{E}\left\{p_{\mathrm{ul}}^{-1}\|\bar{\boldsymbol{h}}_k[t+1]\|^{-2}\right\}$$

(8.70)

对于式(8.68)，可以计算得到

$$\mathbb{E}\left\{\left(\sum_{i=1,i\neq k}^{K}|\bar{\boldsymbol{h}}_k^{\mathrm{H}}[t+1]\bar{\boldsymbol{h}}_i[t+1]|^2\right)\|\bar{\boldsymbol{h}}_k[t+1]\|^{-4}\right\}\overset{(a)}{\approx}$$

$$\mathbb{E}\left\{\sum_{i=1,i\neq k}^{K}\bar{\boldsymbol{h}}_k^{\mathrm{H}}[t+1]\bar{\boldsymbol{h}}_i[t+1]\bar{\boldsymbol{h}}_i^{\mathrm{H}}[t+1]\bar{\boldsymbol{h}}_k[t+1]\right\}\mathbb{E}\left\{\|\bar{\boldsymbol{h}}_k[t+1]\|^{-4}\right\}\overset{(b)}{=}$$

$$\sum_{i=1,i\neq k}^{K}\eta^4\,\mathbb{E}\left\{\hat{\boldsymbol{g}}_k^{\mathrm{H}}[t]\mathbb{E}\left\{\hat{\boldsymbol{g}}_i^{\mathrm{H}}[t]\hat{\boldsymbol{g}}_i[t]\right\}\hat{\boldsymbol{g}}_k[t]\right\}\mathbb{E}\left\{\|\bar{\boldsymbol{h}}_k[t+1]\|^{-4}\right\}=$$

$$\sum_{i=1,i\neq k}^{K}\mathbb{E}\left\{\sum_{m=1}^{M}\eta^4\alpha_{m,k}^2\alpha_{m,i}^2\hat{\boldsymbol{g}}_{m,k}^{\mathrm{H}}[t]\hat{\boldsymbol{g}}_{m,k}[t]\right\}\mathbb{E}\left\{\|\bar{\boldsymbol{h}}_k[t+1]\|^{-4}\right\}\overset{(c)}{=}$$

$$N\sum_{i=1,i\neq k}^{K}\sum_{m=1}^{M}\eta^4\alpha_{m,k}^2\alpha_{m,i}^2\,\mathbb{E}\left\{\|\bar{\boldsymbol{h}}_k[t+1]\|^{-4}\right\}$$

(8.71)

式中：步骤(a)中的约等号是利用文献[58]中确定性等价引理 4 或文献[199]中引理 4 得到，步骤(b)则是因为不同用户之间的信道估计向量相互独立，步骤(c)是利用了 $\hat{\bar{\boldsymbol{g}}}_{m,k}\sim\mathcal{CN}(\boldsymbol{0},\boldsymbol{I}_N)$ 的分布特性。对于 $\mathbb{E}\left\{\|\bar{\boldsymbol{h}}_k[t+1]\|^{-4}\right\}$，可以计算如下

$$\mathbb{E}\left\{\|\bar{\boldsymbol{h}}_k[t+1]\|^{-4}\right\}=\eta^{-4}\,\mathbb{E}\left\{\left|\sum_{m=1}^{M}\alpha_{m,k}^2\hat{\boldsymbol{g}}_{m,k}^{\mathrm{H}}[t]\hat{\boldsymbol{g}}_{m,k}[t]\right|^{-2}\right\}\overset{(a)}{=}$$

$$\eta^{-4}\int_0^\infty \frac{1}{x^2}\,x^{\mu_k-1}\,\frac{e^{-x/\vartheta_k}}{\vartheta_k^{\mu_k}\,\Gamma(\mu_k)}\mathrm{d}x\overset{(b)}{=}$$

$$\frac{\eta^{-4}}{\vartheta_k^{\mu_k}\,\Gamma(\mu_k)}\vartheta_k^{\mu_k-2}\,\Gamma(\mu_k-2)=$$

$$\frac{\eta^{-4}}{\vartheta_k^2(\mu_k-1)(\mu_k-2)}$$

(8.72)

式中：$\mu_k = \dfrac{N\left(\sum\limits_{m=1}^{M} \alpha_{m,k}^2\right)^2}{\sum\limits_{m=1}^{M} \alpha_{m,k}^4}$；$\vartheta_k = \dfrac{\sum\limits_{m=1}^{M} \alpha_{m,k}^4}{\sum\limits_{m=1}^{M} \alpha_{m,k}^2}$。步骤(a)是先令 $\chi_m = \alpha_{m,k}^2 \overline{\boldsymbol{g}}_{m,k}^{\mathrm{H}}[t]\overline{\boldsymbol{g}}_{m,k}[t]$，

再根据本章引理 8.1～定理 8.3 可以得到 χ_m 服从 $\Gamma(N, \alpha_{m,k}^2)$ 分布，最后结合本章引理 8.5 得到；步骤(b)则是根据文献[200]中查积分表直接得到。

对于式(8.69)可采用类似式(8.68)的计算方法得到

$$\mathbb{E}\left\{\left(\sum_{i=1}^{K}\sum_{m=1}^{M}\eta^2\alpha_{m,k}^2\nu_{m,i}\,\hat{\boldsymbol{g}}_{m,k}^{\mathrm{H}}[t]\hat{\boldsymbol{g}}_{m,k}[t]\right)\parallel\overline{\boldsymbol{h}}_k[t+1]\parallel^{-4}\right\} \approx$$

$$\sum_{i=1}^{K}\mathbb{E}\left\{\sum_{m=1}^{M}\eta^2\alpha_{m,k}^2\nu_{m,i}\,\hat{\boldsymbol{g}}_{m,k}^{\mathrm{H}}[t]\hat{\boldsymbol{g}}_{m,k}[t]\right\}\mathbb{E}\left\{\overline{\boldsymbol{h}}_k[t+1]^{-4}\right\} =$$

$$\frac{N}{\eta^2\vartheta_k^2(\mu_k-1)(\mu_k-2)}\sum_{i=1}^{K}\sum_{m=1}^{M}\alpha_{m,k}^2\nu_{m,i} \tag{8.73}$$

对于式(8.70)的计算则类似式(8.72)的过程，可以直接得到

$$\mathbb{E}\left\{\parallel\overline{\boldsymbol{h}}_k[t+1]\parallel^{-2}\right\} = \eta^{-2}\int_0^\infty \frac{1}{x}\,x^{\mu_k-1}\frac{e^{-x/\vartheta_k}}{\vartheta_k^{\mu_k}\Gamma(\mu_k)}\mathrm{d}x =$$

$$\frac{\eta^{-2}}{\vartheta_k^{\mu_k}\Gamma(\mu_k)}\vartheta_k^{\mu_k-1}\Gamma(\mu_k-1) =$$

$$\frac{1}{\eta^2\vartheta_k(\mu_k-1)} \tag{8.74}$$

将式(8.71)～式(8.74)代入式(8.65)中的下界表达式，经过合并化简，即可得到式(8.24)中的上行频谱效率的下界闭合表达式。证毕。

8.5.2　推论 8.1 证明

假设每个用户的发射功率 p_{ul} 随着总天线数进行缩放，即 $p_{\mathrm{ul}} = \dfrac{E_{\mathrm{ul}}}{\sqrt{NM}}$，其中 E_{ul} 和 M 是固定的，再结合导频功率 $p_{\mathrm{p}} = Lp_{\mathrm{ul}}$，将各式代入式(8.24)。当 $NM \to \infty$ 时(等价于 $N \to \infty$)，可以得到上行频谱效率的极限值为

$$R_{\mathrm{ul},k} \overset{(a)}{\approx} \log_2\left(1 + \frac{p_{\mathrm{ul}}\eta^2\vartheta_k^2\mu_k^2}{Np_{\mathrm{ul}}\left(\sum\limits_{i=1}^{K}\sum\limits_{m=1}^{M}\alpha_{m,k}^2\beta_{m,i} - \sum\limits_{m=1}^{M}\eta^2\alpha_{m,k}^4\right) + \vartheta_k\mu_k}\right)^{(b)} =$$

$$\log_2\left[1+\frac{\eta^2\left(\sum\limits_{m=1}^{M}\dfrac{\sqrt{N}L\beta_{m,k}^2}{\dfrac{\sqrt{M}}{E_{\mathrm{ul}}}+\dfrac{L\beta_{m,k}}{\sqrt{N}}}\right)^2}{\sum\limits_{i=1}^{K}\sum\limits_{m=1}^{M}\dfrac{\sqrt{N}L\beta_{m,k}^2}{\dfrac{\sqrt{M}}{E_{\mathrm{ul}}}+\dfrac{L\beta_{m,k}}{\sqrt{N}}}\beta_{m,i}-\sum\limits_{m=1}^{M}\eta^2\left(\dfrac{\dfrac{L\beta_{m,k}^2}{\sqrt{M}}}{\dfrac{\sqrt{M}}{E_{\mathrm{ul}}}+\dfrac{L\beta_{m,k}}{\sqrt{N}}}\right)^2+N\sum\limits_{m=1}^{M}\dfrac{L\beta_{m,k}^2}{1+\dfrac{L\beta_{m,k}E_{\mathrm{ul}}}{\sqrt{NM}}}}\right]\overset{(c)}{\underset{NM\to\infty}{=}}$$

$$\log_2\left(1+\frac{\eta^2 E_{\mathrm{ul}}^2}{M}\sum_{m=1}^{M}L\beta_{m,k}^2\right) \tag{8.75}$$

式中:步骤(a)是由于 N 趋于无穷大时，(μ_k-1) 和 (μ_k-2) 两项近似等于 μ_k 化简得到,步骤(b)则是将 ϑ_k、μ_k 和 $\alpha_{m,k}^2$ 的具体表达式代入后所得到的,步骤(c)则是因为当 $N\to\infty$ 时,$\dfrac{L\beta_{m,k}}{\sqrt{N}}$ 将趋于 0,且分母中的前两项也将趋于 0,由此简化后所得到的频谱效率极限表达式。证毕。

8.5.3　定理 8.3 证明

为了求得式(8.36)所示的单小区下行频谱效率闭合表达式,主要涉及以下 3 项的统计期望和方差运算,即

$$|\mathbb{E}\{\boldsymbol{h}_k^{\mathrm{H}}[t+1]\overline{\boldsymbol{h}}_k[t+1]\}|^2 \tag{8.76}$$

$$\mathrm{Var}\{\boldsymbol{h}_k^{\mathrm{H}}[t+1]\overline{\boldsymbol{h}}_k[t+1]\} \tag{8.77}$$

$$\sum_{i\neq k}^{K}\mathbb{E}\{|\boldsymbol{h}_k^{\mathrm{H}}[t+1]\overline{\boldsymbol{h}}_i[t+1]|^2\} \tag{8.78}$$

首先,对于式(8.76)中的有效信号功率项,可计算得到

$$\mathbb{E}\{\boldsymbol{h}_k^{\mathrm{H}}[t+1]\overline{\boldsymbol{h}}_k[t+1]\}\overset{(a)}{=}|\mathbb{E}\{(\eta\overline{\boldsymbol{h}}_k[t]+\eta\widetilde{\boldsymbol{h}}_k[t]+\boldsymbol{e}_k[t+1])^{\mathrm{H}}\eta\overline{\boldsymbol{h}}_k[t]\}|^2\overset{(b)}{=}$$
$$|\mathbb{E}\{\eta^2\|\hat{\boldsymbol{h}}_k[t]\|^2\}|^2=$$
$$\eta^4 N^2\left(\sum_{m=1}^{M}\alpha_{m,k}^2\right)^2 \tag{8.79}$$

式中:步骤(a)是将式(8.13)代入后得到,步骤(b)是利用了 $\hat{\boldsymbol{h}}_k[t]$、$\widetilde{\boldsymbol{h}}_k[t]$ 和 $\boldsymbol{e}_k[t+1]$ 三者相互独立,且均值为零的特性。

接下来,计算式(8.77)所示的干扰项,可以得到

$$\mathrm{Var}\{\boldsymbol{h}_k^{\mathrm{H}}[t+1]\overline{\boldsymbol{h}}_k[t+1]\}=\eta^4\mathbb{E}\{|\overline{\boldsymbol{h}}_k^{\mathrm{H}}[t]\overline{\boldsymbol{h}}_k[t]|^2\}+\eta^2\mathbb{E}\{|\boldsymbol{e}_k^{\mathrm{H}}[t+1]\overline{\boldsymbol{h}}_k[t]|^2\}-$$
$$(\eta^2\mathbb{E}\{\hat{\boldsymbol{h}}_k^{\mathrm{H}}[t]\hat{\boldsymbol{h}}_k[t]\})^2 \tag{8.80}$$

上式中主要用到了 $\hat{\boldsymbol{h}}_k[t]$ 和 $\boldsymbol{e}_k[t+1]$ 相互统计独立这一性质。

最后,对于式(8.78)中的第 3 项,可计算如下:

$$\sum_{i=1,i\neq k}^{K} \mathbb{E}\{|\boldsymbol{h}_k^{\mathrm{H}}[t+1]\bar{\boldsymbol{h}}_i[t+1]|^2\} =$$

$$\sum_{i=1,i\neq k}^{K} \mathbb{E}\{|(\eta\hat{\boldsymbol{h}}_k[t]+\bar{\boldsymbol{e}}_k[t+1])^{\mathrm{H}}\eta\hat{\boldsymbol{h}}_i[t]|^2\} =$$

$$\sum_{i=1,i\neq k}^{K} (\eta^4 \mathbb{E}\{|\hat{\boldsymbol{h}}_k^{\mathrm{H}}[t]\hat{\boldsymbol{h}}_i[t]|^2\} + \eta^2 \mathbb{E}\{|\bar{\boldsymbol{e}}_k^{\mathrm{H}}[t+1]\hat{\boldsymbol{h}}_i[t]|^2\}) \quad (8.81)$$

观察式(8.80)和式(8.81),可以看到其求解过程主要涉及以下 4 项的计算:

$$\mathbb{E}\{|\hat{\boldsymbol{h}}_k^{\mathrm{H}}[t]\hat{\boldsymbol{h}}_k[t]|^2\} \quad (8.82)$$

$$\mathbb{E}\{|\bar{\boldsymbol{e}}_k^{\mathrm{H}}[t+1]\hat{\boldsymbol{h}}_k[t]|^2\} \quad (8.83)$$

$$\mathbb{E}\{|\hat{\boldsymbol{h}}_k^{\mathrm{H}}[t]\hat{\boldsymbol{h}}_i[t]|^2\} \quad (8.84)$$

$$\mathbb{E}\{|\bar{\boldsymbol{e}}_k^{\mathrm{H}}[t+1]\hat{\boldsymbol{h}}_i[t]|^2\} \quad (8.85)$$

对于式(8.82)的计算,有如下结果:

$$\mathbb{E}\{|\hat{\boldsymbol{h}}_k^{\mathrm{H}}[t]\hat{\boldsymbol{h}}_k[t]|^2\} = \mathbb{E}\{\left(\sum_{m=1}^{M}\alpha_{m,k}^2 \hat{\boldsymbol{g}}_{m,k}^{\mathrm{H}}[t]\hat{\boldsymbol{g}}_{m,k}[t]\right)^2\} \overset{(a)}{=}$$

$$N\sum_{m=1}^{M}\alpha_{m,k}^4 + N^2\left(\sum_{m=1}^{M}\alpha_{m,k}^2\right)^2 \quad (8.86)$$

式中:步骤(a)是先令 $\chi_m = \alpha_{m,k}^2 \hat{\boldsymbol{g}}_{m,k}^{\mathrm{H}}[t]\hat{\boldsymbol{g}}_{m,k}[t]$,再根据引理 8.1~引理 8.3 可以得到 χ_m 服从 $\Gamma(N,\alpha_{m,k}^2)$ 分布,最后结合本章引理 8.5 得到。

对于式(8.83),有如下计算步骤:

$$\mathbb{E}\{|\bar{\boldsymbol{e}}_k^{\mathrm{H}}[t+1]\hat{\boldsymbol{h}}_k[t]|^2\} \overset{(a)}{=} \mathbb{E}\{\tilde{\boldsymbol{h}}_k^{\mathrm{H}}[t]\mathbb{E}\{\bar{\boldsymbol{e}}_k[t+1]\bar{\boldsymbol{e}}_k^{\mathrm{H}}[t+1]\}\hat{\boldsymbol{h}}_k[t]\} =$$

$$\mathbb{E}\{\sum_{m=1}^{M}\nu_{m,k}\alpha_{m,k}^2 \hat{\boldsymbol{g}}_{m,k}^{\mathrm{H}}[t]\hat{\boldsymbol{g}}_{m,k}[t]\} \overset{(b)}{=}$$

$$N\sum_{m=1}^{M}\alpha_{m,k}^2\nu_{m,k} \quad (8.87)$$

式中:步骤(a)是利用了 $\bar{\boldsymbol{e}}_k^{\mathrm{H}}[t+1]$ 和 $\hat{\boldsymbol{h}}_k[t]$ 相互统计独立的特性;步骤(b)是利用 $\hat{\boldsymbol{g}}_{m,k}[t]$ 服从 $\mathcal{CN}(\boldsymbol{0},\boldsymbol{I}_N)$ 分布这一性质,参数 $\nu_{m,k}$ 定义于式(8.67)。

对于式(8.85),可以计算得到

$$\mathbb{E}\{|\hat{\boldsymbol{h}}_k^{\mathrm{H}}[t]\hat{\boldsymbol{h}}_i[t]|^2\} \overset{(a)}{=} \mathbb{E}\{\hat{\boldsymbol{h}}_k^{\mathrm{H}}[t]\mathbb{E}\{\hat{\boldsymbol{h}}_i[t]\hat{\boldsymbol{h}}_i^{\mathrm{H}}[t]\}\hat{\boldsymbol{h}}_k[t]\} =$$

$$\mathbb{E}\{\sum_{m=1}^{M}\alpha_{m,i}^2\alpha_{m,k}^2 \hat{\boldsymbol{g}}_{m,k}^{\mathrm{H}}[t]\hat{\boldsymbol{g}}_{m,k}[t]\} \overset{(b)}{=}$$

$$N\sum_{m=1}^{M}\alpha_{m,k}^2\alpha_{m,i}^2 \quad (8.88)$$

式中:步骤(a)利用了不同用户之间的信道估计向量是相互独立的性质;步

骤(b)则是利用了 $\hat{\boldsymbol{g}}_{m,k}[t] \sim \mathcal{CN}(\boldsymbol{0}, \boldsymbol{I}_N)$ 这一性质。

对式(8.85)的计算,则可以采用类似式(8.83)的计算方法,获得如下形式:

$$
\begin{aligned}
\mathbb{E}\{|\bar{\boldsymbol{e}}_k^H[t+1]\hat{\boldsymbol{h}}_i[t]|^2\} &= \mathbb{E}\{\hat{\boldsymbol{h}}_i^H[t]\mathbb{E}\{\bar{\boldsymbol{e}}_k[t+1]\bar{\boldsymbol{e}}_k^H[t+1]\}\hat{\boldsymbol{h}}_i[t]\} = \\
&\mathbb{E}\Big\{\sum_{m=1}^M \nu_{m,k}\alpha_{m,i}^2\,\hat{\boldsymbol{g}}_{m,i}^H[t]\hat{\boldsymbol{g}}_{m,i}[t]\Big\} = \\
&N\sum_{m=1}^M \alpha_{m,i}^2 \nu_{m,k}
\end{aligned}
\tag{8.89}
$$

最终,将式(8.79)、式(8.80)以及式(8.86)～式(8.89)代入式(8.36)中,进行化简合并,即可得到下行频谱效率的闭合表达式如式所示。证毕。

8.5.4　推论 8.2 证明

假设 CU 对于每个用户的平均发射功率 p_{dl} 随着总天线数进行缩放,即 $p_{\text{dl}} = \dfrac{E_{\text{dl}}}{\sqrt{NM}}$,其中 E_{dl} 和 M 是固定的,导频功率 $p_p = Lp_{\text{dl}}$,将各式代入式(8.37)。当 $NM \to \infty$ 时(等价于 $N \to \infty$ 类似于推论 8.1 中的推导过程,可以计算得到下行频谱效率的极限值如下:

$$
\begin{aligned}
R_{\text{dl},k} &= \log_2\left(1 + \frac{\eta^2 p_{\text{dl}} N \Big|\sum_{m=1}^M \alpha_{m,k}^2\Big|^2}{p_{\text{dl}}\sum_{i=1}^K\sum_{m=1}^M \alpha_{m,i}^2\beta_{m,k} + K^{-1}\sum_{i=1}^K\sum_{m=1}^K \alpha_{m,i}^2}\right) \overset{(a)}{\approx} \\[2ex]
&\log_2\left(1 + \frac{\eta^2\Big(\sum_{m=1}^M \dfrac{L\beta_{m,k}^2}{\sqrt{M}/E_{\text{dl}} + L\beta_{m,k}/\sqrt{N}}\Big)^2}{\sum_{i=1}^K\sum_{m=1}^M \dfrac{L\beta_{m,k}\beta_{m,i}^2}{\sqrt{NM}/E_{\text{dl}} + L\beta_{m,i}} + \dfrac{1}{KE_{\text{dl}}}\sum_{i=1}^K\sum_{m=1}^K \dfrac{\sqrt{NM}\beta_{m,i}^2 L E_{\text{dl}}}{\sqrt{NM} + L E_{\text{dl}}\beta_{m,i}}}\right) \overset{(b)}{\underset{NM\to\infty}{=}} \\[2ex]
&\log_2\left(1 + \frac{\eta^2 K L E_{\text{dl}}^2\big(\sum_{m=1}^M \beta_{m,k}\big)^2}{M\sum_{i=1}^K\sum_{m=1}^K \beta_{m,i}^2}\right)
\end{aligned}
\tag{8.90}
$$

式中:步骤(a)是将 ϑ_k、μ_k 和 $\alpha_{m,k}^2$ 的具体表达式代入所得到的;步骤(b)是因为当 N 趋于无穷大时,$\dfrac{L\beta_{m,k}}{\sqrt{N}}$ 将趋于 0,同时分母的第一项也将趋于 0,最终可以得到下行频谱效率的极限值。证毕。

8.5.5　定理 8.3 证明

对于式(8.60)中的上行频谱效率,仍然利用函数 $\log_2\left(1+\dfrac{1}{x}\right)$ 的凸性,并借助于 Jensen 不等式,可以得到上行频谱效率的下界为

$$R_{\mathrm{ul},j,k}=\mathbb{E}\{\log_2(1+\gamma_{\mathrm{ul},j,k})\}\geqslant\bar{R}_{\mathrm{ul},j,k}=\log_2(1+\mathbb{E}\{\gamma_{\mathrm{ul},j,k}^{-1}\}) \tag{8.91}$$

根据条件期望的性质,可以计算得到 $\mathbb{E}\{\gamma_{\mathrm{ul},j,k}^{-1}\}$ 的表达式为

$$
\mathbb{E}\{\gamma_{\mathrm{ul},j,k}^{-1}\}=\mathbb{E}\Bigg\{\underbrace{\frac{\displaystyle\sum_{i=1}^{S}\sum_{n\neq k}\bar{\boldsymbol{h}}_{j,j,k}^{\mathrm{H}}[t+1]\mathbb{E}\{\bar{\boldsymbol{h}}_{j,i,n}[t+1]\bar{\boldsymbol{h}}_{j,i,n}^{\mathrm{H}}[t+1]\}\bar{\boldsymbol{h}}_{j,j,k}[t+1]}{\|\bar{\boldsymbol{h}}_{j,j,k}[t+1]^4\|}}_{A}\Bigg\}+
$$

$$
\mathbb{E}\Bigg\{\underbrace{\frac{\displaystyle\sum_{i\neq j}\bar{\boldsymbol{h}}_{j,j,k}^{\mathrm{H}}[t+1]\bar{\boldsymbol{h}}_{j,i,k}[t+1]\bar{\boldsymbol{h}}_{j,i,k}^{\mathrm{H}}[t+1]\bar{\boldsymbol{h}}_{j,j,k}[t+1]}{\|\bar{\boldsymbol{h}}_{j,j,k}[t+1]\|^4}}_{B}\Bigg\}+
$$

$$
\mathbb{E}\Bigg\{\underbrace{\frac{\displaystyle\sum_{i,n}\bar{\boldsymbol{h}}_{j,j,k}^{\mathrm{H}}[t+1]\mathbb{E}\{\bar{\boldsymbol{e}}_{j,i,n}[t+1]\bar{\boldsymbol{e}}_{j,i,n}^{\mathrm{H}}[t+1]\}\bar{\boldsymbol{h}}_{j,j,k}[t+1]}{\|\bar{\boldsymbol{h}}_{j,j,k}[t+1]\|^4}}_{B}\Bigg\}+
$$

$$
\underbrace{\mathbb{E}\Bigg\{\frac{1}{p_{\mathrm{ul}}\|\bar{\boldsymbol{h}}_{j,j,k}[t+1]\|^2}\Bigg\}}_{D} \tag{8.92}
$$

可以看到,多小区上行频谱效率下界表达式主要在于求解式(8.92)中的 A、B、C 和 D 四项。

对于 A 项,可以计算得到

$$
A=\sum_{i=1}^{S}\sum_{n\neq k}\mathbb{E}\Bigg\{\frac{\bar{\boldsymbol{h}}_{j,j,k}^{\mathrm{H}}[t+1]\mathbb{E}\{\bar{\boldsymbol{h}}_{j,i,n}[t+1]\bar{\boldsymbol{h}}_{j,i,n}^{\mathrm{H}}[t+1]\}\bar{\boldsymbol{h}}_{j,j,k}[t+1]}{\|\bar{\boldsymbol{h}}_{j,j,k}[t+1]\|^4}\Bigg\}\overset{(a)}{\approx}
$$

$$
\sum_{i=1}^{S}\sum_{n\neq k}\mathbb{E}\{\bar{\boldsymbol{h}}_{j,j,k}^{\mathrm{H}}[t+1]\mathbb{E}\{\bar{\boldsymbol{h}}_{j,i,n}[t+1]\bar{\boldsymbol{h}}_{j,i,n}^{\mathrm{H}}[t+1]\}\bar{\boldsymbol{h}}_{j,j,k}[t+1]\}\mathbb{E}\{\|\bar{\boldsymbol{h}}_{j,j,k}[t+1]\|^{-4}\}=
$$

$$
\sum_{i=1}^{S}\sum_{n\neq k}\eta^4\,\mathbb{E}\Bigg\{\sum_{m=1}^{M}\alpha_{j,m,k}^2\alpha_{j,m,in}^2\bar{\boldsymbol{g}}_{j,k,m}^{\mathrm{H}}[t]\bar{\boldsymbol{g}}_{j,k,m}[t]\Bigg\}\mathbb{E}\{\|\bar{\boldsymbol{h}}_{j,j,k}[t+1]\|^{-4}\} \tag{8.93}
$$

式中:步骤(a)中的约等号是利用文献[58]中确定性等价引理 4 或文献[199]中引理 4 得到;步骤(b)是利用了 $\hat{\boldsymbol{g}}_{j,k,m}[t]\sim\mathcal{CN}(\boldsymbol{0},\boldsymbol{I}_N)$ 的分布特性。

对于 B 项的计算,有如下结果:

$$
B=\sum_{i\neq j}\mathbb{E}\Bigg\{\frac{\bar{\boldsymbol{h}}_{j,j,k}^{\mathrm{H}}[t+1]\bar{\boldsymbol{h}}_{j,i,k}[t+1]\bar{\boldsymbol{h}}_{j,i,k}^{\mathrm{H}}[t+1]\bar{\boldsymbol{h}}_{j,j,k}[t+1]}{\|\bar{\boldsymbol{h}}_{j,j,k}[t+1]\|^4}\Bigg\}\overset{(a)}{\approx}
$$

$$\sum_{i\neq j}\eta^4\,\mathbb{E}\{\overline{\boldsymbol{h}}_{j,j,k}^{\mathrm{H}}[t+1]\overline{\boldsymbol{h}}_{j,i,k}[t+1]\overline{\boldsymbol{h}}_{j,i,k}^{\mathrm{H}}[t+1]\overline{\boldsymbol{h}}_{j,j,k}[t+1]\}$$

$$\mathbb{E}\{\parallel\overline{\boldsymbol{h}}_{j,j,k}[t+1]\parallel^{-4}\}\overset{(b)}{=}$$

$$\eta^4\,\mathbb{E}\Big\{\Big(\sum_{m=1}^{M}\alpha_{j,m,j,k}\alpha_{j,m,i,k}\overline{\boldsymbol{g}}_{j,k,m}^{\mathrm{H}}[t]\overline{\boldsymbol{g}}_{j,k,m}[t]\Big)^2\Big\}\mathbb{E}\{\parallel\overline{\boldsymbol{h}}_{j,j,k}[t+1]\parallel^{-4}\}\overset{(c)}{=}$$

$$\eta^4\Big[N\sum_{m=1}^{M}\alpha_{j,m,j,k}^2\alpha_{j,m,i,k}^2+N^2\Big(\sum_{m=1}^{M}\alpha_{j,m,j,k}\alpha_{j,m,i,k}\Big)^2\Big]\mathbb{E}\{\parallel\overline{\boldsymbol{h}}_{j,j,k}[t+1]\parallel^{-4}\}$$

$$(8.94)$$

上式中步骤(a)是利用了文献[58]中引理 4 中的(ii)式得到；步骤(b)是通过代入 $\hat{\boldsymbol{h}}_{j,j,k}[t]=\boldsymbol{D}_{j,j,k}\boldsymbol{U}_{j,k}^{-1/2}\hat{\boldsymbol{g}}_{j,k}[t]$ 和 $\hat{\boldsymbol{h}}_{j,i,k}[t]=\boldsymbol{D}_{j,i,k}\boldsymbol{U}_{j,k}^{-1/2}\hat{\boldsymbol{g}}_{j,k}[t]$ 得到；步骤(c)是先根据本章引理 8.1～引理 8.3 可以得到 $\chi_m=\alpha_{j,m,j,k}\alpha_{j,m,i,k}\hat{\boldsymbol{g}}_{j,k,m}^{\mathrm{H}}[t]\hat{\boldsymbol{g}}_{j,k,m}[t]\sim\Gamma(N,\alpha_{j,m,j,k}\alpha_{j,m,i,k})$，再利用引理 8.4 可以得到。

　　对于 C 项，可采用类似的计算方法得到

$$C=\sum_{i,n}\mathbb{E}\Big\{\frac{\overline{\boldsymbol{h}}_{j,j,k}^{\mathrm{H}}[t+1]\mathbb{E}\{\bar{\boldsymbol{e}}_{j,i,n}[t+1]\bar{\boldsymbol{e}}_{j,i,n}^{\mathrm{H}}[t+1]\}\overline{\boldsymbol{h}}_{j,j,k}[t+1]}{\parallel\overline{\boldsymbol{h}}_{j,j,k}[t+1]\parallel^4}\Big\}=$$

$$\sum_{i,n}\mathbb{E}\Big\{\frac{\eta^2\,\overline{\boldsymbol{g}}_{j,k}^{\mathrm{H}}[t]\boldsymbol{U}_{j,k}^{-1/2}\boldsymbol{D}_{j,j,k}(\boldsymbol{D}_{j,i,n}-\eta^2\boldsymbol{D}_{j,i,n}\boldsymbol{U}_{j,k}^{-1}\boldsymbol{D}_{j,i,n})\boldsymbol{D}_{j,j,k}\boldsymbol{U}_{j,k}^{-1/2}\overline{\boldsymbol{g}}_{j,k}[t]}{\parallel\overline{\boldsymbol{h}}_{j,j,k}[t+1]\parallel^4}\Big\}\overset{(a)}{\approx}$$

$$\sum_{i,n}\mathbb{E}\{\eta^2\,\overline{\boldsymbol{g}}_{j,k}^{\mathrm{H}}[t]\boldsymbol{U}_{j,k}^{-1/2}\boldsymbol{D}_{j,j,k}(\boldsymbol{D}_{j,i,n}-\eta^2\boldsymbol{D}_{j,i,n}\boldsymbol{U}_{j,k}^{-1}\boldsymbol{D}_{j,i,n})\boldsymbol{D}_{j,j,k}\boldsymbol{U}_{j,k}^{-1/2}\overline{\boldsymbol{g}}_{j,k}[t]\}$$

$$\mathbb{E}\{\parallel\overline{\boldsymbol{h}}_{j,j,k}[t+1]\parallel^{-4}\}\overset{(b)}{=}$$

$$\sum_{i,n}\{N\sum_{m=1}^{M}\nu_{j,m,i,n}\alpha_{j,m,j,k}^2\,\mathbb{E}\{\parallel\overline{\boldsymbol{h}}_{j,j,k}[t+1]\parallel^{-4}\}\qquad(8.95)$$

式中：$\nu_{j,m,i,n}=\beta_{j,m,i,n}-\eta^2\alpha_{j,m,i,n}^2$，步骤(a)依然是采用文献[58]中确定性等价引理 8.4，步骤(b)利用到了 $\hat{\boldsymbol{g}}_{j,k,m}[t]\sim\mathcal{CN}(\boldsymbol{0},\boldsymbol{I}_N)$ 以及本章引理 8.1 和引理 8.4。

　　对于公共项 $\mathbb{E}\{\parallel\overline{\boldsymbol{h}}_{j,j,k}[t+1]\parallel^{-4}\}$，可以计算如下

$$\mathbb{E}\{\parallel\overline{\boldsymbol{h}}_{j,j,k}[t+1]\parallel^{-4}\}=\eta^{-4}\,\mathbb{E}\Big\{\Big|\sum_{m=1}^{M}\alpha_{j,m,j,k}^2\hat{\boldsymbol{g}}_{j,k,m}^{\mathrm{H}}\hat{\boldsymbol{g}}_{j,k,m}\Big|^{-2}\Big\}\overset{(a)}{=}$$

$$\eta^{-4}\int_0^{\infty}\frac{1}{x^2}\,x^{\mu_{j,k}-1}\,\frac{e^{-x/\vartheta_{j,k}}}{\vartheta_{j,k}^{\mu_{j,k}}\,\Gamma(\mu_{j,k})}\mathrm{d}x\overset{(b)}{=}$$

$$\frac{\eta^{-4}}{\vartheta_{j,k}^{\mu_{j,k}}\Gamma(\mu_{j,k})}\vartheta_{j,k}^{\mu_{j,k}-2}\Gamma(\mu_{j,k}-2)=$$

$$\frac{\eta^{-4}}{\vartheta_{j,k}^2(\mu_{j,k}-1)(\mu_{j,k}-2)}\qquad(8.96)$$

式中：$\mu_{j,k} = \dfrac{N\left(\sum\limits_{m=1}^{M}\alpha_{j,m,j,k}^{2}\right)^{2}}{\sum\limits_{m=1}^{M}\alpha_{j,m,j,k}^{4}}$，$\vartheta_{j,k} = \dfrac{\sum\limits_{m=1}^{M}\alpha_{j,m,j,k}^{4}}{\sum\limits_{m=1}^{M}\alpha_{j,m,j,k}^{2}}$。步骤（a）是先令 $\chi_{m} =$

$\alpha_{j,m,j,k}^{2}\,\hat{\boldsymbol{g}}_{j,k,m}^{\mathrm{H}}[t]\hat{\boldsymbol{g}}_{j,k,m}[t]$，根据 Gamma 分布的引理 8.1～引理 8.3 可以得到 $\chi_{m} \sim \Gamma(N,\alpha_{j,m,j,k}^{2})$，再根据引理 8.5 直接得到。步骤（b）通过查询积分表直接得到[200]。

对于 D 项的计算，则类似式的过程，可以直接得到

$$\mathbb{E}\{\parallel \overline{\boldsymbol{h}}_{j,k}[t+1] \parallel^{-2}\} = \eta^{-2}\int_{0}^{\infty}\frac{1}{x}\,x^{\mu_{j,k}-1}\,\frac{e^{-x/\vartheta_{j,k}}}{\vartheta_{j;k}^{\mu_{j,k}}\Gamma(\mu_{j,k})}\mathrm{d}x =$$

$$\frac{\eta^{-2}}{\vartheta_{j;k}^{\mu_{j,k}}\Gamma(\mu_{j,k})}\vartheta_{j;k}^{\mu_{j,k}-1}\Gamma(\mu_{j,k}-1) =$$

$$\frac{1}{\eta^{2}\vartheta_{j,k}(\mu_{j,k}-1)} \tag{8.97}$$

将式（8.93）～式（8.97）代入式（8.91）中的下界表达式，经过合并化简，即可得到式（8.62）中的上行频谱效率的下界闭合表达式。证毕

8.5.6　推论 8.3 证明

当用户数固定且 $\dfrac{NM}{K}\to\infty$ 时，可以得到式（8.62）中的上行频谱效率极限值为

$$R_{\mathrm{ul},j,k}\overset{(a)}{\approx}\log_{2}\left[1+\frac{p_{\mathrm{ul}}\eta^{2}N^{2}\left(\sum\limits_{m=1}^{M}\alpha_{j,m,j,k}^{2}\right)^{2}}{\left(p_{\mathrm{ul}}\eta^{2}N^{2}\sum\limits_{i\neq j}\left(\sum\limits_{m=1}^{M}\alpha_{j,m,j}\alpha_{j,m,i,k}\right)^{2}-p_{\mathrm{ul}}\eta^{2}N\sum\limits_{m=1}^{M}\alpha_{j,m,j,k}^{4}+p_{\mathrm{ul}}N\sum\limits_{i,n}\sum\limits_{m=1}^{M}\beta_{j,m,i}\alpha_{j,m,j,k}^{2}+N\sum\limits_{m=1}^{M}\alpha_{j,m,j,k}^{2}\right)}\right]\overset{(b)}{=}$$

$$\log_{2}\left[1+\frac{\eta^{2}\dfrac{MN}{K}\left(\dfrac{1}{M}\sum\limits_{m=1}^{M}\alpha_{j,m,j,k}^{2}\right)^{2}}{\eta^{2}MN\sum\limits_{i\neq j}\dfrac{\left(\dfrac{1}{M}\sum\limits_{m=1}^{M}\alpha_{j,m,j}\alpha_{j,m,i,k}\right)^{2}}{K}+\sum\limits_{i,n}\sum\limits_{m=1}^{M}\dfrac{\beta_{j,m,i}\alpha_{j,m,j,k}^{2}}{KM}-\eta^{2}\sum\limits_{m=1}^{M}\dfrac{\alpha_{j,m,j,k}^{4}}{KM}+\sum\limits_{m=1}^{M}\dfrac{\alpha_{j,m,j,k}^{2}}{p_{\mathrm{ul}}KM}}\right]\overset{\frac{NM}{K}\to\infty}{=}$$

$$\log_{2}\left[1+\frac{\left(\sum\limits_{m=1}^{M}\alpha_{j,m,j,k}^{2}\right)^{2}}{\sum\limits_{i\neq j}\left(\sum\limits_{m=1}^{M}\alpha_{j,m,j}\alpha_{j,m,i,k}\right)^{2}}\right] \tag{8.98}$$

式中：步骤（a）是由于 $\dfrac{NM}{K}$ 趋于无穷大时，$(\mu_{j,k}-1)$ 和 $(\mu_{j,k}-2)$ 两项近似等于 $\mu_{j,k}$ 化简得到；步骤（b）则是将分子分母同时除以 MNK 化简得到；步骤

(c)则是因为当 $\dfrac{NM}{K}\to\infty$ 时，$\dfrac{\sum\limits_{m=1}^{M}\alpha_{j,m,j,k}^2}{M}$、$\dfrac{\sum\limits_{m=1}^{M}\alpha_{j,m,j,k}\alpha_{j,m,i,k}}{M}$、$\dfrac{\sum\limits_{i,n}\sum\limits_{m=1}^{M}\beta_{j,m,i,n}\alpha_{j,m,j,k}^2}{M}$

和 $\dfrac{\sum\limits_{m=1}^{M}\alpha_{j,m,j,k}^4}{M}$ 都是对应 $\sum\limits_{m=1}^{M}\alpha_{j,m,j,k}^2$、$\sum\limits_{m=1}^{M}\alpha_{j,m,j,k}\alpha_{j,m,i,k}$、$\sum\limits_{i,n}\sum\limits_{m=1}^{M}\beta_{j,m,i,n}\alpha_{j,m,j,k}^2$ 和

$\sum\limits_{m=1}^{M}\alpha_{j,m,j,k}^4$ 各项的均值，因此都为有限值。从而，分母中第二项、第三项和第

四项都趋于 0，最终化简得到。证毕。

8.5.7　推论 8.4 证明

假设各小区每个用户的发射功率 p_{ul} 随着总天线数进行缩放，即 $p_{ul}=\dfrac{E_{ul}}{\sqrt{NM}}$，其中 E_{ul} 和 M 是固定的，再结合导频功率 $p_p=Lp_{ul}$，将其代入式。当 $NM\to\infty$ 时，可以得到第 j 个小区第 k 个用户的上行频谱效率的极限值如下：

$$
\begin{aligned}
R_{ul,j,k} &\overset{(a)}{\approx} \log_2\left\{1+\dfrac{\eta^2 N^2\left(\sum\limits_{m=1}^{M}\dfrac{p_p\beta_{j,m,j,k}}{1+p_p\beta_{j,k,S}}\right)^2}{\eta^2 N^2\sum\limits_{i\ne j}\left(\sum\limits_{m=1}^{M}\dfrac{p_p\beta_{j,m,j,k}\beta_{j,m,i,k}}{1+p_p\beta_{j,k,S}}\right)^2-\eta^2 N\sum\limits_{m=1}^{M}\left(\dfrac{p_p\beta_{j,m,j,k}^2}{1+p_p\beta_{j,k,S}}\right)^2+N\sum\limits_{i,n}\sum\limits_{m=1}^{M}\dfrac{p_p\beta_{j,m,i,n}\beta_{j,m,j,k}^2}{1+p_p\beta_{j,k,S}}+\dfrac{N}{p_{ul}}\sum\limits_{m=1}^{M}\dfrac{p_p\beta_{j,m,j,k}^2}{1+p_p\beta_{j,k,S}}}\right\}\\[2ex]
&\overset{(b)}{\approx} \log_2\left\{1+\dfrac{\eta^2 N\left(\sum\limits_{m=1}^{M}\dfrac{L\beta_{j,m,j,k}^2}{\dfrac{\sqrt{M}}{E_{ul}}+\dfrac{\beta_{j,k,S}L}{\sqrt{N}}}\right)^2}{\eta^2 N\sum\limits_{i\ne j}\left(\sum\limits_{m=1}^{M}\dfrac{L\beta_{j,m,j,k}\beta_{j,m,i,k}}{\dfrac{\sqrt{M}}{E_{ul}}+\dfrac{\beta_{j,k,S}L}{\sqrt{N}}}\right)^2+\sum\limits_{i,n}\sum\limits_{m=1}^{M}\dfrac{L\sqrt{N}\beta_{j,m,i,n}\beta_{j,m,j,k}^2}{\dfrac{\sqrt{M}}{E_{ul}}+\dfrac{\beta_{j,k,S}L}{\sqrt{N}}}-\eta^2\sum\limits_{m=1}^{M}\left(\dfrac{L\beta_{j,m,j,k}^2}{\dfrac{\sqrt{M}}{E_{ul}}+\dfrac{\beta_{j,k,S}L}{\sqrt{N}}}\right)^2+\sum\limits_{m=1}^{M}\dfrac{NL\beta_{j,m,j,k}^2}{1+\dfrac{LE_{ul}\beta_{j,k,S}}{\sqrt{NM}}}}\right\}\\[2ex]
&\overset{(c)}{\underset{NM\to\infty}{=}} \log_2\left\{1+\dfrac{\eta^2\left(\sum\limits_{m=1}^{M}E_{ul}L\beta_{j,m,j,k}^2\right)^2}{\eta^2\sum\limits_{i\ne j}\left(\sum\limits_{m=1}^{M}E_{ul}L\beta_{j,m,j,k}\beta_{j,m,i,k}\right)^2+M\sum\limits_{m=1}^{M}L\beta_{j,m,j,k}^2}\right\} \tag{8.99}
\end{aligned}
$$

式中：$\alpha_{j,m,j,k}^2 = \beta_{j,m,j,k}^2 \left(\sum_{i=1}^{S} \beta_{j,m,i,k} + p_p^{-1}\right)^{-1} = \dfrac{p_p \beta_{j,m,j,k}^2}{1 + p_p \beta_{j,k,S}}$，且 $\beta_{j,k,S} = \sum_{i=1}^{S} \beta_{j,m,i,k}$，

步骤(a)中的约等号是由于 N 趋于无穷大时，$(\mu_{j,k}-1)$ 和 $(\mu_{j,k}-2)$ 两项近似等于 $\mu_{j,k}$，同时代入 $\alpha_{j,m,j,k}$、$\bar{\omega}_{j,k}$、$\mu_{j,k}$ 和 $\vartheta_{j,k}$ 的具体表达式后所得到的；步骤(b)则是因为当 $N \to \infty$ 时，$\dfrac{L\beta_{j,k,S}}{\sqrt{N}}$ 将趋于 0，且分母中的第二项和第三项也将趋于 0，由此简化后所得到的极限频谱效率表达式。证毕。

8.5.8 重要引理

此处给出本章推导平均频谱效率时所需用到的关于 Gamma 分布的若干重要引理，其证明过程可参见文献[104][180][201]，这里不再赘述。

引理 8.1 若随机变量 x 服从零均值循环对称复高斯分布 $\mathcal{CN}(0,1)$，且 x 的实部和虚部两个随机分量具有相同的方差 $1/2$，则有随机变量 $y = |x|^2$ 服从 $\Gamma(1,1)$ 分布。

引理 8.2 若随机变量 x 服从 $\Gamma(\alpha,\beta)$ 分布，则对于任意变量 $c > 0$，可以得到 cx 服从 $\Gamma(\alpha,\beta)$ 分布。

引理 8.3 若随机变量 $x_1, \cdots, x_N$ 相互统计独立，且 x_i 服从 $\Gamma(\alpha,\beta)$ 分布 $(i=1,\cdots,N)$，则有随机变量 $y = \sum_{i=1}^{N} x_i$ 服从 $\Gamma(\sum_i \alpha_i, \beta)$ 分布。

引理 8.4 若随机变量 $x_1, \cdots, x_N$ 相互统计独立，且 x_i 服从 $\Gamma(\alpha_i, \beta_i)$ 分布 $(i=1,\cdots,N)$，则有随机变量 $y = \sum_{i=1}^{N} x_i$ 的一阶矩、二阶矩和方差分别如下所示：

$$\mathbb{E}\{y\} = \sum_i \alpha_i, \beta_i$$
$$\mathbb{E}\{y^2\} = \sum_i \alpha_i \beta_i^2 + \left(\sum_i \alpha_i \beta_i\right)^2$$
$$\mathrm{Var}\{y\} = \sum_i \alpha_i \beta_i^2$$

引理 8.5 若随机变量 $x_1, x_2, \cdots, x_N$ 相互统计独立，且 x_i 服从 $\Gamma(\alpha_i, \beta_i)$ 分布 $(i=1,2,\cdots,N)$，则与随机变量 $y = \sum_{i=1}^{N} x_i$ 具有相同的一阶矩和二阶矩的 Gamma 分布 $\Gamma(\alpha_y, \beta_y)$ 的参数具有如下形式：

$$\alpha_y = \frac{\left(\sum_i \alpha_i \beta_i\right)^2}{\sum_i \alpha_i \beta_i^2}, \quad \beta_y = \frac{\sum_i \alpha_i \beta_i^2}{\sum_i \alpha_i \beta_i}$$

附录 A 缩略语对照表

3GPP	3rd Generation Partnership Project	第三代合作伙伴计划
4G	4th Generation Mobile Communication System	第四代移动通信系统
5G	5th Generation Mobile Communication System	第五代移动通信系统
AF	Amplify and Forward	放大转发
AWGN	Additive White Gaussian Noise	加性高斯白噪声
CDF	Cumulative Distribution Function	累积分布函数
CP	Cyclic Prefix	循环前缀
CRAN	Cloud Radio Access Network	云无线接入网
CSI	Channel State Information	信道状态信息
CU	Central Unit	中央处理单元
D2D	Device-to-Device	设备到设备
e2e	end-to-end	端到端
eCoMP	enhanced Coordinated Multi-Point	增强多点协作
EE	Energy Efficiency	能量效率
EVD	Eigen Value Decomposition	特征值分解
FDD	Frequency Division Duplex	频分双工
Gbps	Giga bit Per Second	吉(10^9)比特每秒
i. i. d.	independent and identically distributed	独立同分布
ISI	Inter Symbol Interference	符号间干扰
IUI	Inter-User Interference	用户间干扰
JSDM	Joint Spatial Division and Multiplexing	联合空分复用
LTE	Long Term Evolution	长期演进
LTE-A	LTE-Advanced	长期演进技术升级版
LoS	Line of Sight	视距

续表

M2M	Machine-to-Machine	机器到机器
MIMO	Multiple-Input Multiple-Output	多输入多输出
MMSE	Minimum Mean Squared Error	最小均方误差
MRC	Maximal Ratio Combining	最大比合并
MRT	Maximal Ratio Trasmission	最大比发送
MSE	Mean Squared Error	均方误差
MU	Mobile User	移动用户
NMSE	Normalized Mean Squared Error	归一化均方误差
NOMA	Non-Orthogonal Multiple Access	非正交多址接入
OFDM	Orthogonal Frequency Division Multiplexing	正交频分多路复用
OFDMA	Orthogonal Frequency-Division Multiple Access	正交频分多址接入
QoS	Quality-of-Service	服务质量
RF	Radio Frequency	射频
RRU	Remote Radio Unit	远端射频单元
RZF	Regularized Zero-Forcing	正则化迫零
SDR	Semidefinite Relaxation	半定松弛
SE	Spectral Efficiency	频谱效率
SINR	Signal-to-Interference plus Noise Ratio	信干噪比
SIR	Signal-to-Interference Ratio	信干比
SNR	Signal to Noise Ratio	信噪比
TDD	Time Division Duplex	时分双工
ZF	Zero Forcing	迫零

附录 B 数学符号表

符号	含义	符号	含义
$x,\boldsymbol{x},\boldsymbol{X}$	标量,向量,矩阵	$\lvert\,\cdot\,\rvert$	实数的绝对值或复数的模或集合的势
$\boldsymbol{X}_{(i;j)}$	矩阵 $\boldsymbol{X}$ 的第 i 列到第 j 列组成的子矩阵	$\lVert\,\cdot\,\rVert$	向量或矩阵的 Frobenius 范数
$[\boldsymbol{X}]_i$	矩阵 $\boldsymbol{X}$ 的第 i 行	$\lVert\,\cdot\,\rVert_s$	向量或矩阵的谱范数
$[\boldsymbol{X}]_{ij}$	矩阵 $\boldsymbol{X}$ 的第 i 行第 j 列元素	$\lVert\,\cdot\,\rVert_0$	向量或矩阵的 0 范数
$\boldsymbol{I}_N$	$N\times N$ 维单位阵	$(\,\cdot\,)^{*}$	矩阵、向量或标量的复共轭
$\det(\,\cdot\,)$	矩阵的行列式	$(\,\cdot\,)^{\mathrm{T}}$	矩阵或向量的转置
$\mathrm{diag}\{x\}$	以向量 x 为对主角元素的对角阵	$(\,\cdot\,)^{\mathrm{H}}$	矩阵或向量的共轭转置
$\exp(\,\cdot\,)$	以常数 e 为底的指数	$(\,\cdot\,)^{-1}$	矩阵的逆
$\ln(\,\cdot\,)$	以常数 e 为底的对数	$\mathbb{E}\{\,\cdot\,\}$	数学期望
$\log_a(\,\cdot\,)$	以 a 为底的对数	$\mathrm{rank}(\,\cdot\,)$	矩阵的秩
$\inf(\,\cdot\,)$	下确界	$\mathrm{Tr}\{\,\cdot\,\}$	矩阵的迹
$\sup(\,\cdot\,)$	上确界	$(\,\cdot\,)^{\frac{1}{2}}$	Hermitian 矩阵的 Hermitian 均方根
$\mathrm{vec}(\,\cdot\,)$	矩阵拉直运算	$[x]^{+}$	取 0 与 x 两者中的最大值
$\mathrm{Span}^{\perp}(X)$	$\mathrm{Span}(X)$ 的正交补空间	$\mathrm{Span}(X)$	由矩阵 X 的列向量组成的线性子空间
$\mathbb{E}\{\,\cdot\mid\cdot\,\}$	条件数学期望	$\forall\,x$	定义域范围内的任意 x 值
$\mathrm{Var}(\,\cdot\,)$	方差	$\mathbb{Z}^{+}$	正整数集合
$\Gamma(\,\cdot\,)$	Gamma 分布函数	$\dfrac{\mathrm{d}f}{\mathrm{d}x}$	单变量函数 f 对自变量 x 求一阶导数

续表

$x \ll y$	x 远小于 y	$\xrightarrow{\text{a. s.}}$	几乎确定收敛于
$x \gg y$	x 远大于 y	$\dfrac{\partial^2 f}{\partial x \partial y}$	多变量函数 f 对自变量 x 和 y 求二阶混合偏导数
$\boldsymbol{X} < 0$	矩阵 $\boldsymbol{X}$ 为负定阵	$\dfrac{\partial f}{\partial x}$	多变量函数 f 对自变量 x 求一阶偏导数
$\boldsymbol{X} > 0$	矩阵 $\boldsymbol{X}$ 为正定阵	$\dfrac{\partial^2 f}{\partial x^2}$	多变量函数 f 对自变量 x 求二阶偏导数
$\lfloor x \rfloor$	不大于 x 的最大整数	f'	函数 f 对某一自变量求一阶偏导数
$\lceil x \rceil$	不小于 x 的最小整数	$\nabla^2 f$	多变量函数 f 的海森(Hessian)矩阵
$\mathcal{CN}(\boldsymbol{n}, \boldsymbol{R})$	均值向量为 $\boldsymbol{n}$ 协方差矩阵为 $\boldsymbol{R}$ 的循环对称复高斯向量	$\otimes$	克罗内克(Kronecker)积
$CW_M(N, \boldsymbol{R})$	自由度为 N,协方差阵为 $\boldsymbol{R}$ 的 $M \times M$ 维复 Wishart 矩阵	$o(\cdot)$	数量级符号
$\mathbb{R}, \mathbb{R}^{N \times M}$	实数域,$N \times M$ 维实矩阵空间	$\mathcal{O}(\cdot)$	运算复杂度符号
$\mathbb{C}, \mathbb{C}^{N \times M}$	复数域,$N \times M$ 维复矩阵空间	$\min(\cdot)$	求最小值
$\arg\min\limits_{x} f(x)$	求目标函数 $f(x)$ 取最小值时所对应的 x 值	$\max(\cdot)$	求最大值
$\triangleq$	定义为	$\arg\max\limits_{x} f(x)$	求目标函数 $f(x)$ 取最大值时所对应的 x 值

参考文献

［1］Schwartz M. Mobile wireless communications ［M］. Cambridge University Press,2004.

［2］Goldsmith A. Wireless communications ［M］. Cambridge university press,2005.

［3］Li Q C,Niu H,Papathanassiou A T,et al. 5G Network Capacity: Key Elements and Technologies ［J］. IEEE Vehicular Technology Magazine. 2014,9 (1):71-78.

［4］Andrews J. Can cellular Networks Handle 1000x the Data ［J］. Technical talk at University of Notre Dame. 2011.

［5］Zorzi M,Gluhak A,Lange S,et al. From today's INTRAnet of things to a future INTERnet of things:a wireless-and mobility-related view ［J］. IEEE Wireless Communications. 2010,17 (6):44-51.

［6］Alexiou A. Wireless World 2020:Radio Interface Challenges and Technology Enablers ［J］. IEEE Vehicular Technology Magazine. 2014,9 (1):46-53.

［7］Agyapong P K,Iwamura M,Staehle D,et al. Design considerations for a 5G network architecture ［J］. IEEE Communications Magazine. 2014,52 (11):65-75.

［8］Wang C X,Haider F,Gao X,et al. Cellular architecture and key technologies for 5G wireless communication networks ［J］. IEEE Communications Magazine. 2014,52 (2):122-130.

［9］Nam W,Bai D,Lee J,et al. Advanced interference management for 5G cellular networks ［J］. IEEE Communications Magazine. 2014,52 (5):52-60.

［10］METIS. Mobile and wireless communications enablers for the 2020 information society. In:EU 7thFramework Programme Project. https://www. metis2020. com. 2012.

［11］尤肖虎,潘志文,高西奇,等.5G 移动通信发展趋势与若干关键技术［J］.中国科学:信息科学.2014,44 (5):551-563.

[12] Astely D, Dahlman E, Fodor G, et al. LTE release 12 and beyond [Accepted From Open Call] [J]. IEEE Communications Magazine. 2013, 51 (7):154-160.

[13] T Wen P Y Z. 5G: A technology vision. Huawei. http://www. huawei. com/en/about-huawei/publications/winwin-magazine/hw-329304. htm. 2013.

[14] Soldani D, Manzalini A. Horizon 2020 and Beyond: On the 5G Operating System for a True Digital Society [J]. IEEE Vehicular Technology Magazine. 2015,10 (1):32-42.

[15] Wu Y, Chen Y, Tang J, et al. Green transmission technologies for balancing the energy efficiency and spectrum efficiency trade-off [J]. IEEE Communications Magazine. 2014,52 (11):112-120.

[16] Cavalcante R L G, Stanczak S, Schubert M, et al. Toward Energy-Efficient 5G Wireless Communications Technologies: Tools for decoupling the scaling of networks from the growth of operating power [J]. IEEE Signal Processing Magazine. 2014,31 (6):24-34.

[17] Hu R Q, Qian Y. An energy efficient and spectrum efficient wireless heterogeneous network framework for 5G systems [J]. IEEE Communications Magazine. 2014,52 (5):94-101.

[18] Andrews J G, Buzzi S, Choi W, et al. What Will 5G Be? [J]. IEEE Journal on Selected Areas in Communications. 2014, 32 (6): 1065-1082.

[19] Guey J C, Liao P K, Chen Y S, et al. On 5G radio access architecture and technology [Industry Perspectives] [J]. IEEE Wireless Communications. 2015,22 (5):2-5.

[20] Osseiran A, Boccardi F, Braun V, et al. Scenarios for 5G mobile and wireless communications: the vision of the METIS project [J]. IEEE Communications Magazine. 2014,52 (5):26-35.

[21] 中国信息通信研究院. 5G 总体发展情况与趋势[R]. 2015.

[22] Hwang I, Song B, Soliman S S. A holistic view on hyper-dense heterogeneous and small cell networks [J]. IEEE Communications Magazine. 2013,51 (6):20-27.

[23] Rusek F, Persson D, Lau B K, et al. Scaling up MIMO: Opportunities and challenges with very large arrays [J]. IEEE Signal Processing Magazine. 2013,30 (1):40-60.

[24] Cheng W, Zhang X, Zhang H. Heterogeneous statistical QoS provisioning over 5G wireless full-duplex networks [C]. In 2015 IEEE Conference on Computer Communications (INFOCOM). April 2015:55-63.

[25] Ding Z, Yang Z, Fan P, et al. On the Performance of Non-Orthogonal Multiple Access in 5G Systems with Randomly Deployed Users [J]. IEEE Signal Processing Letters. 2014,21 (12):1501-1505.

[26] Saito Y, Kishiyama Y, Benjebbour A, et al. Non-Orthogonal Multiple Access (NOMA) for Cellular Future Radio Access [C]. In Vehicular Technology Conference (VTC Spring), 2013 IEEE 77th. June 2013:1-5.

[27] Li A, Lan Y, Chen X, et al. Non-orthogonal multiple access (NOMA) for future downlink radio access of 5G [J]. China Communications. 2015,12 (Supplement):28-37.

[28] Benjebbour A, Li A, et al. NOMA:From concept to standardization [C]. In Standards for Communications and Networking (CSCN),2015 IEEE Conference on. Oct 2015:18-23.

[29] Benjebbour A, Saito K, Li A, et al. Non-orthogonal multiple access (NOMA):Concept, performance evaluation and experimental trials [C]. In Wireless Networks and Mobile Communications (WINCOM),2015 International Conference on. Oct 2015:1-6.

[30] Ge X, Tu S, Mao G, et al. 5G Ultra-Dense Cellular Networks [J]. IEEE Wireless Communications. 2016,23 (1):72-79.

[31] Peng M, Li Y, Zhao Z, et al. System architecture and key technologies for 5G heterogeneous cloud radio access networks [J]. IEEE Network. 2015,29 (2):6-14.

[32] Osseiran A, Braun V, Hidekazu T, et al. The Foundation of the Mobile and Wireless Communications System for 2020 and Beyond:Challenges,Enablers and Technology Solutions [C]. In Vehicular Technology Conference (VTC Spring),2013 IEEE 77th. June 2013:1-5.

[33] Rappaport T S, Sun S, Mayzus R, et al. Millimeter Wave Mobile Communications for 5G Cellular:It Will Work! [J]. IEEE Access. 2013, 1:335-349.

[34] Agiwal M, Roy A, Saxena N. Next Generation 5G Wireless Networks:A Comprehensive Survey [J]. IEEE Communications Surveys Tutorials. 2016,(99):1-1.

[35] Boccardi F, Heath R W, Lozano A, et al. Five disruptive technology directions for 5G [J]. IEEE Communications Magazine. 2014, 52 (2): 74-80.

[36] Bogale T E, Le L B. Massive MIMO and mmWave for 5G Wireless HetNet: Potential Benefits and Challenges [J]. IEEE Vehicular Technology Magazine. 2016, 11 (1): 64-75.

[37] Prasad K, Hossain E, Bhargava V K. Energy Efficiency in Massive MIMO-Based 5G Networks: Opportunities and Challenges [J/OL]. submitted to IEEE Wireless Communications. 2015. http://arxiv. org/abs/1511. 08689.

[38] Larsson E G, Edfors O, Tufvesson F, et al. Massive MIMO for next generation wireless systems [J]. IEEE Communications Magazine. 2014, 52 (2): 186-195.

[39] Chin W H, Fan Z, Haines R. Emerging technologies and research challenges for 5G wireless networks [J]. IEEE Wireless Communications. 2014, 21 (2): 106-112.

[40] Foschini G J, Gans M J. On limits of wireless communications in a fading environment when using multiple antennas [J]. Wireless personal communications. 1998, 6 (3): 311-335.

[41] Telatar E. Capacity of Multi-antenna Gaussian Channels [J]. European transactions on telecommunications. 1999, 10 (6): 585-595.

[42] Paulraj A, Nabar R, Gore D. Introduction to space-time wireless communications [M]. Cambridge university press, 2003.

[43] 3GPP. Physical Channels and Modulation (Release 11) [J/OL]. 3GPP TS36. 211. 2010. http://www. 3gpp. org/.

[44] Marzetta T L. How Much Training is Required for Multiuser MIMO? [C]. In 2006 Fortieth Asilomar Conference on Signals, Systems and Computers. Oct 2006: 359-363.

[45] Marzetta T L. Noncooperative cellular wireless with unlimited numbers of base station antennas [J]. IEEE Transactions on Wireless Communications. 2010, 9 (11): 3590-3600.

[46] Mohammed S K, Larsson E G. Per-Antenna Constant Envelope Precoding for Large Multi-User MIMO Systems [J]. IEEE Transactions on Communications. 2013, 61 (3): 1059-1071.

[47] Ngo H Q, Larsson E G, Marzetta T L. Energy and Spectral Effi-

ciency of Very Large Multiuser MIMO Systems [J]. IEEE Transactions on Communications. 2013,61 (4):1436-1449.

[48] Lu L,Li G Y,Swindlehurst A L,et al. An Overview of Massive MIMO:Benefits and Challenges [J]. IEEE Journal of Selected Topics in Signal Processing. 2014,8 (5):742-758.

[49] Aggarwal R,Koksal C E,Schniter P. On the Design of Large Scale Wireless Systems [J]. IEEE Journal on Selected Areas in Communications. 2013,31 (2):215-225.

[50] 杨绿溪,何世文,王毅,等. 面向 5G 无线通信系统的关键技术综述 [J]. 数据采集与处理. 2015,30 (3):469-485.

[51] Yin H,Gesbert D,Filippou M,et al. A Coordinated Approach to Channel Estimation in Large-Scale Multiple-Antenna Systems [J]. IEEE Journal on Selected Areas in Communications. 2013,31 (2):264-273.

[52] Müller R R,Cottatellucci L,Vehkaperä M. Blind Pilot Decontamination [J]. IEEE Journal of Selected Topics in Signal Processing. 2014,8 (5):773-786.

[53] Wang H,Huang Y,Jin S,et al. Performance analysis on precoding and pilot scheduling in very large MIMO multi-cell systems [C]. In 2013 IEEE Wireless Communications and Networking Conference (WCNC). April 2013:2722-2726.

[54] Jin S,Li M,Huang Y,et al. Pilot scheduling schemes for multi-cell massive multiple-input multiple-output transmission [J]. IET Communications. 2015,9 (5):689-700.

[55] Wang H,Zhang W,Liu Y,et al. On Design of Non-Orthogonal Pilot Signals for a Multi-Cell Massive MIMO System [J]. IEEE Wireless Communications Letters. 2015,4 (2):129-132.

[56] Bogale T E,Le L B. Pilot optimization and channel estimation for multiuser massive MIMO systems [C]. In Information Sciences and Systems (CISS),2014 48th Annual Conference on. March 2014:1-6.

[57] Jose J,Ashikhmin A,Marzetta T L,et al. Pilot Contamination and Precoding in Multi-Cell TDD Systems [J]. IEEE Transactions on Wireless Communications. 2011,10 (8):2640-2651.

[58] Hoydis J,ten Brink S,Debbah M. Massive MIMO in the UL/DL of cellular networks:How many antennas do we need? [J]. IEEE Journal on Selected Areas in Communications. 2013,31 (2):160-171.

[59] Truong K T, Heath R W. Effects of channel aging in massive MIMO systems [J]. Journal of Communications and Networks. 2013, 15 (4):338-351.

[60] Kong C, Zhong C, Papazafeiropoulos A K, et al. Sum-Rate and Power Scaling of Massive MIMO Systems With Channel Aging [J]. IEEE Transactions on Communications. 2015, 63 (12):4879-4893.

[61] Švač P, Meyer F, Riegler E, et al. Soft-Heuristic Detectors for Large MIMO Systems [J]. IEEE Transactions on Signal Processing. 2013, 61 (18):4573-4586.

[62] Jiang Z, Molisch A F, Caire G, et al. Achievable Rates of FDD Massive MIMO Systems With Spatial Channel Correlation [J]. IEEE Transactions on Wireless Communications. 2015, 14 (5):2868-2882.

[63] Duly A J, Kim T, Love D J, et al. Closed-Loop Beam Alignment for Massive MIMO Channel Estimation [J]. IEEE Communications Letters. 2014, 18 (8):1439-1442.

[64] Choi J, Love D J, Bidigare P. Downlink Training Techniques for FDD Massive MIMO Systems:Open-Loop and Closed-Loop Training With Memory [J]. IEEE Journal of Selected Topics in Signal Processing. 2014, 8 (5):802-814.

[65] Wang D, Wang X, Yang X, et al. Design of downlink training sequences for FDD massive MIMO systems [C]. In 2015 IEEE International Conference on Communications (ICC). June 2015:4570-4575.

[66] Nam J, Ahn J Y, Adhikary A, et al. Joint spatial division and multiplexing:Realizing massive MIMO gains with limited channel state information [C]. In Information Sciences and Systems (CISS), 2012 46th Annual Conference on. March 2012:1-6.

[67] Adhikary A, Nam J, Ahn J Y, et al. Joint Spatial Division and Multiplexing:The Large-Scale Array Regime [J]. IEEE Transactions on Information Theory. 2013, 59 (10):6441-6463.

[68] Nam J, Adhikary A, Ahn J Y, et al. Joint Spatial Division and Multiplexing:Opportunistic Beamforming, User Grouping and Simplified Downlink Scheduling [J]. IEEE Journal of Selected Topics in Signal Processing. 2014, 8 (5):876-890.

[69] Chen J, Lau V K N. Two-Tier Precoding for FDD Multi-Cell Massive MIMO Time-Varying Interference Networks [J]. IEEE Journal

on Selected Areas in Communications. 2014,32（6）:1230-1238.

[70] Choi J,Love D J,Kim T. Trellis-Extended Codebooks and Successive Phase Adjustment: A Path From LTE-Advanced to FDDMassive MIMO Systems ［J］. IEEE Transactions on Wireless Communications. 2015,14（4）:2007-2016.

[71] Lee B,Choi J,Seol J Y,et al. Antenna Grouping Based Feedback Compression for FDDBased Massive MIMO Systems ［J］. IEEE Transactions on Communications. 2015,63（9）:3261-3274.

[72] Dohler M,Li Y. Cooperative communications:hardware,channel and PHY ［M］. John Wiley & Sons,2010.

[73] Zhu G,Zhong C,Suraweera H A,et al. Wireless Information and Power Transfer in Relay Systems With Multiple Antennas and Interference ［J］. IEEE Transactions on Communications. 2015,63（4）:1400-1418.

[74] Chen X, Lei L, Zhang H, et al. Large-Scale MIMO Relaying Techniques for Physical Layer Security: AF or DF? ［J］. IEEE Transactions on Wireless Communications. 2015,14（9）:5135-5146.

[75] Agustin A,Vidal J. Amplify-and-forward cooperation under interference-limited spatial reuse of the relay slot ［J］. IEEE Transactions on Wireless Communications. 2008,7（5）:1952-1962.

[76] Ding H,Ge J,da Costa D B,et al. A New Efficient Low-Complexity Scheme for Multi-Source Multi-Relay Cooperative Networks ［J］. IEEE Transactions on Vehicular Technology. 2011,60（2）:716-722.

[77] Rashid U,Tuan H D,Kha H H,et al. Joint Optimization of Source Precoding and Relay Beamforming in Wireless MIMO Relay Networks ［J］. IEEE Transactions on Communications. 2014,62（2）:488-499.

[78] Amarasuriya G,Poor H V. Multi-way amplify-and-forward relay networks with massive MIMO ［C］. In 2014 IEEE 25th Annual International Symposium on Personal,Indoor,and Mobile Radio Communication （PIMRC）. Sept 2014:595-600.

[79] Suraweera H A,Ngo H Q,Duong T Q,et al. Multi-pair amplify-and-forward relaying with very large antenna arrays ［C］. In 2013 IEEE International Conference on Communications （ICC）. June 2013:4635-4640.

[80] Chen X,Lei L,Zhang H,et al. On the secrecy outage capacity of physical layer security in large-scale MIMO relaying systems with imperfect CSI ［C］. In 2014 IEEE International Conference on Communications

(ICC). June 2014:2052-2057.

[81] Cui H, Song L, Jiao B. Multi-Pair Two-Way Amplify-and-Forward Relaying with Very Large Number of Relay Antennas [J]. IEEE Transactions on Wireless Communications. 2014,13 (5):2636-2645.

[82] Liu M, Zhang J, Zhang P. Multipair Two-Way Relay Networks with Very Large Antenna Arrays [C]. In 2014 IEEE 80th Vehicular Technology Conference (VTC2014-Fall). Sept 2014:1-5.

[83] Jin S, Liang X, Wong K K, et al. Ergodic Rate Analysis for Multipair Massive MIMO Two-Way Relay Networks [J]. IEEE Transactions on Wireless Communications. 2015,14 (3):1480-1491.

[84] Amarasuriya G, Poor H V. Impact of channel aging in multi-way relay networks with massive MIMO [C]. In 2015 IEEE International Conference on Communications (ICC). June 2015:1951-1957.

[85] Fozooni M, Matthaiou M, Jin S, et al. Massive MIMO relaying with hybrid processing [C]. In 2016 IEEE International Conference on Communications (ICC). May 2016:1-6.

[86] Zhang Z, Chen Z, Shen M, et al. Achievable rate analysis for multi-pair two-way massive MIMO full-duplex relay systems [C]. In 2015 IEEE International Symposium on Information Theory (ISIT). June 2015: 2598-2602.

[87] Xu Y, Xia X, Ma W, et al. Full-duplex massive MIMO relaying: An energy efficiency perspective [J]. Wireless Personal Communications. 2015,84 (3):1933-1961.

[88] Xia X, Zhang D, Xu K, et al. Hardware Impairments Aware Transceiver for Full-Duplex Massive MIMO Relaying [J]. IEEE Transactions on Signal Processing. 2015,63 (24):6565-6580.

[89] You X H, Wang D M, Sheng B, et al. Cooperative distributed antenna systems for mobile communications [Coordinated and Distributed MIMO] [J]. IEEE Wireless Communications. 2010,17 (3):35-43.

[90] Wang J, Zhu H, Gomes N J. Distributed Antenna Systems for Mobile Communications in High Speed Trains [J]. IEEE Journal on Selected Areas in Communications. 2012,30 (4):675-683.

[91] You X, Wang D, Zhu P, et al. Cell Edge Performance of Cellular Mobile Systems [J]. IEEE Journal on Selected Areas in Communications. 2011,29 (6):1139-1150.

[92] Wang D, Wang J, You X, et al. Spectral Efficiency of Distributed MIMO Systems [J]. IEEE Journal on Selected Areas in Communications. 2013,31 (10):2112-2127.

[93] Dai L. A Comparative Study on Uplink Sum Capacity with Co-Located and Distributed Antennas [J]. IEEE Journal on Selected Areas in Communications. 2011,29 (6):1200-1213.

[94] Huh H, Caire G, Papadopoulos H C, et al. Achieving "Massive MIMO" Spectral Efficiency with a Not-so-Large Number of Antennas [J]. IEEE Transactions on Wireless Communications. 2012,11 (9):3226-3239.

[95] 中国移动通信研究院. C-RAN:the road towards green RAN. (White Paper,ver. 2. 5) [R]. 2011.

[96] Ngo H Q, Ashikhmin A, Yang H, et al. Cell-Free Massive MIMO:Uniformly great service for everyone [C]. In 2015 IEEE 16th International Workshop on Signal Processing Advances in Wireless Communications (SPAWC). June 2015:201-205.

[97] Wang D, Zhang Y, Wei H, et al. An overview of transmission theory and techniques of large-scale antenna systems for 5G wireless communications[J]. Science China Information Sciences,2016,59(8):081301.

[98] Zhang J, Wen C K, Jin S, et al. On Capacity of Large-Scale MIMO Multiple Access Channels with Distributed Sets of Correlated Antennas [J]. IEEE Journal on Selected Areas in Communications. 2013,31 (2):133-148.

[99] Zhang J, Yuan X, Ping L. Hermitian Precoding for Distributed MIMO Systems with Individual Channel State Information [J]. IEEE Journal on Selected Areas in Communications. 2013,31 (2):241-250.

[100] Qiao D, Wu Y, Chen Y. Massive MIMO architecture for 5G networks:Co-located,or distributed? [C]. In 2014 11th International Symposium on Wireless Communications Systems (ISWCS). Aug 2014:192-197.

[101] Wang J, Dai L. Asymptotic rate analysis for non-orthogonal downlink multi-user systems with co-located and distributed antennas [C]. In 2013 IEEE Wireless Communications and Networking Conference (WCNC). April 2013:3219-3224.

[102] Liu L, Zhang R. Optimized Uplink Transmission in Multi-Antenna C-RAN With Spatial Compression and Forward [J]. IEEE Transactions on Signal Processing. 2015,63 (19):5083-5095.

[103] Gotsis A G, Alexiou A. Spatial resources optimization in distributed MIMO networks with limited data sharing [C]. In 2013 IEEE Globecom Workshops (GC Wkshps). Dec 2013:789-794.

[104] Li J, Wang D, Zhu P, et al. Spectral efficiency analysis of single-cell multi-user large-scale distributed antenna system [J]. IET Communications. 2014, 8 (12):2213-2221.

[105] Li J, Wang D, Zhu P, et al. Spectral efficiency analysis of large-scale distributed antenna system in a composite correlated Rayleigh fading channel [J]. IET Communications. 2015, 9 (5):681-688.

[106] Yang A, Jing Y, Xing C, et al. Performance Analysis and Location Optimization for Massive MIMO Systems With Circularly Distributed Antennas [J]. IEEE Transactions on Wireless Communications. 2015, 14 (10):5659-5671.

[107] Björnson E, Matthaiou M, Pitarokoilis A, et al. Distributed massive MIMO in cellular networks: Impact of imperfect hardware and number of oscillators [C]. In Signal Processing Conference (EUSIPCO), 2015 23rd European. Aug 2015:2436-2440.

[108] Joung J, Chia Y K, Sun S. Energy-Efficient, Large-Scale Distributed-Antenna System (L-DAS) for Multiple Users [J]. IEEE Journal of Selected Topics in Signal Processing. 2014, 8 (5):954-965.

[109] Li G Y, Xu Z, Xiong C, et al. Energy-efficient wireless communications: Tutorial, survey, and open issues [J]. IEEE Wireless Communications. 2011, 18 (6):28-35.

[110] Oh E, Krishnamachari B, Liu X, Niu Z. Toward dynamic energy-efficient operation of cellular network infrastructure [J]. IEEE Communications Magazine. 2011, 49 (6):56-61.

[111] Fehske A, Fettweis G, Malmodin J, et al. The global footprint of mobile communications: The ecological and economic perspective [J]. IEEE Communications Magazine. 2011, 49 (8):55-62.

[112] Auer G, Giannini V, Desset C, et al. How much energy is needed to run a wireless network? [J]. IEEE Wireless Communications. 2011, 18 (5):40-49.

[113] Huang Y, Zheng G, Bengtsson M, et al. Distributed Multicell Beamforming With Limited Intercell Coordination [J]. IEEE Transactions on Signal Processing. 2011, 59 (2):728-738.

[114] He S, Huang Y, Yang L, et al. A Multi-Cell Beamforming Design by Uplink-Downlink Max-Min SINR Duality [J]. IEEE Transactions on Wireless Communications. 2012, 11 (8): 2858-2867.

[115] Miao G, Himayat N, Li G Y, et al. Distributed Interference-Aware Energy-Efficient Power Optimization [J]. IEEE Transactions on Wireless Communications. 2011, 10 (4): 1323-1333.

[116] Isheden C, Chong Z, Jorswieck E, et al. Framework for Link-Level Energy Efficiency Optimization with Informed Transmitter [J]. IEEE Transactions on Wireless Communications. 2012, 11 (8): 2946-2957.

[117] Xu Z, Li G Y, Yang C, et al. Energy-Efficient Power Allocation for Pilots in Training-Based Downlink OFDMA Systems [J]. IEEE Transactions on Communications. 2012, 60 (10): 3047-3058.

[118] He S, Huang Y, Jin S, et al. Coordinated Beamforming for Energy Efficient Transmission in Multicell Multiuser Systems [J]. IEEE Transactions on Communications. 2013, 61 (12): 4961-4971.

[119] He C, Li G Y, Zheng F C, et al. Energy-Efficient Resource Allocation in OFDM Systems With Distributed Antennas [J]. IEEE Transactions on Vehicular Technology. 2014, 63 (3): 1223-1231.

[120] Kim Y, Miao G, Hwang T. Energy Efficient Pilot and Link Adaptation for Mobile Users in TDD Multi-User MIMO Systems [J]. IEEE Transactions on Wireless Communications. 2014, 13 (1): 382-393.

[121] Wu J, Rangan S, Zhang H. Green communications: theoretical fundamentals, algorithms and applications [M]. CRC Press, 2012.

[122] Miao G, Himayat N, Li G Y, et al. Interference-Aware Energy-Efficient Power Optimization [C]. In 2009 IEEE International Conference on Communications. June 2009: 1-5.

[123] Xu Z, Han S, Pan Z, et al. EE-SE relationship for large-scale antenna systems [C]. In 2014 IEEE International Conference on Communications Workshops (ICC). June 2014: 38-42.

[124] Ha D, Lee K, Kang J. Energy efficiency analysis with circuit power consumption in massive MIMO systems [C]. In 2013 IEEE 24th Annual International Symposium on Personal, Indoor, and Mobile Radio Communications (PIMRC). Sept 2013: 938-942.

[125] Li H, Song L, Debbah M. Energy Efficiency of Large-Scale Multiple Antenna Systems with Transmit Antenna Selection [J]. IEEE

Transactions on Communications. 2014,62 (2):638-647.

[126] Lee B M,Choi J,Bang J,et al. An energy efficient antenna selection for large scale green MIMO systems [C]. In 2013 IEEE International Symposium on Circuits and Systems (ISCAS2013). May 2013: 950-953.

[127] Zhao L,Zhao H,Hu F,et al. Energy Efficient Power Allocation Algorithm for Downlink Massive MIMO with MRT Precoding [C]. In Vehicular Technology Conference (VTC Fall),2013 IEEE 78th. Sept 2013:1-5.

[128] Zhou Y,Li D,Wang H,et al. QoS-aware energy-efficient optimization for massive MIMO systems in 5G [C]. In Wireless Communications and Signal Processing (WCSP),2014 Sixth International Conference on. Oct 2014:1-5.

[129] Ng D W K,Lo E S,Schober R. Energy-Efficient Resource Allocation in OFDMA Systems with Large Numbers of Base Station Antennas [J]. IEEE Transactions on Wireless Communications. 2012, 11 (9): 3292-3304.

[130] E Björnson,Sanguinetti L,Hoydis J,et al. Designing multi-user MIMO for energy efficiency:When is massive MIMO the answer? [C]. In Wireless Communications and Networking Conference (WCNC), 2014 IEEE. April 2014:242-247.

[131] E Björnson,Sanguinetti L,Hoydis J,et al. Optimal Design of Energy-Efficient Multi-User MIMO Systems:Is Massive MIMO the Answer? [J]. IEEE Transactions on Wireless Communications. 2015,14 (6): 3059-3075.

[132] Li P R,Chang T S,Feng K T. Energy-efficient power allocation for distributed large-scale MIMO cloud radio access networks [C]. In 2014 IEEE Wireless Communications and Networking Conference (WCNC). April 2014:1856-1861.

[133] Wikipedia. List of LTE Networks. http://en. wikipedia. org/wiki/List_of_LTE_networks. 2014. [Online; accessed 3-Sept-2014].

[134] Xu Y,Yue G,Mao S. User Grouping for Massive MIMO in FDDSystems:New Design Methods and Analysis [J]. IEEE Access. 2014, 2:947-959.

[135] Nam Y H,Ng B L,Sayana K,et al. Full-dimension MIMO (FD-MIMO) for next generation cellular technology [J]. IEEE Communica-

tions Magazine. 2013,51 (6):172-179.

[136] Ngo H Q,Larsson E G. EVD-based channel estimation in multicell multiuser MIMO systems with very large antenna arrays [C]. In 2012 IEEE International Conference on Acoustics,Speech and Signal Processing (ICASSP). March 2012:3249-3252.

[137] Appaiah K,Ashikhmin A,Marzetta T L. Pilot Contamination Reduction in Multi-User TDD Systems [C]. In Communications (ICC), 2010 IEEE International Conference on. May 2010:1-5.

[138] Guey J-C,Larsson L D. Modeling and evaluation of MIMO systems exploiting channel reciprocity in TDD mode [C]. In Vehicular Technology Conference,2004. VTC2004-Fall. 2004 IEEE 60th. Sept 2004:4265-4269 Vol. 6.

[139] Björnson E,Hoydis J,Kountouris M,et al. Massive MIMO systems with non-ideal hardware:Energy efficiency,estimation,and capacity Limits [J]. IEEE Transactions on Information Theory. 2014,60 (11): 7112-7139.

[140] Chan P W C,Lo E S,Wang R R,et al. The evolution path of 4G networks:FDDor TDD? [J]. IEEE Communications Magazine. 2006,44 (12):42-50.

[141] Rao X,Lau V K N. Distributed Compressive CSIT Estimation and Feedback for FDDMulti-User Massive MIMO Systems [J]. IEEE Transactions on Signal Processing. 2014,62 (12):3261-3271.

[142] Love D J,Choi J,Bidigare P. A closed-loop training approach for massive MIMO beamforming systems [C]. In Information Sciences and Systems (CISS),2013 47th Annual Conference on. March 2013:1-5.

[143] Kotecha J H,Sayeed A M. Transmit signal design for optimal estimation of correlated MIMO channels [J]. IEEE Transactions on Signal Processing. 2004,52 (2):546-557.

[144] Muharar R,Evans J. Downlink Beamforming with Transmit-Side Channel Correlation:A Large System Analysis [C]. In Communications (ICC),2011 IEEE International Conference on. June 2011:1-5.

[145] Wang D,Ji C,Gao X,et al. Uplink sum-rate analysis of multicell multi-user massive MIMO system [C]. In Communications (ICC), 2013 IEEE International Conference on. June 2013:5404-5408.

[146] Björnson E,Ottersten B. A Framework for Training-Based Es-

timation in Arbitrarily Correlated Rician MIMO Channels With Rician Disturbance [J]. IEEE Transactions on Signal Processing. 2010,58 (3): 1807-1820.

[147] Kay S M. Fundamentals of statistical signal processing:Estimation theory [J]. Englewood Cliffs,New Jersey:PrenticeHall,1993:93-95.

[148] Yang H,Marzetta T L. Performance of Conjugate and Zero-Forcing Beamforming in Large-Scale Antenna Systems [J]. IEEE Journal on Selected Areas in Communications. 2013,31 (2):172-179.

[149] Hassibi B,Hochwald B M. How much training is needed in multiple-antenna wireless links? [J]. IEEE Transactions on Information Theory. 2003,49 (4):951-963.

[150] Noh S,Zoltowski M D,Love D J. Training Sequence Design for Feedback Assisted Hybrid Beamforming in Massive MIMO Systems [J]. IEEE Transactions on Communications. 2016,64 (1):187-200.

[151] Couillet R,Debbah M. Random matrix methods for wireless communications [M]. Cambridge University Press,2011.

[152] Huh H,Tulino A M,Caire G. Network MIMO With Linear Zero-Forcing Beamforming:Large System Analysis,Impact of Channel Estimation,and Reduced-Complexity Scheduling [J]. IEEE Transactions on Information Theory. 2012,58 (5):2911-2934.

[153] Choi J,Love D J. Bounds on Eigenvalues of a Spatial Correlation Matrix [J]. IEEE Communications Letters. 2014,18 (8):1391-1394.

[154] Marshall A,Olkin I. Inequalities:Theory of Majorization and Its Applications [M]. Boston,MA:Academic Press,1979.

[155] Jorswieck E,Boche H. Majorization and matrix-monotone functions in wireless communications [J]. Foundations and Trends in Communications and Information Theory. 2006,3 (6):553-701.

[156] Boyd S,Vandenberghe L. Convex Optimization [M]. Cambridge,U. K:Cambridge University Press,2004.

[157] Baker C G. Riemannian manifold trust-region methods with applications to eigenproblems [M]. ProQuest,2008.

[158] 胡莹,黄永明,俞菲,等. 多用户大规模 MIMO 系统能效资源分配算法[J]. 电子与信息学报. 2015,37 (9):2198-2203.

[159] Santipach W,Honig M L. Optimization of Training and Feedback Overhead for Beamforming Over Block Fading Channels [J]. IEEE

Transactions on Information Theory. 2010,56 (12):6103-6115.

[160] Ngo H Q,Larsson E G,Marzetta T L. Massive MU-MIMO downlink TDD systems with linear precoding and downlink pilots [C]. In Communication,Control,and Computing (Allerton),2013 51st Annual Allerton Conference on. Oct 2013:293-298.

[161] Xu Z,Yang C,Li G Y,et al. Energy-Efficient Configuration of Spatial and Frequency Resources in MIMO-OFDMA Systems [J]. IEEE Transactions on Communications. 2013,61 (2):564-575.

[162] Tulino A M,Verdú S. Random matrix theory and wireless communications [M]. Now Publishers Inc,2004.

[163] Huang Y,He S,Jin S,et al. Decentralized Energy-Efficient Coordinated Beamforming for Multicell Systems [J]. IEEE Transactions on Vehicular Technology. 2014,63 (9):4302-4314.

[164] Zhang H,Huang Y,Li S,et al. Energy-Efficient Precoder Design for MIMO Wiretap Channels [J]. IEEE Communications Letters. 2014,18 (9):1559-1562.

[165] Schaible S. Fractional programming [J]. Zeitschrift für Operations Research. 1983,27 (1):39-54.

[166] Palomar D P,Chiang M. A tutorial on decomposition methods for network utility maximization [J]. IEEE Journal on Selected Areas in Communications. 2006,24 (8):1439-1451.

[167] Kim S,Lee B G,Park D. Energy-Per-Bit Minimized Radio Resource Allocation in Heterogeneous Networks [J]. IEEE Transactions on Wireless Communications. 2014,13 (4):1862-1873.

[168] Ibaraki T. Parametric approaches to fractional programs [J]. Mathematical Programming. 1983,26 (3):345-362.

[169] Wu Q,Chen W,Tao M,et al. Resource Allocation for Joint Transmitter and Receiver Energy Efficiency Maximization in Downlink OFDMA Systems [J]. IEEE Transactions on Communications. 2015,63 (2):416-430.

[170] Dang W,Tao M,Mu H,et al. Subcarrier-pair based resource allocation for cooperative multi-relay OFDM systems [J]. IEEE Transactions on Wireless Communications. 2010,9 (5):1640-1649.

[171] Björnson E,Larsson E G,Marzetta T L. Massive MIMO:ten myths and one critical question [J]. IEEE Communications Magazine.

2016,54（2）:114-123.

[172] Buzzi S, D'Andrea C. Doubly Massive mmWave MIMO Systems: Using Very Large Antenna Arrays at Both Transmitter and Receiver [C/OL]. In accepted by 2016 IEEE GLOBECOM. November 2016. http://arxiv.org/abs/1607.07234.

[173] Damnjanovic A, Montojo J, Wei Y, et al. A survey on 3GPP heterogeneous networks [J]. IEEE Wireless Communications. 2011, 18 (3):10-21.

[174] Parzysz F, Vu M, Gagnon F. Impact of Propagation Environment on Energy-Efficient Relay Placement: Model and Performance Analysis [J]. IEEE Transactions on Wireless Communications. 2014, 13 (4): 2214-2228.

[175] Fu Y, Zhu W P, Liu C. Rate Optimization for Relay Precoding Design with Imperfect CSI in Two-Hop MIMO Relay Networks [C]. In Vehicular Technology Conference (VTC Fall), 2011 IEEE. Sept 2011:1-5.

[176] Maiwald D, Kraus D. On moments of complex Wishart and complex inverse Wishart distributed matrices [C]. In Acoustics, Speech, and Signal Processing, 1997. ICASSP-97., 1997 IEEE International Conference on. Apr 1997:3817-3820 vol. 5.

[177] Maiwald D, Kraus D. Calculation of moments of complex Wishart and complex inverse Wishart distributed matrices [J]. IEE Proceedings-Radar, Sonar and Navigation. 2000, 147 (4):162-168.

[178] Zhang Q, Jin S, Wong K K, et al. Power Scaling of Uplink Massive MIMO Systems With Arbitrary-Rank Channel Means [J]. IEEE Journal of Selected Topics in Signal Processing. 2014, 8 (5):966-981.

[179] Degroot M H, Schervish M J. Probability and statistics [M]. Addison-Wesley, Boston, 2010.

[180] Jr R W H, Wu T, Kwon Y H, et al. Multiuser MIMO in Distributed Antenna Systems With Out-of-Cell Interference [J]. IEEE Transactions on Signal Processing. 2011, 59 (10):4885-4899.

[181] Imran M, Katranaras E, Auer G, et al. Energy efficiency analysis of the reference systems, areas of improvements and target breakdown [R]. 2011.

[182] Li C, Yang H J, Sun F, et al. Approximate Closed-Form Energy Efficient PA for MIMO Relaying Systems in the High SNR Regime [J].

IEEE Communications Letters. 2014,18 (8):1367-1370.

[183] Li C,Cioffi J M,Yang L. Optimal energy efficient joint power allocation for two-hop single-antenna relaying systems [J]. Transactions on Emerging Telecommunications Technologies. 2014,25 (7):745-751.

[184] Valluri S R,Jeffrey D J,Corless R M. Some applications of the Lambert W function to physics [J]. Canadian Journal of Physics. 2000,78 (9):823-831.

[185] Miao G,Himayat N,Li G Y. Energy-efficient link adaptation in frequency-selective channels [J]. IEEE Transactions on Communications. 2010,58 (2):545-554.

[186] Dinkelbach W. On nonlinear fractional programming [J]. Management Science. 1967,13 (7):492-498.

[187] Saleh A A M,Rustako A,Roman R. Distributed Antennas for Indoor Radio Communications [J]. IEEE Transactions on Communications. 1987,35 (12):1245-1251.

[188] Choi W,Andrews J G. Downlink performance and capacity of distributed antenna systems in a multicell environment [J]. IEEE Transactions on Wireless Communications. 2007,6 (1):69-73.

[189] He C,Sheng B,Zhu P,et al. Energy-and Spectral-Efficiency Tradeoff for Distributed Antenna Systems with Proportional Fairness [J]. IEEE Journal on Selected Areas in Communications. 2013, 31 (5): 894-902.

[190] He C,Li G Y,Zheng F C,et al. Energy efficiency of distributed MIMO systems [C]. In Signal and Information Processing (GlobalSIP), 2014 IEEE Global Conference on. Dec 2014:218-222.

[191] He C,Li G Y,Zheng F C,et al. Power Allocation Criteria for Distributed Antenna Systems [J]. IEEE Transactions on Vehicular Technology. 2015,64 (11):5083-5090.

[192] Kailath T,Sayed A H,Hassibi B. Linear estimation [M]. Prentice Hall Upper Saddle River,NJ,2000.

[193] Baddour K E,Beaulieu N C. Autoregressive modeling for fading channel simulation [J]. IEEE Transactions on Wireless Communications. 2005,4 (4):1650-1662.

[194] Kong C,Zhong C,Papazafeiropoulos A K,et al. Effect of channel aging on the sum rate of uplink massive MIMO systems [C]. In 2015

IEEE International Symposium on Information Theory (ISIT). June 2015: 1222-1226.

[195] Zhao L, Zheng K, Long H, et al. Performance analysis for downlink massive multipleinput multiple-output system with channel state information delay under maximum ratio transmission precoding [J]. IET Communications. 2014,8 (3):390-398.

[196] Papazafeiropoulos A K, Ratnarajah T. Deterministic Equivalent Performance Analysis of Time-Varying Massive MIMO Systems [J]. IEEE Transactions on Wireless Communications. 2015,14 (10):5795-5809.

[197] Jakes W C, Cox D C. Microwave mobile communications [M]. Wiley-IEEE Press,1994.

[198] Ngo H Q, Matthaiou M, Larsson E G. Massive MIMO With Optimal Power and Training Duration Allocation [J]. IEEE Wireless Communications Letters. 2014,3 (6):605-608.

[199] Lim Y G, Chae C B, Caire G. Performance Analysis of Massive MIMO for Cell-Boundary Users [J]. IEEE Transactions on Wireless Communications. 2015,14 (12):6827-6842.

[200] Jeffrey A, Zwillinger D. Table of integrals, series, and products [M]. Academic Press,2007.

[201] Taboga M. Lectures on probability theory and mathematical statistics [M]. CreateSpace Independent Pub. ,2012.

[202] Wang Y, Li C, Huang Y, et al. Energy-efficient optimization for downlink massive MIMO FDD systems with transmit-side channel correlation [J]. IEEE Transactions on Vehicular Technology, 2016, 65 (9): 7228-7243.

[203] Behbahani A S, Merched R, Eltawil A M. Optimizations of a MIMO relay network[J]. IEEE Transactions on Signal Processing,2008, 56(10):5062-5073.

[204] Li C, Yang L, Shi Y. An asymptotically optimal cooperative relay scheme for two-way relaying protocol [J]. IEEE Signal Processing Letters,2010,17(2):145-148.

[205] Goldsmith A, Jafar S A, Jindal N, et al. Capacity limits of MIMO channels[J]. IEEE Journal on selected areas in Communications, 2003,21(5):684-702.

［206］Song B,Cruz R L,Rao B D. Network duality for multiuser MIMO beamforming networks and applications［J］. IEEE Transactions on Communications,2007,55(3):618-630.

［207］金石,温朝凯,高飞飞,等.大规模 MIMO 传输理论与关键技术［M］.北京:电子工业出版社,2018.